酒水知识与酒吧管理

第5版

贺正柏　祝红文 ◎ 编著

IUSHUI
ZHISHIYU
JIUBAGUANLI

U0241869

北京·旅游教育出版社

策　　划：李荣强
责任编辑：李荣强

图书在版编目（ＣＩＰ）数据

酒水知识与酒吧管理 / 贺正柏，祝红文编著. -- 5
版. -- 北京：旅游教育出版社，2021.1（2023.2 重印）
ISBN 978-7-5637-4207-3

Ⅰ. ①酒… Ⅱ. ①贺… ②祝… Ⅲ. ①酒－基本知识
②酒吧－商业管理 Ⅳ. ①TS971②F719.3

中国版本图书馆CIP数据核字(2020)第273395号

酒水知识与酒吧管理

（第 5 版）

贺正柏　祝红文　编著

出版单位	旅游教育出版社
地　　址	北京市朝阳区定福庄南里1号
邮　　编	100024
发行电话	（010）65778403　65728372　65767462（传真）
本社网址	www.tepcb.com
E - mail	tepfx@163.com
排版单位	北京旅教文化传播有限公司
印刷单位	三河市灵山芝兰印刷有限公司
经销单位	新华书店
开　　本	720 毫米 × 960 毫米　1/16
印　　张	19.75
字　　数	321 千字
版　　次	2021 年 1 月第 5 版
印　　次	2023 年 2 月第 2 次印刷
定　　价	42.00 元

（图书如有装订差错请与发行部联系）

修订说明

新冠疫情后，随着旅游业、饭店业和餐饮业的快速复苏，我国酒水销售量迅速增长。因此，在新的市场条件下，急需大批熟知酒水知识和酒吧管理的专业人才。为了满足这一需要，我们组织修订了这本教材。

本书是一本专为培养酒水知识和酒吧管理的专业人才而编写的教材，内容丰富，知识准确，深入浅出，生动可读，实用性强。本书全面、系统地介绍了发酵酒、蒸馏酒、配制酒、鸡尾酒、茶、饮料，以及酒吧管理和中国酒文化方面的知识。总体而言，本书主要有以下特点：

第一，知识准确。本书作者既有在旅游院校从事相关教学工作的经验，又拥有丰富的酒吧实际工作经验，保证了本书知识的准确性。

第二，通俗易懂。本书不同于以往那些技术性强，文字晦涩难懂的研究酒水知识的教材，而是充分考虑到读者的接受能力，力求做到通俗易懂、深入浅出，具有极强的可读性。即使从未接触过酒水的读者，也能很容易地理解和学习本书。

第三，实用性强。一是本书内容紧密联系酒吧工作实际，并注意运用图表和例子说明问题。二是书中重要的专业术语和酒水名称都配有外语译文，便于读者学习。三是每章的基本概念、学习目标和思考与练习，写得较为简练，便于读者预习和复习。

第四，本书注重数字化建设，配备有相对独立的课件、教学视频、图片等资源包，便于教学。需要课件者请与旅游教育出版社发行部联系相关下载事宜，其他资源请扫封面右上角二维码观看。

第五，本书充分结合"1+X"证书考评要求，依据"调酒师"考试大纲，突出重要知识节点。

第六，在本次修订过程中，本书依据职业教育的新要求，注重产教融合，强化素质和能力的培养，更新过时的内容，补充新的知识点，增加能力拓展等内容。

本书既可作为各大专院校饭店管理和餐饮管理专业的教材，也可供饭店业、餐饮业酒水知识和酒吧管理培训之用。

旅游教育出版社

2021 年 1 月

序

酒，不仅是人们的生活必需品，也是各个民族认同的名片，是人与人交往、沟通的最好抓手。中国是酒的故乡，在中华民族五千多年历史的长河中，酒和酒类文化一直占据着重要地位。在人们的生活中，喜酒派生出吉祥欢庆氛围，酒会酒令交杯酒，满月开业祝寿酒，谢师寄名壮行酒，真可谓无酒不成宴，无酒庆不烈。酒，丰富了生活，更是创造了灿烂的酒文化。通过酒文化，我们能感受到"葡萄美酒夜光杯"的景色，"对酒当歌，人生几何"的洒脱，"莫使金樽空对月"的气概，"酒逢知己千杯少"的喜悦，"酒不醉人人自醉"的意境，"醉翁之意不在酒"的妙喻，"今朝有酒今朝醉"的无奈，"一醉方休"的痛快……

随着我国旅游业、饭店业和餐饮业的快速发展，酒的生产，酒的消费，酒产业、酒文化方兴未艾，"酒旅游"更逐渐成为一种独特的旅游时尚。酒为饭店业、餐饮业的蓬勃发展提供了强有力的支撑，并与之共繁荣。随着人们生活水平、生活质量的提高，人们对饮酒越来越讲究，品位越来越高，对酒水的知识、服务的技巧要求越来越多，越来越具体。如何了解认识酒、如何调制饮用酒、如何提供高质量酒水服务，对相关从业人员而言显得尤为重要。行业的发展急需大批熟知酒水知识和酒吧服务与管理技能的专业人才，一本实用性强的专业书籍《酒水知识与酒吧管理》应运而生。

本书注重内容的系统性、完整性、创新性、实用性和可操作性。通过对酒水知识的介绍和对酒水服务技能技巧的阐释，满足酒吧服务与管理人才的需要。本书既可作为高等院校旅游专业的教材用书，也可作为宾馆、饭店、旅行社等旅游服务部门培训用书，对于其他旅游工作者亦有参考价值，与同类教材相比，本书具有以下特点：

（1）注重新理念。本书内容除主要来自于作者的实践和对该学科理论的总结外，还吸收了国内外的新知识、新理论，在教学中，注意避免理论和实践脱节的现象，体现了一种全新的教学理念。

（2）重视基础。本书紧扣酒水知识与酒吧服务与管理专业的特点，以阐述基础知识体系为线索，使教师在教学中能很好地抓重点、突难点和解盲点，为学生掌握该书内容提供清晰的思路。

（3）理论与实践的统一。本书作者既有在旅游院校从事相关教学的工作经验，又具有丰富的酒吧实际操作经验，使本书具有理论与实践的统一性特点。

（4）中英对照。本书对重要的专业术语，均配有英文注释，便于学生学习和掌握。

本书的出版，将能更好地为广大旅游专业的师生及饭店从业人员提供良好的专业知识和理论知识，为教学和服务打下良好的基础。

（5）突出数字化。本书注重数字化建设，建设有相对独立的课件、教学视频等资源包，便于教学。

四川省旅游学校校长、教授

2021 年 1 月

目 录

第一章

酒水概述

本章导读

酒是一种含有乙醇的饮料，水是所有不含乙醇的饮料和饮品的统称，是饭店业和餐饮业的专业术语。饮料的种类很多，琳琅满目，分类方法也很多，从饮料中有无酒精可分为酒精饮料和非酒精饮料，而酒精饮料又可以通过制作工艺、酒精度、酒的特色等来分类。非酒精饮料大致可分为果、蔬汁饮料和碳酸饮料等类型。不同的酒精饮料，所含的成分也不尽相同，因此，不同的酒精饮料，有不同的风格。

学习目标

1. 了解酒类生产工艺。

2. 了解酒品风格的形成。

3. 掌握饮料分类。

4. 掌握酒的成分。

5. 掌握酒品风格。

酒水是酒类和水类的统称，通常指酒、水、饮料等可饮用液体。在饭店业和餐饮业中，酒水中的酒是人们熟悉的含有乙醇（ethyl alcohol）的饮料；水通常是指所有不含酒精的饮料或饮品。

第一节　饮料分类

饮料是指以水为基本原料，由不同的配方和制造工艺生产出来，供人们直接饮用的液体食品。从饮料中有无酒精成分，可将饮料分为非酒精饮料和酒精饮料。非酒精饮料通常指"水"，又称软饮料；酒精饮料通常是指"酒"。

一、非酒精饮料

非酒精饮料是一种提神解渴的饮料，是液体在稀释之后或不经稀释而出售的。它包括果、蔬汁饮料和碳酸饮料等类型。

（一）果、蔬汁饮料

果、蔬汁饮料指各种果汁、鲜榨汁、蔬菜汁、果蔬混合汁等。果、蔬汁饮料富含各种营养要素，能满足人体特殊需求。其品种多、范围广。

1. 浓缩果汁

浓缩果汁由新鲜、成熟的果实经洗净、去皮后直接榨出，在不加糖、色素、防腐剂、香料、乳化剂以及人工甘剂的情况下经浓缩而成，饮用时可根据需求加入适量的稀释剂。如浓缩橙汁。

2. 纯天然果汁

纯天然果汁由新鲜、成熟的果实经洗净、去皮后直接榨出，不浓缩、不稀释、不发酵。

3. 天然果浆

天然果浆是由水分较低及（或）黏度较高的果实，经破碎、筛滤后所得稠状加工制品。

4. 发酵果汁

发酵果汁指水果经腌渍发酵后，破碎压榨所得的果汁。

5. 纯天然蔬菜汁

纯天然蔬菜汁指新鲜蔬菜经压榨，加水蒸煮或破碎筛滤所得的汁液。

6. 综合天然果蔬汁

综合天然果蔬汁指由天然果汁、天然果浆和天然蔬菜汁混合而成的饮料，各成分比例不限。

7. 蛋白汁

蛋白汁是由蛋白质含量较高的植物果实、种子或核果类、坚果类的果仁等为原料，与水按一定比例磨浆去渣后调制所得的乳浊状液体制品。成品中蛋白质含量 ≥ 0.5%（m/v）。如：豆乳、椰奶、杏仁露。

（二）碳酸饮料

碳酸饮料是指制作时在原料中添加酸味剂、无机盐及人工碳酸气的饮料。它分为不含香料碳酸饮料、含香料碳酸饮料两大类。

1. 不含香料的碳酸饮料

如苏打水（Soda Water）。

2. 含香料碳酸饮料

含有水果香料的碳酸饮料，含果汁的碳酸饮料，含植物种子、根或药成分的碳酸饮料均叫含香料碳酸饮料。

如：可乐（Coca cola、Pepsi Cola）、汤力水（Tonic Water）、雪碧（Sprite）。

（三）水

水通常是指茶饮和包装饮料水。

1. 茶饮

茶叶用水浸泡后经抽提、过滤、澄清等工艺制成的茶汤或在茶汤中加入水、糖、酸、香精、果汁或植（谷）物抽提液等调制加工而成的制品。包括茶汤饮料、果汁茶饮料、果味茶饮料、其他茶饮料。

2. 包装饮料水

密封于塑料瓶、玻璃瓶或其他容器中不含任何添加剂可直接饮用的水，包括饮用天然矿泉水、饮用纯净水和其他饮用水。它以水质好、无污染、营养丰富而备受欢迎。

（四）乳酸饮料

乳酸饮料是以牛乳为原料，经发酵，加入添加剂（如香料、甜味剂、酸味剂、色素）制成的饮料，如酸奶等。

（五）咖啡饮料类

1. 咖啡饮料

以咖啡提取液或速溶咖啡粉为原料制成的液体饮料。

2. 去咖啡因咖啡饮料

以去咖啡因的咖啡提取液或去咖啡因的速溶咖啡粉为原料制成的液体饮料。

（六）特殊用途饮料

通过调整饮料中天然营养素的成分和含量比例，以适应某些特殊人群营养需要的制品。此类饮料基本上是以水为基础，添加氨基酸、牛磺酸、咖啡因、电解质、维生素等调制而成。如运动饮料、营养素饮料和其他特殊用途饮料。

1. 食用菌饮料

在食用菌子实体的浸取液或浸取液制品中加入水、甜味料、酸味剂等调制而成的饮料制品。或在食用菌及其可食用培养基的发酵液中加入甜味料、酸味剂等调制而成的饮料。

2. 藻类饮料

将海藻或人工繁殖的藻类，经浸取、发酵或酶解后所制得的液体中加入水、甜味料、酸味剂等调制而成的饮料，如螺旋藻饮料等。

3. 蕨类饮料

将可食用的蕨类植物（如蕨的嫩叶），经加工制成的饮料。

4. 可可饮料

以可可豆、可可粉为主要原料制成的饮料。

5. 竹（树）木饮料

以竹（或树）木的汁液为主要原料调配制成的饮料。

二、酒精饮料

酒精饮料是指供人们饮用的且乙醇含量在 0.5%vol 以上的饮料，我国是世界酒精饮料的生产和消费大国，酒精饮料在我国生产历史悠久，工艺传承久远，在漫长的发展历史中，产生了丰富的品种。

（一）按酒的特点分类

按酒的特点可将酒分为白酒、黄酒、啤酒、果露酒、仿洋酒。

1. 白酒

白酒是以谷物或其他含有丰富淀粉的农副产品为原料，以酒曲为糖化发酵剂，以特殊的蒸馏器为酿造工具，经发酵蒸馏而成。白酒的度数一般在 30 度以上，无色透明，质地纯净，醇香甘美。

2. 黄酒

黄酒又称压榨酒，主要是以糯米和黍米为原料，通过特定的加工酿造过程，利用酒药曲（红曲、麦曲）浆水中的多种霉菌、酵母菌、细菌等微生物的共同作用而酿成的一种低度原汁酒。黄酒的度数一般在 12~18 度之间，色黄清亮，黄中带红，醇厚幽香，味感和谐。

3. 啤酒

啤酒是将大麦芽糖化后加入啤酒花（蛇麻草的雌花）、酵母菌酿制成的一种低度酒饮料。啤酒的度数一般在 2~8 度之间。

4. 果酒

果酒是以含糖分较高的水果为主要原料，经过发酵等工艺酿制而成的一种低酒精含量的原汁酒。其酒度多在 15 度左右。

5. 药酒

药酒是以成品酒（通常以白酒居多）为原料，加入各种中草药材浸泡而成的一种配制酒。

（二）按酒的酿制方法分类

按酒的酿制方法可将酒分为蒸馏酒、酿造酒、配制酒。

1. 蒸馏酒

原料经过发酵后用蒸馏法制成的酒叫蒸馏酒。这类酒的酒度较高，一般在 30 度以上。如中国白酒、外国白兰地、威士忌、金酒、伏特加等。

2. 酿造酒

酿造酒又称发酵酒，是将原料发酵后直接提取或采取压榨法获取的酒。其酒度不高，一般不超过 15 度。如黄酒、果酒、啤酒、葡萄酒。

3. 配制酒

配制酒是以原汁酒或蒸馏酒做基酒，与酒精或非酒精物质进行勾兑，兼用浸泡、调和等多种手段调制成的酒。如药酒、露酒等。

（三）按酒精含量分类

按酒精的含量可将酒分为高度酒、中度酒、低度酒。

1. 高度酒

酒液中酒精含量在 40% 以上的酒为高度酒。如茅台、五粮液、汾酒、二锅头等。

2. 中度酒

酒液中酒精含量在 20%~40% 之间的酒为中度酒。如竹叶青、米酒、黄酒等。

3. 低度酒

酒液中酒精含量在 20% 以下的酒为低度酒。如葡萄酒、桂花陈酒、香槟酒和低度药酒。

（四）按配餐方式分类

外国酒通常按此方法分类。

1. 开胃酒

开胃酒是以成品酒或食用酒精为原料加入香料等浸泡而成的一种配制酒，如味美思、比特酒、茴香酒等。

2. 佐餐酒

佐餐酒主要是指葡萄酒，因西方人就餐时一般只喝葡萄酒不喝其他酒类（不像中国人可以用任何酒佐餐），如红葡萄酒、白葡萄酒、玫瑰葡萄酒和有汽葡萄酒等。

3. 餐后酒

餐后酒主要是指餐后饮用的可帮助消化的酒类，如白兰地、利口酒等。

4. 甜食酒

甜食酒是在西餐就餐过程中佐助甜食时饮用的酒品。其口味较甜，常以葡萄酒为基酒加葡萄蒸馏酒配制而成。常用的甜食酒的品种有波特酒（又译为钵酒）、雪利酒等。

（五）按酒水的原料分类

1. 粮食类

酒精饮料主要是指以谷物为原料，经过发酵或蒸馏等工艺酿制而成的酒品。如啤酒、黄酒、中国白酒、威士忌等。

2. 水果类

水果类酒精饮料主要是指以富含糖分的水果为原料，经过发酵或蒸馏等工艺酿制而成的酒品，如葡萄酒、苹果酒、白兰地等。水果类非酒精饮料是指植物的果实经过压榨、调配等工艺获取的果汁饮品，包括原果汁、果汁饮料、果粒果汁饮料、果浆饮料等。

3. 其他类

其他类酒精饮料泛指那些以非谷物、水果为原料酿制的酒，如使用奶、蜂蜜、植物的根、茎等含淀粉或糖的物质酿制的酒，主要有朗姆酒、特基拉酒、马奶酒等。其他类的非酒精饮料主要是指乳饮料、茶、咖啡、可可、蜂蜜等。

第二节　酿酒原理

一、酒的成分

不同的酒，因为用料不同，生产方法不同，其所含成分也不尽相同，但主要成分均为酒精、水，另含有少量的其他物质。

（一）酒精

酒精，又名乙醇，化学分子式为 C_2H_6O，英文通称"ethanol"。常温下呈液态，无色透明，易挥发，易燃烧，刺激性较强。可溶解酸、碱和少量油类，不溶解盐类、冰点较高（零下 10 摄氏度），不易冻结。纯酒精的沸点为 78.3℃，燃点为 24℃。酒精与水相互作用释放出热，体积缩小。通常情况下，酒度为 53 度的酒液中酒精分子与水分子结合最为紧密，刺激性相对较小。

酒精在酒液中的含量除啤酒外，都用容量百分率%（D/D）来表示，这种表示法称为酒精度（简称酒度）。在酒液温度为 20℃时，每 100 毫升酒液中含乙醇 1 毫升，即1%（V/V）为酒精度 1 度。例如，60 度的五粮液在酒液温度为 20℃时，100 毫升酒液中含乙醇 60 毫升。国外的"酒度"表示方法与我国不同。如美制酒度标准以 proof 表示。即酒液温度在 20℃的条件下，酒液内酒精含量达到体积的50% 时，酒度为 100 proof。用中国"酒度"表示法即为 50 度（一个 proof 等于0.5% 的酒精含量）。

（二）酸类物质

酸类是酒中的重要呈味物质，它与其他香味物质共同组成酒所特有的芳香。含酸量少的酒，酒味寡淡，后味短；如酸味大，则酒味粗糙。适量的酸在酒中能起到缓冲作用，可消除饮后上头、口味不协调等现象。酸还能促进酒的甜味感，但过酸的酒甜味减少，也影响口味。优质白酒一般酸的含量较高，约高于普通白酒一倍，超过普通液态酒二倍。酸量不足，将使酒缺乏白酒固有的风味，但酸量过高则出现邪杂味，降低酒的质量。因此，规定白酒含酸量最高不超过 0.1%。

乙酸和乳酸是白酒中含量最大的两种酸，它们不但是酒的重要香味物质，而且是许多香味物质的前体。一般白酒，乙酸接近乳酸，长期发酵的优质酒，乳酸量大为增加。

（三）糖

糖是引起酒精发酵的主要成分，可改变酒的味道，但糖分过多，在保管中温度过高，容易再次发酵，造成变质。因此一般情况下，葡萄酒中糖的含量不超过20%。

（四）酯类物质

酒中的香味物质数量最多，影响最大的是酯类。一般优质白酒的酯类含量都比较高，平均在 0.2%~0.6%，而普通白酒在 0.1% 以下，所以优质酒的香味比普通酒浓郁。

酒中的酯类，是酵母生活的过程中生成酰基辅酶 A，再醇解而形成的产物。酒中的酯类主要包括醋酸乙酯、丁酸乙酯、乙酸乙酯、醋酸戊酯、丁酸戊酯、乳酸乙酯等。

酒因其香型不同，主体香的种类也不同。清香型白酒，比如劲酒，以醋酸乙酯、乳酸乙酯为主。浓香型白酒，以乙酸乙酯和丁酸乙酯为主体香气。丁酸乙酯在稀薄时呈水果香，只有丁酸酯水解后分解出了酸才有"汗臭"味。在好的浓香型白酒的酯类中，乙酸乙酯应占 30%~40%，丁酸乙酯约占 4%。酱香型白酒的主体香气目前还未能最后确认，其酯类成分最为复杂，它的总酯含量比浓香型白酒低，乙酸乙酯含量中等，不如泸型白酒突出。可是从低沸点的甲酸乙酯，到中沸点的辛酸乙酯等各种酯都有，是它的重要特点。所以酱香型白酒具有"低而不淡、香而不艳"的风格特点。

（五）杂醇油

杂醇油是几种高分子醇的混合物，有强烈的刺激性和麻醉性，一般在白酒中含量较多。杂醇油在酒液的长期贮藏中会与有机酸化合，产生一种水果香，增进酒的味道。

（六）含氮物质

含氮物质一般是指蛋白质，硝酸盐类物质，它可以增加酒的风味口感，增强啤酒泡沫的持久性。

（七）醛类物质

酒中的醛类包括甲醛、乙醛、糠醛、丁醛和戊醛等。

少量的乙醛是酒中有益的香气成分。一般优质白酒每百毫升含乙醛都超过20毫克。乙醛与乙醇又进一步缩合成乙缩醛，其量更大，有的优质白酒能达到100毫克以上，成为白酒中主要成分之一。这两种成分在优质酒中的含量比普通白酒高 2~3 倍，它有清香味，对增强口味感作用很好。

（八）矿物质

矿物质是指钾、镁、钙、铁、锰、铝等。它们以无机盐的形式存在于酒中（主要是葡萄酒）。

（九）维生素

酒液中的维生素主要有：维生素 C、维生素 B_1、维生素 B_2、维生素 B_6、维生素 B_{12}。

二、酒类生产工艺

从机械模仿自然界生物的自酿过程起，经过千百年人类生产实践，人们积累了丰富的酿酒经验。在现代各种科学技术的推动下，酿酒工艺已形成一种专门的工艺。酿酒工艺研究怎么酿酒，怎么酿出好酒。每一种酒品都有自己特定的酿造方法，在这些方法之间存在着一些普遍的规律——酿酒工艺的基本原理。

（一）酒精发酵

酒精的形成需要具有一定物质条件和催化条件。糖分是酒精发酵最重要的物质，酶则是酒精发酵必不可少的催化剂。在酶的作用下，单糖被分解成酒精、二氧化碳和其他物质。以葡萄糖酒化为例：

$$C_6H_{12}O_6 \longrightarrow 2CH_3CH_2OH + 2CO_2 + 24 \text{ 大卡热}$$
$$\text{葡萄糖} \qquad \text{酒精} \qquad \text{二氧化碳}$$

（此反应式是法国化学家盖·吕萨克在 1810 年提出。）

据测定，每 100 克葡萄糖理论上可以产生 51.14 克酒精。

酒精发酵的方法很多，如白酒的入窖发酵，黄酒的落缸发酵，葡萄酒的槽发酵、室发酵，啤酒的上发酵、下发酵等。随着科学技术的飞速发展，发酵已不再是获取酒精的唯一途径。人们还可以通过人工化学合成等方法制成酒精，但是酒精发酵仍然是最重要的酿酒工艺之一。

（二）淀粉糖化

用于酿酒的原料并不都含有丰富的糖分，而酒精的产生又离不开糖，因此，将不含糖的原料变为含糖原料，就需进行工艺处理——把淀粉溶解于水中，当水温超过 50℃时，在淀粉酶的作用下，水解淀粉生成麦芽糖和糊精；在麦芽糖酶的作用下，麦芽糖又逐渐变为葡萄糖。这一变化过程则为淀粉糖化，其化学反应式为：

$$(C_6H_{10}O_5)_n + H_2O = (C_6H_{10}O_5)_{n-2} + C_{12}H_{22}O_{11}$$
$$\text{淀粉} \qquad \text{水} \qquad \text{糊精} \qquad \text{麦芽糖}$$
$$C_{12}H_{22}O_{11} + H_2O = 2(C_6H_{12}O_6)$$
$$\text{麦芽糖} \qquad \text{水} \qquad \text{葡萄糖}$$

从理论上说，100 公斤淀粉可掺水 11.12 升，生产 111.12 公斤糖，再产生酒精 56.82 升。糖化淀粉过程一般为 4~6 小时，糖化好的原料则可以用来进行酒精发酵。

（三）制曲

淀粉糖化需用糖化剂，中国白酒的糖化剂又叫曲或曲子。

用含淀粉和蛋白质的物质做成培养基（载体、基质），并在培养基上培养霉菌的全过程即为制曲。常用的培养基有麦粉、麸皮等，根据制曲方法和曲形不同，白酒的糖化剂可以分为大曲、小曲、酒糟曲、液体曲等种类。

大曲主要用小麦、大麦、豌豆等原料制成。

小曲又叫药曲，主要用大米、小麦、米糠、药材等原料制成。

麸曲又称皮曲，主要用麸皮等原料制成。

制曲是中国白酒重要的酿酒工艺之一，曲的质量对酒的品质和风格有极大的影响。

（四）原料处理

为了使淀粉糖化和酒精发酵取得良好的效果，就必须对酿酒原料进行一系列处理。不同的酿酒原料处理方法不同，常见的方法有选料、洗料、浸料、碎料、配料、拌料、蒸料、煮料等。但有些酒品的原料处理过程相当复杂，如啤酒：其生产就要经过选麦、浸泡、发芽、烘干、去根、粉碎等处理工艺。酒品的质地优劣首先取决于原料处理的好坏。

（五）蒸馏取酒

对于蒸馏酒以及以蒸馏酒为主体的其他酒类，蒸馏是提取酒液的主要手段。将经过发酵的酿酒原料加热至78.3℃以上，就能获取气体酒精，冷却即得液体酒精。

在加热的过程中，随着温度的变化，水分和其他物质掺杂的情况也会变化，形成不同质量的酒液。蒸馏温度在78.3℃以下取得的酒液称为"酒头"。78.3℃~100℃之间取得的酒液称为"酒心"。100℃以上取得的酒液称为"酒尾"。"酒心"杂质含量低，质量较好，为了保证酒的质量，酿酒者常有选择性地取酒。我国很多名酒均采用"掐头去尾"的取酒方法。

（六）老熟陈酿

有些酒初制成后不堪入口，如中国黄酒和法国勃艮第红葡萄酒；有些酒的新酒往往显得淡寡、单薄，如中国白酒和苏格兰威士忌酒。这些酒都需要贮存一段时间后才能由芜液变成琼浆，这一存放过程被称为老熟或陈酿。

酒品贮存对容器的要求很高，如中国黄酒用坛装泥封，放入泥土中贮存，法国勃艮第红葡萄酒用大木桶装，室内贮存。其他如苏格兰威士忌使用橡木桶、中国白酒用瓷瓶，等等。无论使用什么容器贮存，均要求坚韧、耐磨、耐蚀、无怪味、密封性好，才能陈酿出美酒。老熟陈酿可使酒品挥发增醇，浸木夺色。精美优雅，盖世无双的世界名酒无不与其陈酿的方式、方法有密切的关系。

（七）勾兑调校

在酿酒过程中，由于原料质量的不稳定，生产季节的更换，不同的工人操作等原因，不可能总是获得完全相同质量的酒液，因而就需要将不同质量的酒液加以兑和（即勾兑调校），以达到预期的质量要求。勾兑调校往往是用一个地区的酒兑上另一个地区的酒，一个品种的酒兑上另一品种的酒，一种年龄的酒兑上另一年龄的酒，以获得色、香、味、体更加协调典雅的新酒品。

勾兑工艺调校的关键是选择和确定配兑比例，这不仅要求首先准确地识别不同酒品千差万别的风格，而且还要求将各种相配或相克的因素全面考虑进去。勾兑师的个人经验往往起着决定性作用。因此，要求勾兑师具有很强的责任心和丰富的经验。

第三节　酒品风格

酒品的风格是由色、香、味、体等因素组成的。不仅不同的酒品，具有不同的风格，甚至同一酒品，也会有不同的风格。

一、色

色是人们首先接触到的酒品风格，世上红、橙、黄、绿、青、蓝、紫各种酒色应有尽有，而且变化层出不穷。酒品色泽之所以如此繁多，有三个方面的原因。第一是大自然的造化。酒液中的自然色泽主要来源于酿酒的原料，如红葡萄酿出来的酒液呈绛红或棕红色，即自然色。自然色给人以新鲜、朴实、自然的视觉感受，酿酒者往往都希望尽可能多地保持原料的本色。第二是生产过程中由于温度的变化、形态的改变等原因而使原料本色随之发生变化的自然生色。如蒸馏白酒在经过加温、汽化、冷却、凝结之后，改变了原来的颜色而变得透明、无色。自然生色如果对消费者没有什么影响，一般不采取措施去改变或限制。第三是增色。增色分人工增色和非人工增色。人工增色是生产者有意识的行为，目的是使酒液色泽更加美丽，以迎合消费者心理，如使用调色剂增色。但人工增色有时会改变酒品风格，如果使用不当，会使酒的香、味、体等风格受到伤害。非人工增色是由于在生产过程中，如陈酿中的酒染上容器的颜色，酒液改变了原来的色泽。非人工增色有有利的一面，但是不少病变或质变也会导致色泽的改变。比如酒液中微生物聚衍，就会导致酒液浑浊。又比如触及了有害物质被污染，而产生色变（铜锈可使酒液发蓝）。

酒的色泽千差万别，表现出的风格、情调也不尽相同。高品质的酒，其色泽应该能充分表露出酒品内在的质地和个性，使人观其色就会产生嗅其香和知其味的感觉。在审度酒品色泽风格时，还要注意到外界因素的影响，比如室内的采光度，包装容器的衬色等。

二、香

香是继色之后作用于人的感官的另一种酒品风格。

酒品生产十分讲究酒香的优雅，尤其是白酒生产对香型的风格形成更为注重，人们甚至以酒品的香型特点来归纳划分白酒的品种。下面以中国白酒为例，来研究酒香风格特点。

中国白酒生产工艺独特，结构成分复杂，香气形态多样，风格表现丰富。中国白酒的香型成因颇为复杂，主要来源于酿酒原料特有的自身香气和生产过程中形成的外来香气，其中酒窖和发酵过程起到了明显的作用。不同品种的原料（包括主辅料及酒曲、水、糟等）都带有自身的气味，酿酒生产总是择其良香而摒其劣味，以保持、改善和促成酒品基本风格的形成。

酒在酿造过程中，发酵环境对酒香也有极大的影响，特别是酒窖（因为窖泥中含有各种各样的酿酒微生物，它们在生长和死亡过程中不断产生出各种有机物质和释放出各种气味）。上等的陈年老窖往往可以大大提高酒品的香型和风格的质地。酒香风格的形成还受到酸、醇、酯、羰基化合物等成分的影响，另外酚类等单体成分比例的变化也会改变酒品的香味。

中国白酒的酒香风格有清香型、浓香型、酱香型、米香型和复香型等五大种类。

（一）清香型

清香型以山西杏花村汾酒为代表。其特点是清香芬芳，气爽适而久馨，有润肺之感，常使人心情舒展，为之一振。经分析研究，初步确定其主体成分为乙酸乙酯和乳酸乙酯。

（二）浓香型

浓香型以四川泸州老窖特曲和宜宾五粮液为代表。其特点是芳香浓郁，气艳美而丰满，常有一阵阵扑鼻笼面之感，使人如痴如醉，回香深沉，连绵不断，深得饮者喜爱。经分析研究，初步确定其主体成分为乙酸乙酯和丁酸乙酯。

（三）酱香型

酱香型以贵州茅台酒为代表。其特点为醇香幽雅，低沉优美，不淡不浓，不猛不艳，回香绵长，留杯不散，常使人熏然陶醉，印象十分深刻。其主体成分至今尚无定论，构成复杂，让人难以捉摸，初步分析与醇类有一定的关系。

（四）米香型

米香型以桂林三花酒和广东长乐烧为代表，主要是小曲米酒。其特点为蜜香清柔，纯洁雅致，气畅流而稳健，给人以朴实、纯正的美感。经分析研究，初步确定其主体成分为乳酸乙酯、乙酸乙酯和高级醇。

（五）复香型（混香型）

复香型以陕西西凤酒为代表。此香型酒酿造工艺独特，大、小曲均用，发酵时间长。其主要特点是醇香浓郁，余味悠长。

三、味

味是人们最关心，印象最深刻的酒品风格。酒味的好坏，基本确定了酒的身价。名酒佳酿味道优美，风格动人，人们常常用甜、酸、苦、辛、咸、涩六味来评价酒品的口味风格。

（一）甜

世界酒品中，以甜为主要口味及含有甜味的酒数不胜数。甜味可以给人以舒适、滋润、圆正、醇美、丰满、浓郁、绵柔等感觉，深得饮者的喜爱。酒品甜味主要来源于酒质中含有的糖分、甘油和多元醇等物质。另外，人们常常有意识地在酒品中加入一些糖饴、糖粉、糖醪等甜味物质，以改善酒品的口味。

（二）酸

酸味是世界酒品中另一主要口味风格特点。由于酸味酒常给人以醇厚、甘洌、爽快、开胃、刺激等感觉。相对甜味来说，适当的酸味不黏挂，清肠沥胃，尤使人感到干净、干爽，故常以"干"字冠之。酒中的酸性物质分为挥发性酸和不挥发性酸两类，不挥发酸是导致醇厚感觉的主要物质，挥发酸是导致回味的主要物质。

（三）苦

世界上不少酒品专以味苦著称，比如法国和意大利的比特酒。也有不少的酒品保留一定的苦味，比如啤酒。苦味是一种特殊的酒品风格，但切不可滥用，因为它具有较强的味觉破坏功能，引起其他味觉的麻痹。酒中恰到好处的苦味给人以净口、止渴、生津、除热、开胃等感觉。酒中的苦味一方面由原料带入，比如含单宁的谷类和香料；另一方面是由于生产过程中过量的高级醇引起酒味发苦、发涩，还有就是生物碱所产生的苦味。

（四）辛

辛又称为辣，它不是人们所追求的主要酒品口味，它会给人以强刺激，有冲头、刺鼻、兴奋、颤抖等感觉。高浓度的酒精饮料给人的辛辣感受最为典型。辛味的主要来源是酒质中的醛类物质。过量的高级醇或其他超量成分，也会引起辛味。

（五）咸

咸味的产生大多起因于酿造工艺粗糙，使酒液中混入过量盐分。但是，有些酒加入少量的盐分可以增加味觉的灵敏度，使酒味更加浓厚。如墨西哥人常在饮酒时，吸入盐粉，以增加特基拉酒的风味。

（六）涩

涩味常与苦味同时发生，给人以麻舌、收敛、烦恼等感觉，对人的情绪有较强的干扰，常引起神经系统的某种混乱。涩味主要来源于酿酒原料处理不当，使过量的单宁、乳酸等物质进入酒液，产生涩味。

四、体

体是酒品风格的综合表现。我国酒界人士所说的"体"，专指酒的色、香、味的综合表现，侧重于全面评价。但国际上不少专家所说的"体"，专指口味的抽象表现，侧重于单项风格的评价。比如中国人说"酒体丰满"指的是色、香、味都比较充裕，协调性好；法国人说"某某酒具有酒体"，指的是口感丰富，味浓、醇。

知识巩固

1. 饮料如何按照不同标准进行分类？
2. 酒类的主要生产工艺有哪些？
3. 按照生产方法，酒可以分为几类？
4. 什么是酒体？
5. 酒品风格赏鉴。

能力拓展

我国各少数民族饮酒礼仪

蒙古族逢年过节必不可少的一种礼仪叫敬"德吉"。"德吉"汉语译为"酒的第一盅"。当客人入座后，主人捧着有酥油的银碗和酒壶从长者或贵宾开始敬"德吉"。接受敬意的人，双手接过银碗，用右手无名指轻轻蘸一下酥油，向天弹去，重复三次。其余客人依次轮流做过一种礼节后，主人便斟酒敬客人，接受敬酒的每一客人，酒必须喝干，以示对主人的尊敬。蒙古族同胞很好客，喜欢给客人敬酒，一般一次敬三杯，客人至少要喝两杯，客人若不喝，便对其唱敬酒歌："金杯里美酒芳香流溢，献给远方来的客人……"唱到客人将酒喝下为止。

藏族同胞的盛大节日是藏历年，新年来临，每家都要酿造青稞酒，酒度不高，藏族人民好客，敬酒一敬三杯，前两杯客人根据自己的酒量可以喝完，也可剩一些，不能一点不喝，而第三杯，则要一饮而尽以表示对主人的尊重。西藏人民除年节饮酒相庆外，还过望果节。这是古老的预祝农业丰收的传统节日。这一天，家家户户开怀畅饮，骑马、射箭、唱戏、歌舞。藏族同胞喝酒劝酒时都要唱唱歌，比如祝酒歌："闪亮的酒杯高举起……但愿朋友身体健康，祝愿朋友吉祥如意！"酒酣兴浓时还会跳起舞来。

　　壮族人好酒，但在酒席上绝对不允许出现自斟自饮的情况发生，必须是你敬我喝，我敬你喝，有时甚至把酒递到别人嘴边，非要一饮而尽方能作罢。这种敬酒方式称为"交臂酒"，又称"串杯"，在这种宴会上人们并不是用酒杯饮酒，而是用一只只大匙羹。人们饮时就将匙羹伸入早已准备好的酒碗或坛中，舀酒饮用。虽然是你敬我喝，我敬你喝，但要数量相等，你敬我多少，我也回敬你多少，不能推脱少喝。否则敬酒人会不高兴，认为你不尊重他。宴会开始时，主人会先敬每位客人一杯，表示欢迎，客人也须回敬一杯表示答谢。此后席上则自由敬酒与回敬，谁不喝，席上众人就会群起而攻之，直到喝酒下肚为止，有时还要罚酒数匙。交臂酒体现了壮族人民相互尊重，相互援助的和谐的人际关系。喝干了别人敬上的酒，就领了别人的一份情。原来是陌生的人现在则成了朋友，原先就是朋友的现在则更加亲密了。

　　彝族同胞极喜饮酒，彝族有一谚语："汉人贵茶，彝人贵酒。"《南通志》《邱北县志》等汉文方志亦有"嗜酒酗斗""族类相聚，浮白大块，虽醉死而无悔也"的记载。逢年过节，亲朋好友相聚或是宴请，酒是必不可少的，"无酒不成宴，有酒便是一宴"，故有"饮酒不用菜"的习惯。彝族古老习俗中，酒是人们表示礼节、遵守信义、联络感情不可缺少的饮料。待客，以酒为上品。彝族走亲串友，赶集路遇，无论街边路旁，将查尔瓦一垫，或坐或蹲，围成圆圈，便饮起酒来。首饮者，将瓶盖启开，对着瓶口，仰天咕嘟大饮一口，把酒瓶放在胸前，用手背揩干嘴角，然后将酒瓶传给旁边的酒友。依次传下去，转来转去，不知转多少圈，直到饮酒者一醉方休。饮酒时边饮边讲自己开心的事，无菜佐酒，这就叫饮"寡酒"或"转转酒"。最能体现彝族豪放的民族风格的是喝碗碗酒，吃坨坨肉。彝族人多数居住在高寒山区，不仅酒量大而且喜欢度数高的烈性酒。无论逢年过节，红白喜事，多数饮者相聚，便用大土碗盛酒。下酒菜是拳头大的坨坨肉，喝到尽兴时，一口一碗，吃到尽兴时，大嚼大咽，此乃坨坨肉、碗碗酒。

　　羌族男女老幼都喜欢饮咂酒，咂酒是用青稞、小麦煮熟后，拌以酒曲放入坛内，以草覆盖，久储而成。羌族人饮咂酒很讲究。先要举行仪式致开坛词，仪式必须在神台下或火塘的上方举行，主持人必须是巫师或长者。致辞时，主持人一边将竹管插入坛内，一边蘸三滴酒洒向天空，向天地神灵致敬，然后按身份每人用竹管吸一口咂酒，此所谓吃"排子酒"。排子酒吃毕，就开始轮流敬酒。饮咂酒时，酒坛打开，注入开水，再插上几根长竹管，大家轮流咂吸。边饮边添开水，直至味淡而止。最后连坛中的酒渣也全部吃掉，这就叫"连渣带水，一醉二饱"。饮咂酒时，还要伴以歌舞。祝酒歌为："清凉的咂酒也，依呀勒嚓勒，依呀依呀勒嚓勒，请坐请坐请呀坐也，喝不完再也喝不完的咂酒也……"如今还依然盛行，并受到很多游客的喜欢。

　　苗族的酒礼酒俗更是丰富多彩，如"拦路酒"，凡遇客人进寨，村民便在门前大路上开始设置拦路酒，道数多少不等，少则三五道，多至12道，最后一道设在寨门口，对客人唱拦路歌，让客人喝拦路酒，喝完才能进入寨门。"交杯酒"也是苗族地区的一种饮酒风俗和方式，喝法有三种：一种是双方将自己手中的酒喂到对方嘴中。二是宾主手腕交叉，同时各喝各人手中的酒，第三种是互换酒杯酒碗而饮，表示肝胆相照，以心换心的真诚友谊。"牛角酒"也是苗族地区一种表示尊敬的待客酒。苗家自古就以牛当宝贝，把牛作为朋友，当耕牛死后，苗家人感到格外痛心，为了纪念，便锯下牛角，制成酒杯，悬挂屋中，逢年过节，或遇喜庆，或来贵客，人们便用牛角酒杯饮酒、敬酒，表示对客人的尊敬、爱戴。

根据以上材料提示，分析如下问题：

1. 蒙古族、藏族各有什么饮酒习俗？

2. 壮族、彝族各有什么饮酒习俗？

3. 羌族、苗族各有什么饮酒习俗？

第二章

发酵酒

本章导读

发酵酒（Fermented Wine）又称原汁配制酒，是以水果或谷物为原料，经过直接提取或采用压榨法制成的低度酒，酒精度常在3.5度至12度。包括葡萄酒、啤酒、黄酒等。葡萄酒、啤酒和黄酒在酿造过程中，从原料的选择、原料的加工处理、发酵过程、提取方式等环节存在共性，但是也存在个性，正是这些共性和个性的适当结合才使酿造出的酒各具特色、风味不同。

葡萄酒是以葡萄为原料，经发酵制造的。世界上许多国家生产葡萄酒，其中以法国、德国、意大利、美国、西班牙等国生产的葡萄酒最为有名。葡萄酒可根据糖分、酒精度、颜色、出产地等方法来进行分类。其名称通常由四个方面组成：葡萄名、地名、公司名和商标名。

啤酒是一种低度酒，所含有的营养成分容易被人体吸收，其中啤酒中的糖分被人体的吸收率高达90%。啤酒主要由大麦、啤酒花、酵母菌、水为原料，经选料、浸泡、发酵、熟化等过程制成。不同的生产工艺，形成不同的风味。

黄酒是用谷物作原料，用麦曲或小曲做糖化发酵剂制成的酿造酒。唯我国独有。黄酒可按含糖量、酿造方法、酿酒用曲来进行分类。不同产地、不同品牌的黄酒，其色、香、味也各不相同。

学习目标

1. 了解葡萄酒的历史、分类和制造工艺。

2. 了解法国葡萄酒的等级划分。

3. 了解意大利、法国、美国、澳洲葡萄酒特点和著名品牌。

4. 了解香槟酒的起源、分类及命名。

5. 掌握葡萄酒酒标的语言。

6. 掌握葡萄酒的最佳饮用温度和菜肴搭配。

7. 掌握中国著名葡萄酒产区、名品及其特点。

8. 掌握法国葡萄酒的著名产区、代表酒及其特点。

9. 了解啤酒的起源、制作原料、生产工艺和气泡作用。

10. 掌握啤酒的度、商标和啤酒的选择。

11. 掌握啤酒的最佳饮用温度。

12. 了解中外著名啤酒。

13. 了解中国黄酒的起源、功效、产地及其特点。

14. 掌握清酒的起源、分类、产地及其特点。

发酵酒（Fermented Wine）又称原汁发酵酒或酿造酒，是以水果或谷物为原料，借着酵母作用，把含淀粉和糖质原料的物质进行发酵，产生酒精成分，经过直接提取或采用压榨法制成的低度酒，酒精度常在 3.5 度至 12 度。包括葡萄酒、啤酒、黄酒等。

第一节　葡萄酒

一、葡萄酒概述

葡萄酒，是以葡萄为原料，经自然发酵、陈酿、过滤、澄清等一系列工艺流程所制成的酒精饮料。葡萄酒酒度通常在 9 度至 12 度。欧美各国习惯在就餐时饮用葡萄酒，因为蒸馏酒和配制酒酒度较高，入口会使口舌麻痹，影响味觉，从而影响对菜肴的品味，所以葡萄酒是欧美人餐厅中的主要酒品。

（一）葡萄酒的历史

1. 外国葡萄酒历史

考古学家证明，葡萄酒文化可以追溯到公元前 4 世纪。起源不太明确的葡萄酒酿造技术从没有停止过改进，而实际上这又是一个自然的发展过程。

多少世纪以来，葡萄酒曾是一种保存时间很短的手工作坊产品。今天，大型商业化的葡萄酒产品应归功于一些发明创造，如高质量的玻璃容器和密封的软木瓶塞，以及 19 世纪法国药物学家巴斯德对发酵微生物结构的发现。

葡萄酒的演进、发展和西方文明的发展紧密相连。葡萄酒大约是在古代的肥沃新月（今伊拉克一带的两河流域）地区，从尼罗河到波斯湾一带河谷的辽阔农作区域某处发祥的。这个地区出现的早期文明（公元前 4000—公元前 3000 年）归功于肥沃的土壤。这个地区也是酿酒用的葡萄最初开始茂盛生长的地区。随着城市的兴盛取代原始的农业部落，怀有领土野心的古代航海民族从最早的腓尼基（今叙利亚）人一直到后来的希腊、罗马人，不断将葡萄树种与酿酒的知识散布到地中海，乃至整个欧洲大陆。

罗马帝国在公元 5 世纪灭亡以后，分裂出来的西罗马帝国（法国、意大利北部和部分德国地区）里的基督教修道院详细记载了关于葡萄的收成和酿酒的过程。这些记录帮助人们培植出在特定农作区最适合栽种的葡萄品种。公元 768 年至814年统治法兰克王国的查理曼大帝，其权势也影响了此后的葡萄酒发展。这位伟大的皇帝预见并规划了法国南部到德国北部葡萄园遍布的远景，位于勃艮第（Burgundy）产区的可登－查理曼顶级葡萄园也曾经一度是他的产业。

大英帝国在伊丽莎白一世女皇的统治下，成为拥有一支强大的远洋商船船队的海上霸主。其海上贸易将葡萄酒从许多欧洲产酒国家带到英国。英国对烈酒的需求，亦促成了雪利酒、波特酒和马德拉酒类的发展。

在美国独立战争的同时，法国被公认是最伟大的葡萄酒盛产国家。杰斐逊（美国独立宣言起草人）曾在写给朋友的信中热情地谈及葡萄酒的等级，并且也极力鼓动将欧陆的葡萄品种移植到新大陆来。这些早期在美国殖民地栽种、采收葡萄的尝试大部分都失败了，而且在本土美国的树种和欧洲的树种交流、移植的过程中，无心地将一种危害葡萄树至深的害虫给带到欧洲来，其结果便是19世纪末的葡萄根瘤蚜病，使绝大多数的欧洲葡萄园毁于一旦。不过，若要说在这一场灾变中有什么值得庆幸的事，那便是葡萄园的惨遭蹂躏启发了新的农业技术，以及欧洲酿制葡萄酒版图的重新分配了。

自20世纪开始，农耕技术的迅猛发展使人们可以保护作物免于遭到霉菌和蚜虫的侵害，葡萄的培育和酿制过程逐渐变得科学化。世界各国也广泛立法来鼓励制造信用好、品质佳的葡萄酒。今天，葡萄酒在全世界气候温和的地区都有生产，并且有数量可观的不同种类葡萄酒可供消费者选择。

2. 中国葡萄酒的历史

据考证，我国在西汉时期以前就已开始种植葡萄并有葡萄酒的生产了。司马迁在著名的《史记》中首次记载了葡萄酒。公元前138年，外交家张骞奉汉武帝之命出使西域，看到"宛左右以蒲陶为酒，富人藏酒至万余石，久者数十岁不败。俗嗜酒，马嗜苜蓿。汉使取其实来，于是天子始种苜蓿、蒲陶肥饶地。及天马多，外国使来众，则离宫别馆旁尽种蒲陶，苜蓿极望"（《史记·大宛列传》第六十三）。大宛是古西域的一个国家，在中亚费尔干纳盆地。这一例史料充分说明我国在西汉时期，已从邻国学习并掌握了葡萄种植和葡萄酒酿酒技术。《吐鲁番出土文书》中有不少史料记载了公元4—8世纪期间吐鲁番地区葡萄园种植、经营、租让及葡萄酒买卖的情况。从这些史料可以看出，在那一历史时期葡萄酒生产的规模是较大的。

东汉时，葡萄酒仍非常珍贵，据《太平御览》卷972引《续汉书》云："扶风孟佗以葡萄酒一斗遗张让，即以为凉州刺史。"足以证明当时葡萄酒的稀罕。

葡萄酒的酿造过程比黄酒酿造要简化，但是由于葡萄原料的生产有季节性，终究不如谷物原料那么方便，因此葡萄酒的酿造技术并未大面积推广。在历史上，内地的葡萄酒生产，一直是断断续续维持下来的。唐朝和元朝从外地将葡萄酿酒方法引入内地，而以元朝时的规模最大，其生产主要集中在新疆一带。元朝时，在山西太原一带也有过大规模的葡萄种植和葡萄酒酿造的历史，而此时汉民族对葡萄酒的生产技术基本上是不得要领的。

汉代虽然曾引入了葡萄及葡萄酒种植和生产技术，但却未使之传播开来。汉代之后，中原地区大概就不再种植葡萄，一些边远地区时常以贡酒的方式向后来的历代皇室进贡葡萄酒。唐代时，中原地区对葡萄酒已是一无所知。唐太宗从西域引入葡萄，《南部新书》丙卷记载："太宗破高昌，收马乳葡萄种于苑，并得酒法，仍自损益之，造酒成绿色，芳香酷烈，味兼醍醐，长安始识其味也。"宋代类书《册府元龟》卷970记载，高昌故址在今新疆吐鲁番东约20多公里。唐朝时，葡萄酒在内地有较大的影响力，从高昌学来的葡萄栽培技术及葡萄酒酿法在唐代可能延续了较长的时间，以至于在唐代的许多诗句中，葡萄酒的芳名屡屡出现。有脍炙人口的著名诗句："葡萄美酒夜光杯，欲饮琵琶马上催。"（王翰《凉州词》）刘禹锡也曾作诗赞美葡萄酒，诗云："我本是晋人，种此如种玉，酿之成美酒，尽日饮不足。"白居易、李白等都有吟葡萄酒的诗。当时的胡人在长安还开设酒店，销售西域的葡萄酒。元朝统治者对葡萄酒非常喜爱，规定祭祀太庙必须用葡萄酒，并在山西的太原，江苏的南京开辟葡萄园，至元年间还在宫中建造葡萄酒室。

明代徐光启的《农政全书》卷30中记载我国栽培的葡萄品种：水晶葡萄，晕色带白，如着粉形大而长，味甘；紫葡萄，黑色，有大小两种，酸甜两味；绿葡萄，出蜀中，熟时色绿，至若西番之绿葡萄，名兔睛，味胜甜蜜，无核则异品也；琐琐葡萄，出西番，实小如胡椒……

（二）葡萄酒的分类

1. **按色泽分类**

（1）白葡萄酒

白葡萄酒选择白葡萄或浅红色果皮的葡萄，经过皮汁分离，取其果汁进行发酵酿制而成。这类酒的色泽应近似无色，有浅黄带绿、浅黄或禾秆黄，颜色过深则不符合白葡萄酒色泽要求。

（2）红葡萄酒

红葡萄酒选择皮红肉白或皮肉皆红的葡萄，采用皮汁混合发酵，然后进行分离陈酿而成。这类酒的色泽应呈自然宝石红色或紫红色或石榴红色等，失去自然感的红色不符合红葡萄酒色泽要求。

（3）桃红葡萄酒

桃红葡萄酒是介于红、白葡萄酒之间，选用皮红肉白的葡萄，进行皮汁短期混合发酵，达到色泽要求后进行皮渣分离，继续发酵，陈酿成为桃红葡萄酒。这类酒的色泽是桃红色、玫瑰红或淡红色。

2. 按含糖量分类

（1）干葡萄酒

含糖量低于 4g/L，品尝不出甜味，具有洁净、幽雅、香气和谐的果香和酒香。

（2）半干葡萄酒

含糖量在 4~12g/L，微具甜感，酒的口味洁净、幽雅、味觉圆润，具有和谐愉悦的果香和酒香。

（3）半甜葡萄酒

含糖量在 12~45g/L，具有甘甜、爽顺、舒愉的果香和酒香。

（4）甜葡萄酒

含糖量大于 45g/L，具有甘甜、醇厚、舒适、爽顺的口味，具有和谐的果香和酒香。

3. 按是否含二氧化碳分类

（1）静止葡萄酒

在 20℃时，二氧化碳压力小于 0.05MPa 的葡萄酒为静止葡萄酒。

（2）起泡葡萄酒

起泡酒和汽酒含有一定量 CO_2 气体的葡萄酒，又分为两类：

①起泡酒：所含 CO_2 是用葡萄酒加糖再发酵产生的。在法国香槟地区生产的起泡酒叫香槟酒，在世界上享有盛名。其他地区生产的同类型产品按国际惯例不得叫香槟酒，一般叫起泡酒。

②汽酒：用人工的方法将 CO_2 添加到葡萄酒中叫汽酒，因 CO_2 作用使酒更具有清新、愉快、爽怡的味感。

4. 按饮用方式分类

（1）开胃葡萄酒

开胃葡萄酒在餐前饮用，主要是一些加香葡萄酒，酒精度一般在 18% 以上。我国常见的开胃酒有"味美思"。

（2）佐餐葡萄酒

佐餐葡萄酒同正餐一起饮用，主要是一些干型葡萄酒，如干红葡萄酒、干白葡萄酒等。

（3）待散葡萄酒

待散葡萄酒在餐后饮用，主要是一些加强的浓甜葡萄酒。

5. 按酿造方法分类

（1）天然葡萄酒

完全采用葡萄原料进行发酵，发酵过程中不添加糖分和酒精，选用提高原料含糖量的方法来提高成品酒精含量及控制残余糖量。

（2）加强葡萄酒

发酵成原酒后用添加白兰地或脱臭酒精的方法来提高酒精含量，叫加强干葡萄酒。既加白兰地或酒精，又加糖以提高酒精含量和糖度的叫加强甜葡萄酒，我国叫浓甜葡萄酒。

（3）加香葡萄酒

采用葡萄原酒浸泡芳香植物，再经调配制成，属于开胃型葡萄酒，如味美思、丁香葡萄酒、桂花陈酒；或采用葡萄原酒浸泡药材，精心调配而成，属于滋补型葡萄酒，如人参葡萄酒。

（4）葡萄蒸馏酒

采用优良品种葡萄原酒蒸馏，或发酵后经压榨的葡萄皮渣蒸馏，或由葡萄浆经葡萄汁分离机分离得的皮渣加糖水发酵后蒸馏而得。一般再经细心调配的叫白兰地，不经调配的叫葡萄烧酒。

（三）葡萄酒的成分

1. 葡萄

葡萄是葡萄酒最主要的酿制原料，葡萄的质量与葡萄酒的质量有着紧密的联系。据统计，世界著名的葡萄共计有70多种，其中我国约有35个品种。葡萄的分布主要在北纬53度至南纬43度的广大区域。按地理分布和生态特点可分为：东亚种群、欧亚种群和北美种群，其中欧亚种群的经济价值最高。

（1）葡萄的成分

葡萄包括果梗与果实两个部分，果梗占葡萄的4%~6%，果实占94%~96%。不同的葡萄品种，果梗和果实比例不同，收获季节多雨或干燥也影响二者的比例。果梗含大量水分、林质素、树脂、无机盐、单宁，含少量糖和有机酸。果梗中过多的单宁、苦味树脂及鞣酐等物质，会使酒产生过重的涩味，因此葡萄酒不能带果梗发酵，应在破碎葡萄时除去。葡萄果实包括果皮和果核两个部分：果皮含有单宁和色素，这两个成分对酿制红葡萄酒很重要。大多数葡萄的色素只存在于果皮中，因此葡萄因品种不同而形成各种颜色。果皮还含芳香成分，它赋予葡萄特有的果香味。不同品种香味不同。果核含有有害葡萄酒风味的物质，如脂肪、树脂、挥发酸等。这些物质不能带入葡萄液中，否则会严重影响葡萄的品质，所以在破碎葡萄时，尽量避免压碎葡萄核。

（2）葡萄的生长环境

①阳光

葡萄需要充足的阳光。通过阳光、二氧化碳和水三者的光合作用所产生的碳水化合物，提供了葡萄生长所需要的养分，同时也是葡萄中糖分的来源。不过葡萄树并不需要强烈的阳光，较微弱的光线反而较适合光合作用的进行。除了光线外，阳光还可以提高葡萄树和表土的温度，使葡萄容易成熟。另外，经阳光照射的黑葡萄可使颜色加深并提高口味和品质。

②温度

适宜的温度是葡萄生长的重要因素。从发芽开始，须有10℃以上的气温，葡萄树的叶苞才能发芽。发芽以后，低于0℃以下的春霜会冻死初生的嫩芽。枝叶的生长也须有充足的温度，以22℃～25℃之间最佳，严寒和高温都会让葡萄生长的速度变慢。在葡萄成熟的季节，温度越高则不仅葡萄的甜度越高，酸度也会跟着降低。日夜温差对葡萄的影响也很重要，要防止低温冻死葡萄叶苞和树根。

③水

水对葡萄的影响相当多元，它是光合作用的主要因素，同时也是葡萄根自土中吸取矿物质的媒介。葡萄树的耐旱性较强，在其他作物中无法生长的干燥、贫瘠土地上都能长得很好。一般而言，在葡萄枝叶生长的阶段需要较多的水分，成熟期则需要较干燥的天气。水和雨量有关，但地下土层的排水性也会影响葡萄树对水的摄取。

④土质

葡萄园的土质对葡萄酒的特色及品质有非常重要的影响。一般葡萄树并不需要太多的养分，所以贫瘠的土地特别适合葡萄的种植。太过肥沃的土地使葡萄树枝茂盛，反而生产不出优质的葡萄。除此之外，土质的排水性、酸度、地下土层的深度及土中含矿物质的种类，甚至表土的颜色等，也都极大地影响葡萄的品质和特色。

（3）葡萄采摘

葡萄采摘的时间对酿制葡萄酒具有重要意义，不同的酿造产品对葡萄的成熟度要求不同。成熟的葡萄，有香味，果粒发软，果肉明显，果皮薄，皮肉容易分开，果核容易与果浆分开。一般情况下，制作干白葡萄酒的葡萄采摘时间比制作干红葡萄酒的葡萄采摘时间要早。因为葡萄收获早，不易产生氧化酶，不易氧化，而且葡萄含酸量高时，制成的酒具有新鲜果香味。制造甜葡萄酒或酒精度高的甜酒时，要求葡萄完全成熟时才能采摘。

2. 葡萄酒酵母

葡萄酒是通过酵母的发酵作用将葡萄汁制成酒的。因此酵母在葡萄酒生产中占有很重要的地位。优良葡萄酒除本身的香气外，还包括酵母产生的果香与酒香。酵母的作用能将酒液中的糖分全部发酵，使残糖在4克/升以下。酵母较高的发酵能力，可使酒液含酒精量达到16%。此外，葡萄酒酵母具有较高的二氧化硫抵抗力，较好的凝聚力和较快的沉降速度，能在低温15℃或适宜温度下发酵，以保持葡萄酒新鲜的果香味。

3. 添加剂

添加剂指添加在葡萄发酵液中的浓缩葡萄汁或白砂糖。通常优良的葡萄品种在适合的生长条件下可以产出合格的制作葡萄酒的葡萄汁，然而由于自然条件和环境等因素，葡萄含糖量常不能达到理想的标准，这时需要调整葡萄汁的糖度，加入添加剂以保证葡萄酒的酒精度。

4. 二氧化硫

二氧化硫是一种杀菌剂，它能抑制各种微生物的活动。然而葡萄酒酵母抗二氧化硫能力强，在葡萄发酵液中加入适量的二氧化硫可以使葡萄发酵顺利进行。

（四）葡萄酒的酿造工艺

经过数千年经验的积累，现今葡萄酒的种类不仅繁多且酿造过程复杂，有各种不同的烦琐细节。

1. 筛选

采收后的葡萄有时夹带未成熟或腐烂的葡萄，特别是在不好的年份。此时酒厂会在酿造前认真筛选。

2. 破皮

由于葡萄皮含有丹宁、红色素及香味物质等重要成分，所以在发酵之前，特别是红葡萄酒，必须破皮挤出葡萄肉，让葡萄汁和葡萄皮接触，以便让这些物质溶解到酒中。破皮的过程必须谨慎，以避免释出葡萄梗和葡萄籽中的油脂和劣质丹宁，影响葡萄酒的品质。

3. 去梗

葡萄梗中的丹宁收敛性较强，不完全成熟时常常带刺鼻草味，必须全部或部分去除。

4. 榨汁

所有的白葡萄酒都要在发酵前进行榨汁（红酒的榨汁则在发酵后），有时不需要经过破皮、去梗的过程而直接压榨。榨汁的过程必须特别注意压力不能太大，以避免苦味和葡萄梗味。

5. 去泥沙

压榨后的白葡萄汁通常还混杂有葡萄碎屑、泥沙等异物，容易引发霉变，发酵前需用沉淀的方式去除。由于葡萄汁中的酵母随时会开始酒精发酵，所以沉淀的过程需在低温下进行。红酒因浸皮与发酵同时进行，所以不需要这个程序。

6. 发酵前低温浸皮

这个过程是新近发明的，还未被普遍采用，其目的在于增进白葡萄酒的较浓郁水果香。已有部分酒厂生产红酒开始采用这种方法酿造。此法在发酵前低温进行。

7. 酒精发酵

葡萄的酒精发酵是酿造过程中最重要的一步，其原理可简化成以下形式：

$$葡萄中的糖分 + 酵母菌 \rightarrow 酒精（乙醇）+ 二氧化碳 + 热量$$

通常葡萄糖本身就含有酵母菌。酵母菌必须处在 10℃~32℃ 之间的环境下才能正常发酵。温度太低，酵母活动变慢甚至停止；温度过高，则会杀死酵母菌，使酒精发酵完全终止。由于发酵的过程会使温度升高，所以温度的控制非常重要。一般白葡萄酒和红葡萄酒的酒精发酵会持续到所有糖分皆转化成酒精为止，而甜酒的制造则是在发酵的中途加入二氧化碳停止发酵，以保留部分糖分在酒中。酒精浓度超过 15% 也会终止酵母的发酵，酒精强化葡萄酒即是运用此原理，在发酵半途加入酒精，停止发酵，以保留酒中的糖分。

8. 培养与成熟

（1）乳酸发酵

完成酒精发酵的葡萄酒经过一个冬天的贮存，到了隔年的春天温度升高至 20℃~25℃ 时会开始乳酸发酵，其原理如下：

$$苹果酸 + 乳酸菌 \rightarrow 乳酸 + 二氧化碳$$

由于乳酸的酸味比苹果酸低很多，同时稳定性高，所以乳酸发酵可使葡萄酒酸度降低且更稳定、不易变质。并非所有葡萄酒都会进行乳酸发酵，特别是适合年限短即饮用的白葡萄酒，常特意保留高酸度的苹果酸。

（2）橡木桶中的培养与成熟

葡萄酒发酵完成后，装入橡木桶使葡萄酒成熟。

9. 澄清

（1）换桶

每隔几个月贮存于桶中的葡萄酒必须抽换到另外一个干净的桶中，以除去沉淀于桶底的沉积物。这个程序同时还可以让酒稍微接触一下空气，以避免难闻的还原气味。

（2）黏合过滤

黏合过滤是利用阴阳电子结合的特性，产生过滤沉淀的效果。通常在酒中添加含阳电子的物质如蛋白、明胶等，与葡萄酒中含阴电子的悬浮杂质黏合，然后沉淀达到澄清的效果。

（3）过滤

经过过滤的葡萄酒会变得稳定清澈，但过滤的过程多少会减少葡萄酒的浓度和特殊风味。

（4）酒石酸的稳定

酒中的酒石酸遇冷会形成结晶状的酒石酸化盐，虽无关酒的品质，但有些酒厂为了美观，还是会在装瓶前用零下 4℃ 的低温处理。

（五）葡萄酒的命名

1. 以庄园的名称命名

以庄园的名称作为葡萄酒的名称，是生产商保证质量的一种承诺。

所谓庄园，系指葡萄园或大别墅。该类酒名的命名标准是以该酒的葡萄种植、采收、酿造和装瓶都须在同一庄园进行。这类命名方法多见于法国波尔多地区出产的红、白葡萄酒。例如：莫高庄园（Chateau Margau）、拉特尔庄园（Chateau Latour）、艺甘姆庄园（Chateau de Yquem）等。

2. 以产地名称命名

以产地名称命名的葡萄酒，其原料必须全部或绝大部分来自该地区。如：夏布丽（Chablis）、莫多克（Medoc）、布娇莱（Beaujolais）等。

3. 以葡萄品种命名

以作为葡萄酒原料的优秀葡萄品种命名的葡萄酒，如：雷司令（Riesling）、霞多丽（Chardonnay）、赤霞珠（Cabernet Sauvignon）等。

4. 以同类型名酒的名称命名

借用名牌酒名称也是葡萄酒命名的类型之一。此类酒一般都不是名酒产地的产品，但属于同一类型，因此酒名前必须注明该酒的真实产地。如美国出产的勃艮第、夏布丽葡萄酒，都使用了法国名酒产品的名称。

（六）葡萄酒标示

1. 酒标

酒标用以标志某厂、某公司所产或所经营的产品。多使用风景名胜、地名、人名、花卉名，以精巧、优美的图案标示在酒标的重要部位。它不允许重复，一经注册，即为专用，受法律保护。

2. 酒度及容量

酒度及容量在酒标的下角（左或右）标出，例如：酒度是 12 度，即为 ALC、12%BYVOL（按体积计）；容量为 750 毫升，即为 Cont，750ml。

3. 含糖量

为了标明酒的含糖量，可用下表所示字档，以中等大的字标出。如不标明干型或甜型时，即为干型酒。含糖量在酒标中的表示法如表 2-1 所示。

表 2-1　含糖量在酒标的表示法

中文	英文	法文	每升含糖量
天然（未加工的）	Nature	Brut	4 克以下
绝干	Extra-Dry	Extra-Sec	4 克以下
干	Dry	Sec	8 克以下
半干	Semi-Dry	Demi-Sec	8~12 克
半甜	Semi-Sweet	Demi-Doux	12~50 克
甜	Sweet	Doux	50 克以上

4. 酿酒年份（Vintage）

由于法国或其他种植葡萄的地区天气、土壤、温度等自然条件不稳定，葡萄的质量也自然就影响到酒的好坏。标明年份有助于消费者辨明这一年的土壤、气候、温度等自然条件对葡萄生长是否有利，所收获葡萄质量如何。好年份酿造的葡萄酒自然也是最好的，极具收藏价值，当然价格不菲。

5. A.O.C

原产地名称监制葡萄酒，亦称 A.O.C 葡萄酒。在法国，为了保证产地葡萄酒的优良品质，这些酒必须经过严格审查后方可冠以原产地的名称，这就是"原产地名称监制法"，简称 A.O.C 法。A.O.C 法有其独特的功效，不但使法国葡萄酒的优良品质得以保持，而且可以防止假冒，保护该葡萄酒的名称权。A.O.C 法对涉及葡萄酒生产的各个领域都有严格规定，并且每年都有品尝委员会进行检查、发放 A.O.C 使用证明。因此，A.O.C 葡萄酒是法国最优秀的上等葡萄酒。

根据 A.O.C 法的规定，A.O.C 葡萄酒必须是：以本地的葡萄为原料，按规定的葡萄品种，符合有关酒精度的最低限度，符合关于生产量的规定。为了防止生产过剩和质量降低，A.O.C 法对每一地区每一公顷土地生产多少葡萄都有严格的规定，同时要求必须符合特定的葡萄栽培方法，如修剪、施肥等；另外还须符合规定的酿造方法。有时甚至对 A.O.C 葡萄酒的贮藏和陈酿条件都有严格限制。

A.O.C 级酒在标签上带了 Appellation...Controlee 字样，中间为原产地的名称，如：Appellation Bordeaux Controlee 或 Appellation Medoc Controlee。产地名可能是省、县或村，其中县比省佳，村比县佳，也就是说，区域越小，质量越佳。

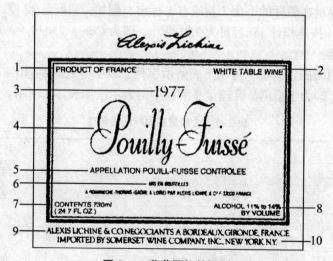

图 2-1　葡萄酒标签识别

1. 该酒产自法国。

2. 酒的颜色。

3. 葡萄收获期。

4. 葡萄的名称或葡萄园的名称，或者葡萄园所在地名称。

5. 表明葡萄酒来自标签上的法定区域。

6. 装瓶的厂家名称。

7. 葡萄酒的净容量。

8. 按容积计算的酒精含量。

9. 出口商的姓名和地址。

10. 进口商的姓名和地址。

（七）葡萄酒的保管

葡萄酒的保管至关重要，保管得当会延长酒的寿命，提高酒质，避免遭受损失。葡萄酒的保管应注意以下几点：

第一，要存放在阴凉的地方，最好保存在 10℃ ~13℃ 的恒温状态下。温度过低会使葡萄酒的成熟过程停止，而温度太高又会加快成熟速度，缩短酒的寿命。

第二，保持一定的湿度。空气过分干燥，酒瓶的软木塞会干缩，空气就会进入瓶内，酒质变坏。所以，存放在酒窖或酒柜内的葡萄酒多是将酒平放或倒立，以使酒液浸润软木塞。

第三，避免强光照射。阳光直射，会使葡萄酒颜色变黄。因此，通常用深棕色或绿色瓶装酒。

第四，勿将葡萄酒与油漆、汽油、醋、蔬菜等在一起存放；否则，这些物品的气味很容易被葡萄酒吸收，破坏酒香。

第五，避免震动，防止酒液浑浊，损坏酒的质量。

（八）葡萄酒的饮用与服务

1. 葡萄酒的饮用温度

不同的葡萄酒，有不同的最佳饮用温度：

（1）干型，半干型白葡萄酒在 8℃ ~10℃。

（2）桃红酒和轻型红酒在 10℃ ~14℃。

（3）利口酒在 6℃ ~9℃。

（4）鞣酸含量低的红葡萄酒在 15℃ ~16℃。

（5）鞣酸含量高的葡萄酒在 16℃ ~18℃。

2. 葡萄酒的品评

（1）观色

干白葡萄酒：麦秆黄色，透明、澄清、晶亮。

甜白葡萄酒：麦秆黄色，透明、澄清、晶亮。

干红葡萄酒：近似红宝石色或本品种的颜色（不应有棕褐色），透明、澄清、晶亮。

甜红葡萄酒（包括山红葡萄酒）：红宝石色，可微带棕色或本品种的正色，透明、晶亮、澄清。

（2）闻香

轻轻摇动酒杯，将杯中的酒摇醒，使酒散发出香味。

干白葡萄酒：有新鲜、愉悦的葡萄果香（品种香），兼优美的酒香。果香和谐细致，令人清新愉快，不应有醋的酸味。

甜白葡萄酒：有新鲜愉悦的葡萄果香（品种香）兼优美的酒香。果香和酒香配合和谐、细致、轻快，不应有醋的酸味。

干红葡萄酒：有新鲜、愉悦的葡萄果香及优美的酒香，香气协调、馥郁、舒畅，不应有醋味。

甜红葡萄酒（包括山葡萄酒）：有愉悦的果香及优美的酒香，香气协调、馥郁、舒畅，不应有醋味及焦糖气味。

（3）品味

干白葡萄酒：完整和谐、轻快爽口、舒适洁净，不应有橡木桶味及异杂味。

甜白葡萄酒：甘绵湿润、完整和谐、轻快爽口、舒适洁净，不应有橡木桶味及异杂味。

干红葡萄酒：酸、涩、利、甘、和谐、完美、丰满、醇厚、爽利、浓烈幽香，不应有氧化感及橡木桶味和异杂味。

甜红葡萄酒（包括山葡萄酒）：酸、涩、甘、甜、完美、丰满、醇厚爽利、浓烈香馥、爽而不薄、醇而不烈、甜而不腻、馥而不艳，不应有氧化感、过重的橡木桶味和异杂味。

3. 葡萄酒病酒识别

葡萄酒病酒的发生主要原因是微生物病害、化学质变。

（1）微生物病害

微生物病害主要表现为：表面结薄膜，酒味酸涩发苦，寡淡无味，酒液发浑、发黏，像油脂一样，有大量气体溢出，有胶状沉积产生。

（2）化学质变

化学质变主要表现为酒液浑浊，触氧变色，有沉淀和异味。红葡萄酒病酒发棕褐色，白葡萄酒病酒发黄色。

4. 葡萄酒与菜肴搭配

（1）葡萄酒与西式菜肴的搭配

带糖醋调味汁的菜肴：应配以酸性较高的葡萄酒，如长相思。

鱼类菜肴：主要根据所有的调味汁来决定。奶白汁的鱼菜可选用干白葡萄酒，浓烈的红汁鱼则配醇厚的干红葡萄酒；霞多丽干白葡萄酒是熏鱼的好搭配。

油腻和奶糊状菜肴：配中性和厚重架构的干白葡萄酒；如霞多丽最宜。

辛辣刺激性菜肴，配冰凉的葡萄酒。

（2）葡萄酒与中国菜肴的搭配

清淡口味冷菜（炸土豆条、萝卜丝拌海蜇、糟毛豆、姜末凉拌茄子、蒜香黄瓜、素火腿、小葱皮蛋豆腐、凉拌海带丝、白斩鸡）搭配白葡萄酒。

浓郁口味冷菜（咸菜毛豆、油炸臭豆腐、香牛肉雪菜、冬笋丝、黄泥螺、糖醋辣白菜、糖醋小排骨、鳗鱼香、酱鸭掌）搭配红葡萄酒。

清淡口味河鲜（泥鳅烧豆腐、清炒虾仁、清蒸河鳗、清蒸鲥鱼、盐水河虾、清蒸刀鱼、蒸螃蟹、葱油鳊鱼、醉鲜虾）搭配白葡萄酒。

浓郁口味河鲜（红烧蟮段、红烧鳜鱼、烧螺蛳、酱爆黑鱼丁、油焖田鸡、豆瓣牛蛙、红鲫鱼塞肉、葱烧河鲫鱼、炒虾蟹）搭配桃红葡萄酒和白葡萄酒。

清淡口味肉禽类：（榨菜肉丝、冬笋烧牛肉、魔芋烧鸭、韭黄烧鸡丝、清蒸鸭子、韭黄烧肉、冬笋炒肉丝、蘑菇鸭掌、虾仁豆腐）搭配桃红葡萄酒和白葡萄酒。

辛辣口味风味菜：（宫保鸡丁、水煮牛肉、椒盐牛肉、椒麻鸡、油淋仔鸡、干烧鱼片、回锅肉、红油腰花、鱼香肉丝）搭配红葡萄酒。

清淡口味海鲜类：（葱姜肉蟹、炒乌鱼球、生炒鲜贝、滑炒贵妃蚌、刺身三文鱼、蛤蜊炖蛋、葱姜海瓜子）搭配白葡萄酒。

浓郁口味海鲜类：（糖醋黄鱼、茄汁大明虾、干烧鱼翅、红烧鲍鱼、干烧明虾、红烧海参、蚝油干贝、红烧鱼肚、红烧螺片）搭配红葡萄酒和白葡萄酒。

5. 饮食宜忌

（1）健康成年人，女性更适宜喝葡萄酒。

（2）糖尿病、严重溃疡病患者不宜饮用葡萄酒。

（3）红葡萄酒不须冰镇，白葡萄酒冰镇后饮用口味更佳。

（4）兑入雪碧、可乐或加冰块饮用葡萄酒是不正确的饮用方式。

（5）有哮喘病史的人饮用葡萄酒有可能会造成哮喘发作。

6. 葡萄酒服务

用餐巾擦一下瓶口，然后用右手握紧瓶身，将标签朝向主人，在主人的杯中倒入约30毫升让主人试酒，倒酒时瓶身不要碰到杯身，瓶口不能与杯口接触（注意：餐桌上如有几个葡萄酒杯，小杯倒白葡萄酒，大杯倒红葡萄酒）。在主人试酒确认后，从主人右边第一位客人（主宾）开始逐次为客人斟酒。在所有杯子都斟完后，白葡萄酒应放在冰桶内，如果是客人要求的话也可以直接放在餐桌上；红葡萄酒应放在服务台上或餐桌上。切下的铝箔及木塞不应留在餐桌上或是放在冰桶里，应放在口袋中然后丢在垃圾桶里。

红酒服务时可衬上一条餐巾以增加美感；放在冰桶中的白葡萄酒，可以在冰桶上盖上一条餐巾。

巡视客人的酒杯，少于 1/3 时应该为客人添酒。一瓶酒斟完后，询问主人是否再加一瓶同样的酒，或者是再从葡萄酒单上选择另一种餐酒。如果加的是一瓶同样的酒，除非主人要求，否则可以不更换杯子，但也有一些餐厅要求客人再试一次餐酒，只须打开瓶塞，重复试酒的程序即可。

如果加的是不同的餐酒，需要在更换杯子后，重复试酒服务程序。

二、中国葡萄酒

（一）中国葡萄酒概述

葡萄酒在我国是主要酿造酒类之一，已有 2000 多年的历史，但是，由于受历史条件限制，朝代更迭，战乱不断，我国的葡萄酒生产虽有悠久的历史，在人类社会的发展进程中，也曾有过辉煌的鼎盛时期，最终没有像法国、意大利、西班牙那样，连续地壮大和发展。

我国最早种植葡萄和酿造葡萄酒的地区是新疆（古西域），汉代传入中原。公元前 138 年，西汉特使张骞出使西域，带回了葡萄和葡萄酒酿制技术，葡萄酒酿制技术开始传到内地，东汉时，葡萄酒仍很珍贵。汉代之后，中原地区就不再种植葡萄，而仅一些边远地区以贡酒的方式向后来的历代皇室进贡葡萄酒。唐太宗李世民时又重新从西域引入葡萄和葡萄酒酿造技术，并且葡萄酒在当时颇为盛行，酿造技术也已相当发达，风味色泽更佳，这是一个上至天子下至平民百姓、文人墨客都喝葡萄酒的辉煌盛世。到了元代，中国葡萄酒生产水平达到了历史最高峰，统治者甚至规定祭祀太庙必须用葡萄酒，并在山西太原、江苏南京开辟了葡萄园，而且还在皇宫中建造了葡萄酒室，甚至有了检测葡萄酒真伪的办法。

到明朝时，粮食白酒的发酵、蒸馏技术日臻提高完善，蒸馏白酒开始成为中国酿酒产品的主流，葡萄酒生产由于具有季节性，酒产品不易保存，酒度偏低等特点局限而日渐式微。

到清末时，由于国力衰败，战火不断，人民连基本的温饱都不能满足，葡萄酒业更是颓废败落。

1892 年，华侨张弼士在烟台建立了葡萄园和葡萄酒厂即张裕葡萄酿酒公司，从西方引进了优良的葡萄品种，引进了机械化生产方式，并且将贮酒容器由瓮改为了橡木桶，成为唯一由中国人自己经营的葡萄酒厂，我国的近代葡萄酒生产才开始起步，生产技术才上了一个新台阶。青岛、北京、烟台等地葡萄酒厂相继建立，虽然大部分由外国人经营，生产方式落后，但我国近代葡萄酒工业的雏形已经形成，然而，由于军阀连年混战，再加上帝国主义的摧残和官僚资本的掠夺，葡萄酒工业萧条、暗淡，一直没有得到发展，直到中华人民共和国成立后，葡萄酒工业得到重视，才有了迅速的发展。据统计，1980 年，我国葡萄酒产量为 78

万吨，1985 年已上升到 232 万吨，1988 年达到了 308 万吨。葡萄酒品种已从单一的甜葡萄酒转变为干型、半干型的国家流行口味。中外合资生产的长城（Great Wall）、王朝（Dynasty）等红、白葡萄酒开始进入国际市场。青岛生产的张裕葡萄酒、烟台雷司令葡萄酒和北京生产的龙徽葡萄酒等名品，深受大众欢迎。

（二）中国葡萄酒的分类

1. 从口味和含糖量上分类

（1）干葡萄酒（每升含糖量小于 4 克）。

（2）半干葡萄酒（每升含糖量在 4~12 克之间）。

（3）半甜葡萄酒（每升含糖量在 12~50 克之间）。

（4）甜葡萄酒（每升含糖量大于 50 克）。

2. 从色泽上分类

（1）红葡萄酒。

（2）玫瑰色葡萄酒。

（3）白葡萄酒。

（三）中国葡萄酒主要产地

1. 东北地区

东北产区包括北纬 45℃以南的长白山麓和东北平原。这里冬季严寒，温度在 -30℃~40℃，年活动积温为 2567℃~2779℃，降水量 635~679 毫米，土壤为黑钙土，较肥沃。在冬季寒冷的气候条件下，欧洲种葡萄不能生存，而野生的山葡萄因抗寒力极强，已成为这里栽培的主要品种。

2. 渤海湾地区

包括华北北半部的昌黎、蓟县丘陵山地，天津滨海区，山东半岛北部丘陵等地，这些地方受渤海湾地区海洋气候影响，雨量充沛。年活动积温为 3756℃~4174℃，年降水量有 560~670 毫米，土壤类型复杂，土壤有沙壤、棕壤和海滨盐碱土。优越的自然条件使这里成为我国著名的葡萄产地，其中昌黎的赤霞珠，天津滨海区的玫瑰香，山东半岛的霞多丽、贵人香、赤霞珠、品丽珠、蛇龙珠、梅洛、佳利娜、白玉霓等葡萄，都在国内负有盛名。渤海湾产地是我国酿酒葡萄种植面积最大、品种最优良的产地。葡萄酒的产量占全国总产量的 1/2。著名的酿酒公司有中国长城葡萄酒有限公司、天津王朝葡萄酿酒有限公司、青岛市葡萄酒厂、烟台威龙葡萄酒有限公司、烟台张裕葡萄酒有限公司和青岛威廉彼德酿酒公司。

3. 河北地区

河北产区包括河北的宣化、涿鹿、怀来。这里地处长城以北，光照充足，热量适中，昼夜温差大，夏季凉爽，气候干燥，雨量偏少，年活动积温 3532℃，年降水量 413 毫米，土壤为褐土，质地偏沙，多丘陵山地，十分适于葡萄的生长。

龙眼和牛奶葡萄是这里的特产，近年来已推广赤霞珠、梅洛等世界酿酒名种。该地区酿酒公司有北京葡萄酒厂、北京红星酿酒集团、秦皇岛葡萄酿酒有限公司和中化河北地王集团公司等。

4. 豫皖地区

豫皖产区包括黄河故道的安徽萧县，河南兰考、民权等县，这里气候偏热，年活动积温 4000℃~4590℃，年降水量 800 毫米以上，并集中在夏季，因此葡萄旺长。近年来一些葡萄酒厂新开发的酿酒基地，通过引进赤霞珠等晚熟品种，改进栽培技术，基本已与世界接轨，葡萄酒品质获得了更好的提高和改善。著名葡萄酒厂有河南民权五丰葡萄酒有限公司和陕西丹凤酒厂。

5. 山西地区

山西产区包括山西的汾阳、榆次、清徐的西北山区和太谷区等，这里气候温凉，光照充足，年活动积温 3000℃~3500℃，年平均降水量 445 毫米，土壤为壤土、沙壤土、含砾石。葡萄栽培在山区，着色极深。清徐的龙眼是当地的特产，近年的赤霞珠、梅洛也开始用于酿酒。有名的酒厂有山西杏花村葡萄酒有限公司、山西太极葡萄酒公司。

6. 宁夏地区

宁夏产区包括贺兰山东麓广阔的冲积平原，这里气候干旱，昼夜温差大，年活动积温 3298℃~3351℃，年降水量为 180~200 毫米，土壤为沙壤土、含砾石，土层有 30~100 毫米。这里是西北地区新开发的最大的酿酒葡萄基地，主栽世界酿酒品种赤霞珠、梅洛。酒厂有宁夏玉泉葡萄酒厂等。

7. 甘肃地区

甘肃产区包括武威、民勤、古浪、张掖等位于腾格里大沙漠边缘的县市，也是中国丝绸之路上的一个新兴的葡萄酒产地。这里气候冷凉干燥，年活动积温 2800℃~3000℃，年降水量 110 毫米。由于热量不足，冬季寒冷，适于早中熟葡萄品种的生长，近年来已发展了梅洛、黑品诺、霞多丽等品种。该地区有甘肃凉州葡萄酒业责任有限公司。

8. 新疆地区

新疆产区包括低于海平面 300 米的吐鲁番盆地的鄯善、红柳河，这里四面环山，热风频繁，夏季温度极高，达 45℃以上，年活动积温 5319℃；雨量稀少，全年仅有 16.4 毫米。这里是我国无核白葡萄生产和制干基地。多年前，著名葡萄酒专家郭其昌在这里试种了赤霞珠、梅洛、歌海娜、西拉、柔丁香等酿酒葡萄。虽然葡萄糖度高，但酸度低，香味不足，干酒品质欠佳，而生产的甜葡萄酒具有西域特色，品质尚好。

9. 云南地区

云南产区包括云南高原海拔 1500 米的弥勒、东川、永仁和川滇交界处金沙江畔的攀枝花，土壤多为红壤和棕壤。这里的气候特点是光照充足，热量丰富，降水适时，在上年的 10~11 月至第二年的 6 月有一个明显的旱季，降水量为 329 毫米（云南弥勒）和 100 毫米（四川攀枝花），适合酿酒葡萄的生长和成熟。利用旱季这一独特小气候的自然优势栽培欧亚种葡萄，已成为西南葡萄栽培的一大特色。著名的酿酒公司有云南高原葡萄酒公司。

10.黄河三角洲产地

黄河三角洲产区主要指运城盆地——鸣条岗产区，位于北纬 35 度，东经 111 度，处于运城盆地中心地带，是华夏农业发源地之一。产区紧邻中国死海——运城盐湖，因为其独有的地貌特征，形成了炎热、干燥、多风、温差大的气候特征，土质条件属优质的壤土结构，土质结构疏松多孔，土层中营养物质丰富、矿物质元素含量高，出产的葡萄以含糖量高，有机物成分多，果香浓郁为主要特征。

（四）中国著名葡萄酒

1.烟台红葡萄酒

（1）产地

烟台“葵花”牌红葡萄酒，原名“玫瑰香葡萄酒”，是山东烟台张裕葡萄酿酒公司的传统名牌产品。

（2）历史

烟台红葡萄酒早在 1914 年即已行销海内外，迄今已有 90 多年历史。爱国华侨、实业家张弼士于清朝光绪十八年（1892 年）买下了烟台东山和西山 200 公顷（3000 亩）荒山，又两次从欧洲引进蛇龙珠、解百纳、玛瑙红、醉诗仙、赤霞珠等 120 个优良红、白葡萄品种，开辟葡萄园，并投资创建了张裕酿酒公司。

（3）特点

烟台红葡萄酒是一种本色本香，质地优良的纯汁红葡萄酒。酒度 16 度，酒液鲜艳透明，酒香浓郁，口味醇厚，甜酸适中，清鲜爽口，具有解百纳、玫瑰香葡萄特有的香气。

（4）功效

烟台红葡萄酒酒中含有单宁、有机酸、多种维生素和微量矿物质，是益神延寿的滋补酒。

（5）工艺

烟台红葡萄酒以著名的玫瑰香、玛瑙红、解百纳等优质葡萄为原料，经过压榨、去渣皮、低温发酵、木桶贮存、多年陈酿后，再行匀兑、下胶、冷浆、过滤、杀菌等工艺处理而成。

（6）荣誉

烟台红葡萄酒 1914 年在南京南洋劝业会上获最优等奖状；1915 年在巴拿马

万国商品赛会上荣获金质奖章；在第一、二、三、四届全国评酒会上，均被评为国家名酒；1980 年、1983 年两次荣获国家优质产品金质奖章；在 1984 年轻工业部酒类质量大赛中荣获金杯奖。

2. 烟台味美思

（1）产地

烟台味美思产于山东烟台张裕葡萄酿酒公司。

（2）历史

味美思源于古希腊。在很早的时候，希腊人喜欢在葡萄酒内加入香料，以增加酒的风味。到了罗马时代，罗马人对配方进行改进，称之为"加香葡萄酒"。17 世纪，一个比埃蒙人首先将苦艾引入南部，酒厂把苦艾用作酿造加香葡萄酒的配料，又取名"苦艾葡萄酒"。后来条顿人进入南欧，把这种酒又改称"味美思"，原意是人们饮用此酒能"保持勇敢精神"。这个美名传遍欧洲各国。中国也称之为"味美思"。

（3）特点

烟台味美思属于甜型加料葡萄酒，酒度一般在 17.5 度 ~18.5 度之间，酒液呈棕褐色，清澈透明兼有水果酯香和药材芳香，香气浓郁协调。该酒味甜、微酸、微苦；柔美醇厚。

（4）功效

烟台味美思有开胃健脾、祛风补血、帮助消化、增进食欲的功效，故又称为"强身补血葡萄酒""健身葡萄酒""滋补药酒"。此外，该酒还常用作配制鸡尾酒的基酒。

（5）工艺

烟台味美思以山东省大泽山区出产的优质龙眼、雷司令以及贵人香、白羽、白雅、李将军等葡萄品种为原料，专用自流汁和第一次压榨汁酿制，贮藏两年后再与藏红花、龙胆草、公丁香、肉桂等名贵中药材的浸出汁相调配，并加入原白兰地、糖浆和糖色，调整酒度、口味和色泽，最后经冷冻澄清处理而成。

（6）荣誉

烟台味美思 1914 年在南洋劝业会上获最优等奖状；1915 年在巴拿马万国商品赛会上，荣获金质奖章和最优等奖状；在全国第一、二、三、四届评酒会上，均被评为国家名酒。

3. 河南民权葡萄酒

（1）产地

民权葡萄酒产于河南民权葡萄酒厂。

（2）历史

河南省民权葡萄酒历史可谓源远流长。传说，早在 2000 多年前，我国古代大哲学家庄子，最喜欢喝土法酿造的河南省民权葡萄酒。河南省的民权县四季分明、土地肥沃，自古以来就是盛产葡萄的地方。民权酿酒有限公司累积酿造葡萄酒的丰富经验已达半世纪之久，因此生产的葡萄酒早已闻名中外。

（3）特点

河南省民权葡萄酒是一种含新鲜果香、酒香绵长的甜白葡萄酒。颜色呈麦秆黄色，清亮透明，酸甜适中，酒度 12 度，含糖每升 12 克。

（4）工艺

河南省民权葡萄酒是用白羽、红玫瑰、季米亚特、巴米特等优良葡萄酿制而成。

（5）荣誉

民权葡萄酒自 1962 年投放市场以来，质量不断提高，1963 年获国家优质酒称号，1979 年获国家名酒殊荣。

4. 中国红葡萄酒

（1）产地

北京东郊葡萄酒厂出品。

（2）特点

中国红葡萄酒属甜型葡萄酒。酒度 16 度，酒液呈红棕色，鲜丽透明，有明显的葡萄果香和浓郁的酒香；口味醇和、浓郁、微涩；酒香谐和、持久。该酒的品位堪与国际上同类型的高级葡萄酒媲美。

（3）工艺

中国红葡萄酒是在原五星牌红葡萄酒的基础上不断改进和提高工艺而形成的，经过破碎、发酵、陈酿、调配制成，并用冷加工和热处理的方法加速了酒的老熟。制作中不仅选用长期贮存的优质甲级原酒做酒基，而且加入多种有色葡萄原酒，使之在色泽、酒度、糖度等方面达到较高水平。最后，贮存期满的酒经过再过滤、杀菌、检验，才可供应上市。

（4）荣誉

中国红葡萄酒在 1963 年、1979 年和 1983 年获得国家名酒称号。

5. 沙城干白葡萄酒

（1）产地

河北省沙城县。

（2）特点

沙城干白葡萄酒属不甜型葡萄酒。酒度 16 度。酒液淡黄微绿，清亮有光，香美如鲜果。口味柔和细致，饴而不滞，醇而不酽，爽而不涩。

（3）工艺

沙城干白葡萄酒采用当地优质龙眼葡萄为原料，接入纯种酵母发酵。陈酿两年之后，再经勾兑、过滤，装瓶贮存半年以上方可出厂。

（4）荣誉

沙城干白葡萄酒 1977 年问世。此酒一经上市即崭露头角，次年出口，立即受到国际市场的欢迎。1979 年和 1983 年连续荣获国家名酒称号，为国内外宴会常用美酒。

6. 王朝半干白葡萄酒

（1）产地

王朝半干白葡萄酒产于天津中法合营天津王朝葡萄酿酒有限公司。

（2）特点

天津王朝半干白葡萄酒属不甜型葡萄酒。色微黄带绿，澄清透明，果香浓郁，酒香怡雅；酒味舒顺爽口，醇正细腻，有新鲜感；酒体丰满，典型完美，突出麝香型风格。

（3）工艺

王朝半干白葡萄酒采用优质麝香型葡萄贵人香、佳美等世界名种葡萄，运用国际最先进的酿造白葡萄酒的工艺技术和设备，经过软压取汁、果汁净化、控温发酵、除菌过滤、恒温瓶贮、典雅包装等工艺环节，精工酿制而成。

（4）荣誉

王朝半干白葡萄酒问世不久即于 1983 年在第四届全国（葡萄酒和黄酒）评酒会上荣获国家名酒称号；其后又先后在 1984 年前民主德国莱比锡国际评酒会、前南斯拉夫卢比亚那国际评酒会和 1989 年比利时布鲁塞尔第 27 届评酒会上荣获金奖；获国家首批"绿色食品"称号，2006 年 1 月首批通过国家酒类质量认证。

三、法国葡萄酒

（一）法国葡萄酒起源

法国得天独厚的气候条件，有利于葡萄生长，但不同地区，气候和土壤也不尽相同，因此法国能种植几百种葡萄（最有名的品种有酿制白葡萄酒的霞多丽和苏维浓，酿制红葡萄酒的赤霞珠、希哈、佳美和海洛）。

法国葡萄酒的起源，可以追溯到公元前 6 世纪。当时腓尼基人和克尔特人首先将葡萄种植和酿造业传入现今法国南部的马赛地区，葡萄酒成为人们佐餐的奢侈品。到公元前 1 世纪，在罗马人的大力推动下，葡萄种植业很快在法国的地中海沿岸盛行，饮酒成为时尚。然而在此后的岁月里，法国的葡萄种植业却几经兴衰。公元 92 年，罗马人逼迫高卢人摧毁了大部分葡萄园，以保护亚平宁半岛的葡萄种植和酿酒业，法国葡萄种植和酿造业出现了第一次危机。公元 280 年，罗马皇帝下令恢复种植葡萄的自由，葡萄种植和酿造进入重要的发展时期。1441 年，勃艮第公爵禁止良田种植葡萄，葡萄种植和酿造再度萧条。1731 年，路易十五国王部分取消上述禁令。1789年，法国大革命爆发，葡萄种植不再受到限制，法国的葡萄种植和酿造业终于进入全面发展的阶段。历史的反复，求生存的渴望，文化的熏染以及大量的品种改良和技术革新，推动法国葡萄种植和酿造业日臻完善，最终走进了世界葡萄酒极品的神圣殿堂。

（二）法国葡萄酒的等级划分

法国拥有一套严格和完善的葡萄酒分级与品质管理体系。在法国，葡萄酒被划分为以下四个等级。

1. 日常餐酒（Vin de Table）

日常餐酒用来自法国单一产区或数个产区的酒调配而成，产量约占法国葡萄酒总产量的38%。日常餐酒品质稳定，是法国大众餐桌上最常见的葡萄酒。此类酒最低酒精含量不得低于8.5%，最高则不超过15%。酒瓶标签标示为 Vin de Table。

2. 地区餐酒（Vin de Pays）

地区餐酒由最好的日常餐酒升级而成。法国绝大部分的地区餐酒产自南部地中海沿岸。其产地必须与标签上所标示的特定产区一致，而且要使用被认可的葡萄品种。最后，还要通过专门的法国品酒委员会核准。酒瓶标签标示为 Vin de Pays + 产区名。

3. 优良地区餐酒（V.D.Q.S）

优良地区餐酒等级位于地区餐酒和法定地区葡萄酒之间，产量只占法国葡萄酒总产量的2%。这类葡萄酒的生产受到法国原产地名称管理委员会的严格控制。酒瓶标签标示为 Appellation + 产区名 + Qualite Superieure。

图2-2 日常餐酒酒瓶标签图

图2-3 地区餐酒酒瓶标签图

4. 法定地区葡萄酒（简称 A.O.C）

A.O.C 是最高等级的法国葡萄酒，产量大约占法国葡萄酒总产量的35%。其使用的葡萄品种、最低酒精含量、最高产量、培植方式、修剪以及酿制方法等都受到最严格的监控。只有通过官方分析和化验的法定产区葡萄酒才可获得 A.O.C 证书。正是这种非常严格的规定才确保了 A.O.C 等级的葡萄酒始终如一的高贵品质。在法国，每一个大的产区里又分很多小的产区。一般来说，产区越小，葡萄酒的质量也会越高。酒瓶标签标示为 Appellation + 产区名 + Controlee。

图2-4　优良地区餐酒酒瓶标签图　　　图2-5　法定地区葡萄酒酒瓶标签图

（三）法国葡萄酒产区

1. 波尔多区（Bordeaux）

波尔多区是法国最受瞩目也是最大的 A.O.C 等级葡萄酒产区。从一般清淡可口的干白酒到顶级城堡酒庄出产的浓重醇厚的高级红酒都有出产。该区所产红葡萄酒无论在色、香、味还是在典型性上均属世界一流，特别是以味道醇美柔和、爽净而著称，那种悦人的果香和永存的酒香，被誉以"葡萄酒王后"的美誉。

（1）莫多克分区（Medoc）（红葡萄酒）

①地理位置

莫多克位于波尔多市北边，天气温和，有大片排水良好的砾石地，是赤霞珠（Cabernet-Sauvignon）红葡萄的最佳产区。

②葡萄酒特点

莫多克出产酒色浓黑、口感浓重的耐久存红酒，须存放多年才能饮用，St.Estephe，Pauillac，St.Julien 及 Margaux 是最出名 A.O.C 产酒村庄。

③名品

A. 拉菲特酒（Chateau Lafire-Rothschild）

此酒色泽深红清亮，酒香扑鼻，口感醇厚、绵柔，以清雅著称，属干型，最宜陈酿久存，越陈越显其清雅之风格，以 11 年以上酒龄者为最佳，是世界上罕见的好品种。

B. 马尔戈酒（Margaux）

马尔戈酒以"波尔多最婀娜柔美的酒"闻名，酒液呈深红色，酒体协调、细致，各路风格恰到好处，属干型，早在 17 世纪就出口到英国。

C. 拉杜尔酒（Chateau Latour）

拉杜尔酒酒质丰满厚实，越陈越具其纯正坚实、珠光宝气的风格，属干型，早在 18 世纪就已出口到英国。

（2）圣·爱美里昂分区（St.Emillion）（红葡萄酒）

①地理位置

圣·爱美里昂较靠近内陆的红酒产区，美露葡萄的种植比例较高，比莫多克出产的葡萄圆润可口，产区范围大，分成一般的 St.Emilion 和较佳的 St.Emilion grandcru，后者还分三级，最佳的是 St.Emilion 1er grand cru classé，属久存型的名酿。

②葡萄酒特点

该分区的红葡萄酒色深而味浓，是波尔多葡萄酒中最浓郁的一种，成熟期漫长。

③名品

乌绍尼堡（Chateau Ausone）

波西乳喝堡（Chateau Beausejour）

（3）葆莫罗尔分区（Pomerol）（红葡萄酒）

①地理位置

葆莫罗尔位于吉伦特河的右边，是著名的白葡萄酒产区，主要种植美露葡萄。

②葡萄酒特点

葆莫罗尔只产红酒，以高比例的美露葡萄酒著称，强劲浓烈，却有较圆润丰美的口感，较早成熟，但亦耐久存。因产区小，价格昂贵。

③名品

北京鲁堡（Chatau Petrus）

色旦堡（Vieux Chateau Certan）

（4）格哈夫斯分区（Graves）（红、白葡萄酒）

①地理位置

格哈夫斯位于波尔多市南边，红、白葡萄酒皆产。

②葡萄酒特点

白葡萄酒以混合 Sémillon 和 Sauvignon blanc 葡萄酿成，是波尔多区最好的干白酒产区，常有圆润丰厚的口感。红酒也以 Cabernet-Sauvignan 为主，口感紧涩，常带一点土味。以北边 Pessac-Léognan 区内所产的品质最好，所有特级酒庄都位于此区内。

③名品

奥·伯里翁堡（Chateau Haut-Brion）（红、白）

长堡尼克斯堡（Chateau Carbonnieux）（红、白）

多美·席娃里厄（Domaine de Chevatier）（红、白）

（5）索特尼分区（Sautenes）（甜白葡萄酒）

①地理位置

索特尼位于波尔多的西南部，具有悠久的历史，是优质白葡萄酒的著名产区，世界著名的高级甜葡萄酒的葡萄庄园帝琴葡萄庄园（Chateau Yquem）位于该区。

②葡萄酒特点

索特尼是波尔多区内最佳的甜白酒产区，因特殊的自然环境，葡萄收成时表面长有贵腐霉让葡萄的糖分浓缩，同时发出特殊的香味，酿成的白酒甜美圆润，有十分浓郁的香气，适合经久存放。

③名品

艺甘姆堡（Chateau de Yquem）。此酒被誉为"甜型白葡萄酒的最完美代表"。其风格优雅无比，色泽金黄华美，清澈透明，口感异常细腻，味道甜美，香气怡然。此酒越老越美，由于精工细制，控制产量，因此身价百倍，它也是世界最贵的葡萄酒之一。

（6）波尔多区主要的 A.O.C 葡萄酒

白葡萄酒：长相思（Bordeaux Sauvignon Blanc）

赛芙蓉（Bordeaux Semillon）

玛斯凯特（Bordeaux Muscadelle）

巴萨克（Bordeaux Barsac）

索特尼（Bordeaux Sauterne）

红葡萄酒：梅鹿特（Bordeaux Merlot）

品丽珠（Bordeaux Cabernet Flanc）

赤霞珠（Bordeaux Cabernet Sauvingon）

圣·爱米里昂（Bordeaux St-Emillon）

索特尼（Bordeaux Sauterne）

2. 勃艮第地区（Burgundy）

勃艮第地区出产举世闻名的红、白葡萄酒，有相当久远的葡萄种植传统，每块葡萄园都经过精细的分级。最普通的等级是 Bourgogne，之上有村庄级 Communal，一级葡萄园 Ler cru 以及最高的特级葡萄园 Grand cru。由北到南分，主要产区有：

（1）夏布利（Chablis）

①地理位置

夏布利在第戎市西北部，距第戎市约 60 公里。该地区种植著名的霞多丽葡萄，能生产出颜色为浅麦秆黄、非常干爽的白葡萄酒。

②葡萄酒的特点

夏布利所产葡萄酒以口感清新较淡，酸味高的霞多丽闻名，常带矿石香气，适合搭配生蚝或贝类海鲜。

③名品

霞多丽（Chablis Chardonnay）、巴顿·古斯梯（Chablis Barton & Guestier）。

（2）科多尔（Cotes d'Or）

①地理位置

科多尔由两个著名葡萄酒区组成：科德·内斯（Cote de Nuits）和科特·波讷（Cote de Beaune）。科德·内斯附近的内斯·圣约翰（Nuits-St-Georges）、拉·山波亭（Le Chambertin）和拉·马欣尼（Le Musigny）等地都生产各种优质的葡萄酒。道麦尼·德·拉·德罗美尼·康迪地区（Domaine de la Romanee Conti）以生产高级价格昂贵的葡萄酒而著称。由于科多尔中部的土质、气候和环境原因，格沃雷·接山波亭（Gevrey Chambertin）、莫雷·圣丹尼斯（Morey-St-Denis）、仙伯雷·马斯格尼（Chambolle-Musigny）和沃斯尼·罗曼尼（Vosne Romane）等村庄及内斯·圣约翰（Nuits-St-Georges）村周围的葡萄园都种植着著名的黑比诺葡萄（Pinot Noir），从而为该地区生产优质葡萄酒奠定了良好基础。

②葡萄酒特点

科多尔北部（Côte de Nuits）是全球最佳的 Pinot noir 红酒产区，展现该品种最优雅、细致却又浓烈丰郁的特性。

③名品

豪特·科特葡萄酒（Hautes Cotes）

（3）布娇莱（Beaujolais）

①地理位置

布娇莱位于勃艮第酒区的最南端。该地区仅种植味美、汁多的甘美葡萄。所生产的葡萄酒有宝祖利普通级葡萄酒（Beaujolais）、宝祖利普通庄园酒（Beaujolais-Villages）。

②葡萄酒特点

布娇莱的红葡萄酒味淡而爽口，以新鲜、舒适和醇柔而出名。

③名品

A. 黑品乐（Beaujolais Pinot Noir）。

B. 佳美（Beaujolais Gamay）。

C. 乡村布娇莱（Beaujolais Villages）。

D. 佛罗利（Fleurie）。

（4）布利付西（Pouilly–Fuisse）

①地理位置

布利付西位于卢瓦尔的中部，是卢瓦尔人最骄傲的酒区。该区气候温和，地势陡峭，土地中含有钙和硅的成分，很多著名的白葡萄酒，都是以该地区的夏维安白葡萄为原料制作的。

②葡萄酒特点

布利付西是勃艮第白葡萄酒的杰出代表，呈浅绿色，光滑平润，清雅甘洌，鲜美可口，属干型。

③名品

A. 马贡·霞多丽（Macon Chardonnay）。

B. 马贡·白品乐（Macon Pinot Blanc）。

C. 马贡·佳美（Macon Gamay）。

D. 马贡·黑品乐（Macon Pinot Noir）。

（四）法国著名的葡萄酒

1. 拉菲酒庄（Chateau Lafite Rothschild）

说到波尔多红酒，首先让人想到的就是著名的拉菲酒庄。在历史的长河里始终能发现拉菲的身影，没错，早在1855年博览会上，拉菲酒庄成为了排名第一的庄园。从酒质、售价、名气和历史按五个等级去评判。拉菲也被认为是"五大"名庄中最为典雅的，也是全世界价值最高的红酒庄。在当时的18世纪，拉菲酒庄一度风靡为宫廷御酒，拉菲至今也保持着葡萄酒中最贵的纪录。

2. 拉图酒庄（Chateau Latour）

拉图酒庄是法国重量型酒庄，也是跟拉菲在同一年被定级为顶级的五大酒庄之一。并且还于2011年入选"伦敦国际葡萄酒交易所"发布的世界十大葡萄酒庄园第四名，这个评估一般是根据所在年份的成交额、评酒得分、每箱成交价、价格增长幅度、加权产值五大标准综合评定。

3. 罗曼尼·康帝（Romanee Conti）

与著名的拉菲酒庄相比也是略微高一点的，被誉为天下第一酒庄，罗曼尼康帝的葡萄酒在市场上是找不到的，没有零售。一杯罗曼尼在手会油然而生一种帝王感觉。

4. 柏图斯酒庄（Petrus）

柏图斯的价格一直也是很昂贵的，仅次于罗曼尼，它的冠名没有以城堡的名字来定。柏图斯酒庄位于波尔多的宝物隆（Pomerol）地区，它的产量极少，价格因此昂贵。

5. 里鹏（Le Pin）

它的名字来源其实是属于偶然，因为当时只是个小葡萄园，只有一公顷，小到不能称庄园的程度，所以只好名为"里鹏"。平均葡萄树 28 年，每公顷种植 6000 株葡萄树。年产量也不会太多，大概是 7000 瓶左右，通常都放在橡木桶内储存 15~18 个月。

6. 木桐酒庄（Chateau Mouton）

木桐酒庄位于法国波尔多波亚克的一个小山丘上，与拉菲庄园距离只有一步之遥。Motte 意为土坡，历来被认为这里的土坡地砾石特别地深，可以种植出来最好的葡萄，酿出最好的酒。1973 年正式升级为一级葡萄园庄，从此木桐酒庄成为法国波尔多五大顶级酒庄之一。

7. 奥比昂酒庄（Cheteau Haut Brion）

在 1855 年波尔多红酒分级别时的最顶级葡萄酒庄园之一，与拉菲庄园、木桐庄园、拉图庄园、玛歌庄园，并称为波尔多"五大"名庄。

8. 勒桦（Domaine Leroy）

它所在的排名是根据"伦敦国际葡萄酒交易所"发布的世界最贵的十大红酒品牌第四名，仅次于"罗曼尼康帝""柏图斯""里鹏"，比拉菲还要略贵一点。它的产量占据葡萄酒成交量的 75% 以上。

9. 欧颂古堡（Chateau Ausone）

位于法国波尔多圣爱美容产区，与白马庄园齐名，是近年来世人常称的"波尔多八大名庄"之一。在早几年的成交价格平均是 8000 英镑，在世界最贵葡萄酒中位列第六名。

10. 花庄葡萄酒（Chateau Lafleur）

也被称作拉佛、花堡，出自波尔多右岸产区，这里盛产稀世珍宝，高手云集，2011 年的平均成交价格为 6600 英镑，荣获世界最贵红酒品牌第八名，仅次于"拉图"，超过了木桐酒庄和奥比昂酒庄。

四、其他国家葡萄酒

（一）意大利葡萄酒

意大利生产葡萄酒是全国性的，其最大的特点是种类繁多、风味各异。意大利葡萄酒与意大利民族一样，开朗明快，热烈而感情丰富。

著名的红葡萄酒有：斯瓦维（Soave）、拉菲奴（Ruffino）、肯扬地（Chianti）、巴鲁乐（Barolo）等。干红，白葡萄酒有噢维爱托（Orvieto）。古典红葡萄酒有肯扬地（Chianti Classico）。

（二）德国葡萄酒

德国以产莱茵（Rhein）和莫泽尔（Moselle）白葡萄酒著称。莱茵河和莫泽尔河两岸都盛产葡萄，造酒者即以河为名。

莱茵酒成熟、圆润而带甜味，用棕色瓶装；莫泽尔酒清澈、新鲜、无甜味，用绿色瓶装。德国葡萄酒的种类繁多，以美国为主要出口对象。

（三）美国葡萄酒

美国葡萄酒的主要产地是加利福尼亚州。此外还有新泽西州、纽约州、俄亥俄州。

美国葡萄酒因为各葡萄园内严格控制土壤的含水量、酸碱度及养分，使得每一年的葡萄几乎在相同的环境下成长，所以酒品几乎可以确保年年一致。美国葡萄酒品质稳定，生产量大，但不突出。著名的品牌有：夏布利（Almaden·Chablis）、佳美布娇莱（Gamy Beaujolais）、纳帕玫瑰酒（The Christian Brothers·Napa Rose）、品乐·霞多丽（Piont Chardonnay）、BV长相思（BV Sauvignon Blanc）、赤霞珠（Pau Masson·Cabernet Sauvignon）、雷司令（Johannisberg Riesling）。

（四）澳洲葡萄酒

澳洲被称为葡萄酒的新世界，是因为当地葡萄酒厂勇于创新，制造出今日与众不同的澳洲葡萄酒。

澳洲生产葡萄酒的省份为新南威尔士（New South Wales）、维多利亚（Victoria）、南澳大利亚（South Australia）和西澳大利亚（Western Australia）。其中，最重要的产区为南澳大利亚，当地的地理位置及纬度均类似酒乡法国波尔多（介于纬度30~50度之间）。但其气候较温暖，日照充分，所以能酿造出酒气浓郁，平顺易入口的葡萄酒。

澳洲葡萄酒既有用产地名称命名的，也有以葡萄品种命名的。许多著名的酿酒厂都拥有自己的葡萄园。著名的红葡萄酒是用赤霞珠为原料，而优质的白葡萄酒则以雷司令、霞多丽等葡萄品种为原料制成。

澳洲葡萄酒的另一个特色是混合两种或两种以上的葡萄品种来酿酒。凭借这种做法，澳洲人创造出了完全属于澳洲风味的葡萄酒。最常见的是赤霞珠和西拉（Syrah）葡萄品种的混合。这一点在酒的正标或背标上，一定会清楚地标明。大部分澳洲葡萄酒，不论在口感上还是在价格上，都相当能符合国内消费者的要求。

五、香槟酒

香槟酒是世界上最富有吸引力的葡萄酒，是一种最高级的酒精饮料。

（一）香槟酒的起源

据说在18世纪初叶，DOM PERIGNON修道院葡萄园的负责人——贝力农，因为某一年葡萄产量减少，就把还没有完全成熟的葡萄榨汁后装入瓶中贮存。其间因为葡萄酒受到不断发酵中所产生的二氧化碳的压迫，于是就变成了发泡性的酒。由于瓶中充满了气体，所以在拔除瓶塞时会发出悦耳的声响。香槟酒也因此成为圣诞节等喜庆活动中所不可或缺的酒。

（二）香槟酒生产工艺

香槟酒酿造工艺复杂而精细，具有独到之处。

每年10月初，葡萄被采摘下来后经过挑选并榨汁，汁液流入不锈钢酒槽中澄清12个小时，而后装桶，进行第一次发酵。第二年春天，把酒装入瓶中，而后放置在10℃的恒温酒窖里，开始长达数月的第二次发酵。

翻转酒瓶是香槟酒酿造过程中的一个重要环节。翻转机每天转动八分之一周，使酒中的沉淀物缓缓下沉至瓶口。六周后，打开瓶塞，瓶内的压力将沉淀物冲出。为了填补沉淀物流出后酒瓶中的空缺，需要加入含有糖分的添加剂。添加剂的多少决定了香槟酒的三种类型：原味、酸味和略酸味，而后再封瓶，继续在酒窖中缓慢发酵。这个过程一般在三到五年。

香槟酒的重要特点之一是由不同年份的多种葡萄配制而成，将紫葡萄汁和白葡萄汁混合在一起；将年份不同的同类酒掺杂在一起。至于混合的方法，配制的比例，则是各家酒厂概不外传的秘诀。

（三）香槟酒分类

香槟依据其原料葡萄品种分为：

（1）用白葡萄酿造的香槟酒称"白白香槟"（BLANC DE BLANC）；

（2）用红葡萄酿造的香槟酒称"红白香槟"（BLANC DE NOIR）。

（四）香槟酒的命名

香槟来自法文"Champagne"音译，意思是香槟省。香槟省位于法国北部，气候寒冷且土壤干硬，阳光充足，其种植的葡萄适宜酿造香槟酒。

由于产地命名的原因，只有法国香槟省所产葡萄生产的气泡葡萄酒才能称作"香槟酒"，其他地区产的此类葡萄酒只能叫"气泡葡萄酒"。根据欧盟的规定，欧洲其他国家的同类气泡葡萄酒也不得叫"香槟"。

（五）香槟酒的特点

1. 香槟酒的年份

（1）不记年香槟：香槟酒如不标明年份，说明它是装瓶12个月后出售的。

（2）记年香槟：香槟酒如果标明年份，说明它是葡萄采摘若干年后出售的。

2. 香槟甜度划分

天然 BRUT：糖分含量最少，酸。

特干 EXTRA SEC：糖分含量次少，偏酸。

干 SEC：糖分含量少，有点酸。

半干 DEMI-SEC：糖分半糖半酸。

甜 DOUX：甜。

一般，甜香槟或半干香槟比较适合中国人的口味。

3. 香槟酒品质

香槟酒一般呈黄绿色，也有淡黄色，斟酒后略带白沫，细珠升腾，色泽透亮，果香大于酒香，酒气充足，被誉为"酒中皇后"。

香槟酒如果气泡多且细，气泡持续时间长，则说明香槟品质好。

（六）香槟酒品评

色鲜明亮，协调，有光泽。

透明澄清，澈亮，无沉淀，无浮游物，无失光现象。

打开瓶塞时声响清脆，响亮。

香果香，酒香柔和，轻快，没有异味。

味醇正，协调，柔美，清爽，香馥，后味杀口，轻快，余香，有独特风味。

（七）香槟的饮用与服务

1. 香槟酒与菜肴搭配

一般而言，不同葡萄酿制的香槟，所搭配的菜肴也不尽相同。全部采用霞多丽葡萄酿制的香槟，酸度高，果香重，清新爽口，最适合当餐前的开胃酒。如果采用较大比例的红葡萄酿制的香槟，口感比较强劲，香味较丰富，除了海鲜菜肴之外，搭配禽类或小牛肉的菜肴也很适合。珍贵的粉红香槟虽然也是很好的开胃酒，但常被用来搭配肉类料理。成熟且比较浓厚的粉红香槟，甚至可以用来搭配那些本来只有浓重强劲的红酒才配得来的菜式，如滋味香浓的野味，煎烤羊排或成熟味浓的奶酪等。同时，残余糖分不同的香槟，与其搭配的菜肴也大相径庭。一般干型的香槟，通常最适合当餐前开胃酒，搭配精致小巧的餐前小点，或者与生蚝和鱼子酱的配对。如果香槟带上更多的甜味，与餐后的甜点搭配最合适。

（1）水果＋香槟

除了草莓，苹果、梨子、杏、蓝莓和甜瓜等也是搭配香槟的不错选择。在香槟水果的组合中，水果最好是不会甜得过分，不会很散乱也不会有很强烈的会掩盖住香槟的味道。榴梿因气味和味道都太过强烈，就不适合搭配香槟。

（2）芝士＋香槟

芝士与香槟是绝配。法国芝士布里干酪和卡门贝干酪就是理想的选择，但除此之外选择还有很多，例如 Port Salut 就是另一种与香槟搭配绝佳的法国芝士。对于那些喜欢蓝奶酪的人来说，蓝奶酪本身的味道和质感能在一杯香槟的衬托下得到加强。山羊奶酪也是不错选择。

（3）海鲜＋香槟

海鲜对于香槟来说也是很理想的，鱼类和海鲜尤其是龙虾，都是香槟的最佳拍档。熏制的大马哈鱼搭配的效果是出奇地好，其他的如熏鳟鱼、红鲷鱼、鲈鱼、蛤、生蚝等味道偏咸的菜肴都能与香槟搭配得精妙绝佳。

（4）意大利面＋香槟

含奶油的意大利面与香槟的味道结合在一起，不但能消除油腻的口感，还能碰撞出新的味觉火花。除此之外，配有虾和蛤的意大利面与香槟的味道也很互补。但要注意避免以番茄酱为主的食物，番茄的味道和香槟中的酸味很不和谐。

（5）西点＋香槟

不是很甜的点心，例如浆果，用面粉、奶油和糖做的脆饼，重油重糖的糕饼，还有蛋糕或果馅饼和柠檬味点心都是香槟的理想伴侣。

（6）巧克力＋香槟

若要选择用巧克力来搭配香槟，则要注意选择用黑巧克力或是苦中带甜且不黏口的巧克力，在香槟口味上，最好选择口味清淡、甜度最低的香槟，这样才能营造出最佳口感。

（7）咸味＋香槟

其他适合搭配香槟的菜肴是味道偏咸的系列，这些咸味菜肴包括烤鸡、橄榄和鹅肝，或者说是肝酱。这些食物所含的盐分使得人们感到口渴，这个时候一杯精美的香槟自然是再好不过了。

（8）寿司＋香槟

大多数的寿司都能与甜度极低的香槟酒构成和谐搭配，因为寿司所提供的生鱼片的绵软和一粒粒米饭的质感都能唤醒人的味觉。寿司和香槟同样都是优雅的食物，在这一层面上，寿司和香槟也显得如此和谐。

2. 香槟酒饮用温度

香槟酒无论是作为开胃酒饮用还是与菜肴搭配饮用，其最佳饮用温度应该是8℃~10℃，饮用前可在冰桶里放20分钟或在冰箱里平放三个小时左右。

3. 香槟酒服务

（1）点酒选杯

客人点了香槟酒后，首先要在餐桌上放上适当的杯子（窄口香槟杯）。

（2）示瓶

用餐巾托瓶身放在左手手掌上，标签朝向客人以便认读，应口头介绍一遍，让客人确认。

（3）开瓶

客人确认所点的酒后，准备开瓶。香槟酒瓶中的气体含有很强的冲力，特别是在摇晃以后，强力冲出的瓶塞可能会伤到客人。所以开瓶时必须十分小心，千万不要将瓶口对着自己或客人的脸，瓶口应该朝向天花板。在开瓶的过程中可以将瓶口倾斜，这样能减少气体对瓶塞的冲力。用左手握住酒瓶呈45度，用右手拉开扣在瓶口的铁圈。去掉铝箔及铁圈，同时用左手拇指压住瓶塞。拿 ·条餐巾放在右手掌心，隔着餐巾握住瓶塞，用左手握住瓶身，右手轻轻转动木塞，木塞受气压便会弹到右手的餐巾中。

（4）倒酒

用餐巾擦一下瓶口。用右手握紧瓶身，将标签朝向客人。在主人的杯中倒入30毫升让主人试酒。

另一种握法是用右手四指贴住瓶身，大拇指扣住香槟瓶身的凹陷处倒酒。

在主人试酒确认后，从主人右边第一位客人开始按顺时针方向（绕过主人）逐次为客人斟酒（不要超过酒杯的 2/3），最后再为主人添酒。斟酒时可以停顿一下，以免泡沫溢出酒杯。

除了客人要求之外，酒瓶应放在冰桶内，瓶身可以用餐巾包住增加美观。

巡视杯子为客人添酒，斟完后应询问客人是否再加一瓶。

（八）世界著名香槟

1. 酩悦香槟（Moet & Chandon）

酩悦香槟 Moet & Chandon 是法国名酒，作为全球最受欢迎的香槟品牌，酩悦香槟自 1743 年创立以来，拥有 270 多年酿酒传统的 Moet Chandon，曾因法皇拿破仑的喜爱而赢得 "Imperial（皇室香槟）" 的美誉。到目前为止，酩悦香槟已成为法国最具国际知名度的香槟，始终是成就与魅力的典范。

"酩悦香槟" 是辉煌传统和摩登愉悦的代名词。自 2009 年起，酩悦香槟成为美国奥斯卡金像奖的指定香槟。从拿破仑庆祝战争胜利的盛典、皇室婚礼到新船启航仪式，从好莱坞的奥斯卡、金球奖到全球各大国际电影节的盛大红毯，都有该香槟的身影。

2. 路易王妃（Louis Roederer）

路易王妃香槟位于法国兰斯城（Reims），1776 年酒庄由杜布瓦（Dubois）父子创建，直到 1833 年，路易·勒德雷尔（Louis Roederer）先生从他叔叔那里继承了这份产业，酒庄才更名为路易王妃香槟（Louis Roederer）。在他的领导下，路易王妃香槟才逐渐声名远扬，开始酿制香槟酒。

路易王妃是尊贵、典雅、财富、奢华的象征，是世界上最贵、最高级的香槟，是英国皇室的御用香槟。

3. 库克香槟（Krug）

1843 年，Johann Joseph Krug 怀揣着创造独特香槟的梦想，创立了自己的酒庄库克。素来以酿制高品质香槟而著称，库克陈年香槟把库克香槟酒庄的酿造工艺、酿造理念和聪明才智体现得淋漓尽致。

它是由来自 10 个年份甚至更多年份的 120 款基酒调配而成，因此，此款香槟风味丰富，香气复杂，分外优雅。其细腻的口感来源于至少 6 年以上的陈酿。缔造一款库克陈年香槟至少需要 20 年的时间甚至更久。

4. 巴黎之花（PerrierJou）

1811 年，软木塞制造商 Pierre-Nicolas-Marie Perrier 与 Adèle Jouet 成婚，他们共同在埃佩尔内市创建了巴黎之花香槟酒厂，一个优雅超凡、威望卓著的香槟酒品牌由此诞生。

巴黎之花香槟酒庄以酿造细腻雅致、花香馥郁的霞多丽香槟著称。香槟的优雅气度从雕饰"新艺术"风格银莲花图案的美丽时光香槟酒瓶中四溢而出，奉献着欢愉与美丽的时刻。

巴黎之花美丽时光香槟融合魅力与典雅，精挑细选的葡萄，严格的制作工艺使口感丰富柔润。出奇的水果清香逐渐转为诱人的甜蜜，浓郁的醇香，淋漓尽致。

5. 宝禄爵香槟（Champagne Pol Roger）

宝禄爵香槟位于香槟产区的埃佩尔奈（Epernay）镇，创建于 1849 年，创始人是来自艾镇（A.y）的香槟人宝禄爵（Pol Roger）。宝禄爵香槟酒是由产自埃佩尔奈（Epernay）区 18 座葡萄园的葡萄酿造而成，酒体丰腴、深沉、醇厚，有着顶级香槟酒所特有的活力与精致，是其中的佼佼者。

正是传统与现代手法结合中体现出的传统理念，却是让宝禄爵香槟始终保持无与伦比品质的关键，宝禄爵香槟也因此获得极高的声望，备受尊崇。

6. 菲丽宝娜香槟（Champagne Philipponnat）

菲丽宝娜家族就在香槟区的艾镇（Ay）和马勒伊村（Mareuil sur Ay）开始了葡萄酒的酿造，马勒伊村位于香槟区著名的埃佩尔奈镇（Epernay）东部 5 公里的地方。

菲丽宝娜香槟的高雅气质和优秀品质源自于其家族背景，菲丽宝娜香槟在法国香槟区的核心地带拥有五个世纪的酿酒历史，拥有大量法定的优质园（Premier Crus）和特等园（Grands Crus），菲丽宝娜香槟就是用这些葡萄园的葡萄酿出来的，富有非常浓郁的香槟区特色，并能完整地反映出当地葡萄的个性。

让菲丽宝娜引以为豪的还有陈年的歌雪园香槟（Clos des Goisses），歌雪园香槟口感集复杂和清新为一体，给人以极美妙的享受。这种酒极具陈年潜力，其中年份最久的葡萄酒可以追溯到 20 世纪 40 年代。

7. 堡林爵香槟（Champagne Bollinger）

堡林爵香槟是香槟产区仅有的几座完全采用家族式经营的大牌香槟酒庄之一，它以特级葡萄园和一级葡萄园的高品质而著称。酒庄坚持传统的酿造方法，仅使用霞多丽（Chardonnay）和黑皮诺（Pinot Noir）两种葡萄，在酒桶中进行发酵，在放在阴凉处带有软木塞的大容量酒瓶中进行陈年。

为了保证香槟酒的出色品质能够代代相传，该酒庄勾勒出了一款出色香槟所必备的品质，1884 年，堡林爵香槟酒就被维多利亚女王指定为王室御用香槟，由此可见它无人企及的非凡品质。

该酒庄最引以为傲的法国老株香槟酒，采用来自 3 个葡萄园种植的纯正法国老葡萄树酿制。这些是葡萄园中的精品葡萄，该酒庄的好年份香槟（Grand Annee），只有在好的年份才会生产，选用最好的葡萄来酿造。

8. 瓦鲁瓦香槟（Champagne of Valois）

瓦鲁瓦白中白香槟出自于克拉芒（Cramant）的白丘（Cote de Blancs），这个地方的主要土壤为白垩土，是种植霞多丽葡萄的好地方。其中的代表是瓦鲁瓦白中白香槟，这款瓦鲁瓦白中白香槟口感清爽，是一款极能显示产区独特土壤气息的香槟。这款酒充分展示出霞多丽葡萄的饱满和细腻花果香气。

9. 瑟洛斯特酒庄香槟（Champagne at the saloon）

瑟洛斯特酒庄位于法国香槟产区的白丘子产区，创始人是安塞尔姆·瑟洛斯特（Anselme Selosse），他是法国香槟酿造史上的一位传奇人物，影响了整整一代葡萄种植者，为香槟产区带来了革命性的转变。

瑟洛斯特酒庄种植出的葡萄是整个香槟区成熟度最高、最具有风味物质的葡萄。葡萄成熟度非常高，有着让人意外的高酸度，同时香槟也拥有着丰富的香气，醇厚的口感和卓越的陈年能力。

10. 沙龙帝皇香槟（Champagne Billecart–Salmon）

沙龙帝皇香槟（Champagne Billecart–Salmon）由法国人尼古拉斯·弗朗索瓦·帝皇（Nicolas Francols Billecart）与其妻子伊丽莎白·沙龙（Elisabeth Salmon）共同创立于 1818 年。

沙龙帝皇香槟成功秘诀在于他们对品质管理的吹毛求疵，精益求精。为求酒质的稳定澄清，他们会采用双次静置酒液，以分离酒渣和其他沉淀物的方式来加强效果，有时甚至搜集当地葡萄园里的天然酵母，以提炼成能加快酒渣沉淀的人工酵母。沙龙是葡萄酒坛的传奇。

第二节　啤酒

啤酒（Beer）是人类最古老的酒精饮料，是水和茶之后世界上消耗量排名第三的饮料。是用麦芽、啤酒花、水、酵母发酵而来的含二氧化碳的低酒精饮料的总称。啤酒酒精含量较低，含有二氧化碳，富有营养。它含有多种氨基酸、维生素、低分子糖、无机盐和各种酶。这些营养成分人体容易吸收利用。啤酒中的低分子糖和氨基酸很易被消化吸收，在体内产生大量热能，因此往往啤酒被人们称为"液体面包"。1 升 12° Bx 的啤酒，可产生 3344kJ 热量，相当于 3~5 个鸡蛋或 210 克面包所产生热量，一个轻体力劳动者，如果一天能饮用 1 升啤酒，即可获得所需热量的 1/3。

一、啤酒的起源和发展

在所有与啤酒有关的记录中，就数伦敦大英博物馆内"蓝色纪念碑"的板碑最为古老。这是公元前 3000 年前后，住在美索不达米亚地区的幼发拉底人留下的文字。从文字的内容，可以推断，啤酒已经走进了他们的生活，并极受欢迎。另外，在公元前 1700 年左右制定的《汉谟拉比法典》中，也可以找到和啤酒有关的内容。由此可知，在当时的巴比伦，啤酒已经在人们的日常生活中占有很重要的地位了。公元 600 年前后，新巴比伦王国已有啤酒酿造业的同业组织，并且开始在酒中添加啤酒花。

另一方面，古埃及人也和苏美尔人一样，生产大量的啤酒供人饮用。公元前 3000 年左右所著的《死者之书》里，曾提到酿啤酒这件事，而金字塔的壁画上也处处可看到大麦的栽培及酿造情景。

由石器时代初期的出土物品，我们可以推测，现在的德国附近曾经有过酿造啤酒的文化。但是，当时的啤酒和现在的啤酒却大异其趣。据说，当时的啤酒是用未经烘烤的面包浸水，让它发酵而成的。

啤酒，这种初期的发酵饮料一直沿用古法制作，人们在长期的实践过程中发现，制作啤酒时，如果要让它准确且快速地发酵，只要在酿造过程中添加含有酵母的泡泡就行了，但是要将本来浑浊的啤酒变得清澈且带有一些苦味，却得花费相当大的心思。到了 7 世纪，人们开始添加啤酒花。进入 15—16 世纪，啤酒花已普遍地用在酿造啤酒中了。中世纪，由于有了一种"啤酒是液体面包"，"面包为基督之肉"的观念，导致教会及修道院都盛行酿造啤酒。在 15 世纪末叶，以慕尼黑为中心的巴伐利亚部分修道院，开始用大麦、啤酒花及水来酿造啤酒。从此之后啤酒花成为啤酒不可或缺的原料。16 世纪后半期，一些移民到美国的人士也开始栽培啤酒花并酿造啤酒。进入 19 世纪后，冷冻机的发明，科学技术的推动，使得啤酒酿造业借着近代工业的帮助而扶摇直上。

像远古时期的苏美尔人和古埃及人一样，我国远古时期的醴也是用谷芽酿造的，即所谓的蘖法酿醴。《黄帝内经》中记载有醪醴的文字；商代的甲骨文中也记载有不同种类的谷芽酿造的醴；《周礼·天官·酒正》中有"醴齐"。醴和啤酒在远古时代应属同一类型的含酒精量非常低的饮料。由于时代的变迁，用谷芽酿造的醴消失了，但口味类似于醴，用酒曲酿造的甜酒却保留下来了。在古代，人们也称甜酒为醴。今人普遍认为中国自古以来就没有啤酒，但是，根据古代的资料，我国很早就掌握了蘖的制造方法，也掌握了用蘖制造饴糖的方法。不过苏美尔人、古埃及人酿造啤酒须用两天时间，而我国古代的醴酒则只须一天一夜。《释名》曰："醴齐醴礼也，酿之一宿而成，醴有酒味而已也。"

二、啤酒生产原料

（一）大麦

大麦是酿造啤酒的重要原料，但是首先必须将其制成麦芽方能用于酿酒。大麦在人工控制和外界条件下发芽和干燥的过程即称为麦芽制造。大麦发芽后称绿麦芽，干燥后称麦芽。麦芽是发酵时的基本成分并被认为是"啤酒的灵魂"。它确定了啤酒的颜色和气味。

（二）酿造用水

啤酒酿造用水相对于其他酒类酿造要求要高得多，特别是用于制麦芽和糖化的水与啤酒的质量密切相关。啤酒酿造用水量很大，对水的要求是不含妨碍糖化、发酵以及有害于色、香、味的物质，为此，很多厂家采用深井水。如无深井水则采用离子交换机和电渗析方法对水进行处理。

（三）啤酒花

啤酒花是啤酒生产中不可缺少的原料，作为啤酒工业的原料开始使用于英国，使用的主要目的是利用其苦味、香味、防腐力和澄清麦汁的特性。

（四）酵母

酵母的种类很多，用于啤酒生产的酵母叫啤酒酵母。啤酒酵母可分为上发酵酵母和下发酵酵母两种。上发酵酵母应用于上发酵啤酒的发酵，发酵产生的二氧化碳和泡沫将细泡漂浮于液面，最适宜的发酵温度为 $10℃\sim25℃$，发酵期为 $5\sim7$ 天。下发酵酵母在发酵时悬浮于发酵液中，发酵终了凝聚而沉于底部，发酵温度 $5℃\sim10℃$，发酵期为 $6\sim12$ 天。

三、啤酒酿造工艺

（一）选麦育芽

精选优质大麦清洗干净，在槽中浸泡三天后送出芽室，在低温潮湿的空气中发芽一周，接着再将这些嫩绿的麦芽在热风中风干 24 小时，这样大麦就具备了啤酒所必须具备的颜色和风味。

（二）制浆

将风干的麦芽磨碎，加入温度适合的开水，制造麦芽浆。

（三）煮浆

将麦芽浆送入糖化槽，加入米淀粉煮成的糊，加温，这时麦芽酵素充分发挥作用，把淀粉转化为糖，产生麦芽糖汁液，过滤之后，加蛇麻花煮沸，提炼出芳香和苦味。

（四）冷却

经过煮沸的麦芽浆冷却至 $5℃$，然后加入酵母进行发酵。

（五）发酵

麦芽浆在发酵槽中经过 8 天左右的发酵，大部分糖和酒精都被二氧化碳分解，生涩的啤酒诞生。

（六）陈酿

经过发酵的深色啤酒被送进调节罐中低温（0℃以下）陈酿两个月，陈酿期间，啤酒中的二氧化碳逐渐溶解渣滓沉淀，酒色开始变得透明。

（七）过滤

成熟后的啤酒经过离心器去除杂质，酒色完全透明呈琥珀色，这就是通常所称的生啤酒，然后在酒液中注入二氧化碳或小量浓糖进行二次发酵。

（八）杀菌

酒液装入消毒过的瓶中，进行高温杀菌（俗称巴氏消毒）使酵母停止作用，这样瓶中的酒液就能耐久贮藏。

（九）包装销售

装瓶或装桶的啤酒经过最后的检验，便可以出厂上市。一般包装形式有瓶装，听装和桶装几种。

四、啤酒的分类

（一）根据颜色分类

1. 淡色啤酒

淡色啤酒外观呈淡黄色、金黄色或棕黄色。我国绝大部分啤酒均属此类。

2. 浓色啤酒

浓色啤酒呈红棕色或红褐色，产量比较小。这种啤酒麦芽香味突出，口味醇厚。上发酵浓色爱尔啤酒是典型例子，原料采用部分深色麦芽。

3. 黑色啤酒

黑色啤酒呈深红色至黑色，产量比较小。麦汁浓度较高，麦芽香味突出，口味醇厚，泡沫细腻。它的苦味有轻有重。典型产品有慕尼黑啤酒。

（二）根据工艺分类

1. 鲜啤酒

包装后不经巴氏灭菌的啤酒叫鲜啤酒。不能长期保存，保存期在 7 天以内。

2. 熟啤酒

包装后经过巴氏灭菌的啤酒叫熟啤酒。可以保存 3 个月。

（三）根据啤酒发酵特点分类

1. 底部发酵啤酒

（1）拉戈啤酒

拉戈啤酒是传统的德式啤酒，使用溶解度稍差的麦芽，采用糖化煮沸法，使用底部酵母，浅色，中等啤酒花香味，贮存期长。

（2）宝克啤酒

宝克啤酒是一种底部发酵啤酒，棕红色，原产地德国。该酒发酵度低，有醇厚的麦芽香气，口感柔和醇厚，酒精度较高，约6度，泡沫持久，颜色较深，味甜。

2. 上部发酵啤酒

波特黑啤酒。

波特黑啤酒由英国人首先发明和生产，是英国著名啤酒。该酒苦味浓，颜色很深，含营养素高。

（四）根据麦汁分类

1. 低浓度啤酒

麦汁浓度 2.5~8 度，乙醇含量 0.8%~2.2%。

2. 中浓度啤酒

麦汁浓度 9~12 度，乙醇含量 2.5%~3.5%，淡色啤酒几乎都属于这种类型。

3. 高浓度啤酒

麦汁浓度 13~22 度，乙醇含量 3.6%~5.5%，多为深色啤酒。

（五）根据其他特点分类

1. 苦啤酒

苦啤酒属于英国风味，啤酒花投料比例比一般啤酒高，干爽，浅色，味浓郁，酒精度高。

2. 水果啤酒

水果啤酒在发酵前或发酵后放入水果原料。

3. 印度浅啤酒

印度浅啤酒英语缩写成"IPA"，是增加了大量啤酒花的拉戈式啤酒。

4. 小麦啤酒

小麦啤酒是以发芽小麦为原料，加入适量大麦的德国风味啤酒。Hefeweizen 是其中一个种类。

五、啤酒的"度"

啤酒商标中的"度"不是指酒精含量，而是指发酵时原料中麦芽汁的糖度，即原麦芽汁浓度，分为6度、8度、10度、12度、14度、16度不等。一般情况下，麦芽浓度高，含糖就多，啤酒酒精含量就高，反之亦然。

例如，低浓度啤酒，麦芽浓度为6~8度，酒精含量2%左右。高浓度啤酒，麦芽浓度为14~20度之间，酒精含量在5%左右。

六、啤酒的商标

根据《食品标签通用标准》的规定，啤酒与其他包装食品一样，必须在包装上印有或附上含有厂名、厂址、产品名称、标准代号、生产日期、保质期、净含量、酒度、容量、配料和原麦汁浓度等内容的标志。

啤酒的包装容量根据包装容器而定，国内一般采用玻璃包装，分 350 毫升和 640 毫升两种。一般商标上标的"640 毫升 ±10 毫升"，所指的即是 640 毫升的容量，正负不超过 10 毫升。

沿着商标周围有两组数字，1~12 为月份，1~31 为日期。厂家采取在商标边将月数和日数切口的办法用以注明生产日期。随着技术的进步，现在多采用直接喷码的方式标注。

啤酒商标作为企业产品的标志，既便于市场管理部门的监督、检查，又便于消费者对这一产品的了解和认知，同时它又是艺术品，被越来越多的国内外商标爱好者收集和珍藏。

七、啤酒的饮用与服务

（一）啤酒的营养

（1）啤酒是以发芽大麦为主要原料酿造的一类饮料。含酒精度最低，营养价值高，成分有水分、碳水化合物、蛋白质、二氧化碳、维生素及钙、磷等物质。有"液体面包"之称，经常饮用有消暑解热、帮助消化、开胃健脾、增进食欲等功能。

（2）啤酒是由发酵的谷物制成的，因此含有丰富的 B 族维生素和其他招牌营养素，并具有一定的热量，"液体面包"之称虽有些过，但确实有类似之处。

（3）啤酒特别是黑啤酒可使动脉硬化和白内障的发病率降低 50%，并对心脏病有抵抗作用。

（4）男性以及年轻女性经常饮用啤酒，可以减少年老时得骨质疏松症的概率。骨质的密度和硅的摄取量有密切关系，而啤酒中因为含有大量的硅，经常饮用有助于保持人体骨骼强健。

（二）啤酒的选择

1. 酒的选择

啤酒种类繁多，成分各异，而人的体质不同，所以饮用啤酒要因人而异。

（1）生啤酒

生啤酒（即鲜啤酒），比较适于瘦人饮用，生啤酒是没有经过巴氏杀菌的啤酒，由于酒中活酵母菌在灌装后，甚至在人体内仍可以继续进行生化反应，因而这种啤酒很容易使人发胖。

（2）熟啤酒

经过巴氏杀菌后的啤酒就成了熟啤酒。因为酒中的酵母已被加温杀死，不会继续发酵，稳定性较好，所以胖人饮用较为适宜。

（3）低醇啤酒

低醇啤酒适合从事特种工作的人饮用，如驾驶员、演员等。低醇啤酒是啤酒家族新成员之一，属低度啤酒。一般啤酒的糖化麦汁的浓度是 12 度或 14 度，酒精含量为 3.5 度，人喝了这种啤酒不容易"上头"。

（4）无醇啤酒

无醇啤酒是啤酒家族中的新成员，也属于低度啤酒，只是它的糖化麦汁的浓度和酒精度比低醇啤酒还要低，所以很适于妇女、儿童和老弱病残者饮用。

（5）运动啤酒

运动啤酒是供运动员们饮用的，是啤酒家族的新成员。运动啤酒除了酒精度低以外，还含有黄芪等 15 种中药成分，能使运动员在剧烈运动后迅速恢复体能。

2. 啤酒酒杯选择

饮用啤酒与洋酒一样，不同类型的啤酒需要用不同的杯子盛装。可供选择的常用啤酒杯有淡啤酒杯（light beer pilsner）、生啤酒杯（beer mug）和一般啤酒杯（heavy beer pilsner）。

（三）啤酒饮用温度

啤酒越鲜越醇，不宜久藏，冰后饮用最为爽口，不冰则苦涩，但饮用时温度过低无法产生气泡，尝不出奇特的滋味，所以饮用前 4~5 小时冷藏最为理想。夏天时的适宜饮用温度为 6℃~8℃，冬天时适宜温度为 10℃~12℃。

（四）啤酒气泡的作用

啤酒气泡可防止酒中的二氧化碳失散，能使啤酒保持新鲜美味。一旦气泡消失则香气减少，苦味加重，有碍口感。所以，斟酒时应先慢倒，接着猛冲，最后轻轻抬起瓶口，其泡沫自然高涌。

（五）啤酒的品评

1. 黄啤酒品评

色淡黄、带绿，黄而不显暗色。

透明清亮，无悬浮物或沉淀物。

泡沫高且持久（在 8℃~15℃气温条件下，5 分钟不消失），细腻，洁白，挂杯。

有明显酒花香气，新鲜，无老化气味及酒花气味。

口味圆正而爽滑，醇厚而杀口。

2. 黑啤酒品评

清亮透明，无悬浮物或沉淀物。

有明显的麦芽香，香味正，无老化气味及异味。（如：双乙酰气味、烟气味、酱油气味）等。

口味圆正而爽滑，醇厚而杀口。

甜味、焦糖味、后苦味、杂味等均不作为醇厚感，是不醇正、不爽口的表征。

（六）啤酒服务

正规的啤酒服务操作比人们想象的要复杂得多，具体如下：

托盘内放上啤酒杯及已开瓶的啤酒、冰块，托至餐桌边。将杯子放在客人右手边。如客人需喝温啤酒，可先将酒杯在热水中浸泡一会儿，再注入啤酒，也可用40℃热水对啤酒采用浸泡（装满酒的杯子）加温。

瓶装啤酒斟酒时，先将酒杯微倾，顺杯壁倒入2/3的无沫酒液，再将酒杯端正，采用倾注法，使泡沫产生。酒液与泡沫的比例分别为酒杯容量的3/4和1/4。

压力啤酒斟注时，先将开关开足，酒杯斜放在开关下（不要摇晃酒杯），注入3/4，将酒杯放于一边使泡沫沉淀，然后再注满酒杯。酒液与泡沫的比例，应为酒杯容量的3/4和1/4。

服务员在进行啤酒服务时，注入杯中的啤酒要求酒液清澈，二氧化碳含量适当，泡沫洁白而厚实。

（七）病酒

啤酒是一种稳定性不强的胶体溶液，比较容易发生浑浊和病害。

1. 浑浊

啤酒浑浊通常发生在低温环境条件下，当贮存气温低于0℃时，酒液中出现浑浊，严重时可出现凝聚物，当气温回升后，浑浊自行消失。这种浑浊称为冷浑浊（或受寒而浑浊）。如冷浑浊持续时间过长，凝聚物会由白色变为褐色，气温回升后，浑浊不能完全消失，使啤酒发生病变。

啤酒浑浊还发生在与空气接触条件下，如包装破损漏气，长时间敞口，内部空隙过大，都会发生浑浊现象，这种浑浊称为氧化浑浊。氧化浑浊是啤酒生产和消费的常见问题。

啤酒浑浊对人体虽没有什么严重的损害，但会影响顾客的消费心理。

2. 氧化味

氧化味又称面包味、老化味，主要原因是储存期超过保质期，致使酒液氧化。

3. 馊饭味

馊饭味主要起因于啤酒未成熟时即装瓶，或装瓶前就已污染上细菌等。

4. 铁腥味

铁腥味又称墨水味、金属味，主要是由于酒液受重金属污染。

5. 焦臭味

焦臭味由麦芽干燥处理过头等因素所致。

6. 酸苦味

酸苦味由感染细菌等因素所致。

7. 霉烂味

导致霉烂味的主要原因有：使用生霉原料、瓶塞霉变等。

8. 苦味不正

苦味不正的主要原因有：酒花陈旧、酒花用量过多、水质过硬、麦汁煮沸不当、发酵不好、氧化、受重金属污染和酵母再发酵等。

八、中外名啤酒

（一）青岛啤酒

1. 产地

青岛啤酒股份有限公司。

2. 历史

青岛啤酒厂始建于 1903 年（清光绪二十九年）。当时青岛被德国占领，英德商人为适应占领军和侨民的需要开办了啤酒厂。企业名称为"日耳曼啤酒公司青岛股份公司"，生产设备和原料全部来自德国，产品品种有淡色啤酒和黑啤酒。

1914 年，第一次世界大战爆发以后，日本乘机侵占青岛。1916 年，日本国东京都的"大日本麦酒株式会社"以 50 万银元将青岛啤酒厂购买，更名为"大日本麦酒株式会社青岛工场"，并于当年开工生产。日本人对工厂进行了较大规模的改造和扩建，1939 年建立了制麦车间，曾试用山东大麦酿制啤酒，效果良好。大米使用中国产以及西贡产；酒花使用捷克产。第二次世界大战爆发后，由于外汇管制，啤酒花进口发生困难，日本人曾在厂院内设"忽布园"进行试种。1945 年抗日战争胜利。当年 10 月工厂被国民党政府军政部查封，旋即由青岛市政府当局派员接管，工厂更名为"青岛啤酒公司"。1947 年，"齐鲁企业股份有限公司"从行政院山东青岛区敌伪产业处理局将工厂购买，定名为"青岛啤酒厂"。

3. 品种

青岛啤酒的主要品种有 8 度、10 度、11 度青岛啤酒，11 度纯生青岛啤酒。

4. 特点

青岛啤酒属于淡色啤酒，酒液呈淡黄色，清澈透明，富有光泽。酒中二氧化碳充足，当酒液注入杯中时，泡沫细腻、洁白、持久而厚实，并有细小如珠的气泡从杯底连续不断上升，经久不息。饮时，酒质柔和，有明显的酒花香和麦芽香，具有啤酒特有的爽口苦味和杀口力。酒中含有多种人体不可缺少的碳水化合物、氨基酸、维生素等营养成分。常饮有开胃健脾、帮助消化之功能。原麦芽汁浓度为 8~11 度，酒度为 3.5~4 度。

5. 成分

（1）大麦

选自浙江省宁波、舟山地区的"三棱大麦"粒大，淀粉多，蛋白质含量低，发芽率高，是酿造啤酒的上等原料。

（2）酒花

青岛啤酒采用的优质啤酒花，由该厂自己的酒花基地精心培育，具有蒂大、花粉多、香味浓的特点，能使啤酒更具有爽快的微苦味和酒花香，并能延长啤酒保存期，保证了啤酒的正常风味。

（3）水

青岛啤酒酿造用水是有名的崂山矿泉水，水质纯净、口味甘美，对啤酒味道的柔和度起了良好作用。它赋予青岛啤酒独有的风格。

6. 工艺

青岛啤酒采取酿造工艺的"三固定"和严格的技术管理。"三固定"就是固定原料、固定配方和固定生产工艺。严格的技术管理指操作一丝不苟，凡是不合格的原料绝对不用、发酵过程要严格遵守卫生法规；对后发酵的二氧化碳，要严格保持规定的标准，过滤后的啤酒中二氧化碳要处于饱和状态；产品出厂前，要经过全面分析化验及感官鉴定，合格方能出厂。

7. 荣誉

青岛啤酒在第二、三届全国评酒会上均被评为全国名酒；1980 年荣获国家优质产品金质奖章。青岛啤酒不仅在国内负有盛名，而且驰名全世界，远销 30 多个国家和地区。2006 年 1 月，青岛啤酒中的 8 度、10 度、11 度青岛啤酒，11 度纯生青岛啤酒首批通过国家酒类质量认证。

（二）嘉士伯

1. 产地

原产地丹麦。

2. 历史

嘉士伯创始人 J.C. 雅可布森开始在其父亲的酿酒厂工作，后于 1847 年在哥本哈根郊区自己设厂生产啤酒，并以其子卡尔的名字命名为嘉士伯牌啤酒。其子卡尔·雅可布森在丹麦和国外学习酿酒技术后，于 1882 年创立了新嘉士伯酿酒公司。新老嘉士伯啤酒厂于 1906 年合并成为嘉士伯酿酒公司。直至 1970 年嘉士伯酿酒公司与图堡（Tuborg）公司合并，并命名为嘉士伯公共有限公司。

3. 特点

知名度较高，口味较大众化。

4. 工艺

1835 年 6 月，哥本哈根北郊成立了作坊式的啤酒酿造厂，采用木桶制作啤酒。1876 年成立了著名的"嘉士伯"实验室。1906 年组成了嘉士伯啤酒公司。从此嘉士伯之名成为啤酒行业的一匹黑马，由嘉士伯实验室汉逊博士培养的汉逊酵母至今仍被各国啤酒业界应用，嘉士伯啤酒工艺一直是啤酒业的典范之一，重视原材料的选择和严格的加工工艺保证其质量一流。

5. 荣誉

嘉士伯啤酒风行世界 130 多个国家，被啤酒饮家誉为"可能是世界上最好的啤酒"。自 1904 年开始，嘉士伯啤酒被丹麦皇室许可作为指定的供应，其商标上自然也就多了一个皇冠标志。嘉士伯公共有限公司自 1982 年始相继与中国广州、江门、上海等啤酒厂合作生产中国的嘉士伯。

（三）喜力啤酒

1. 产地

原产地荷兰。

2. 历史

喜力啤酒始于 1863 年。G.A. 赫尼肯从收购位于阿姆斯特丹的啤酒厂 De Hooiberg 之日开始，便关注啤酒行业的新发展。在德国，当酿酒潮流从顶层发酵转向底层发酵时，他迅速意识到这一转变的重大意义。为寻求最佳的原材料，他踏遍了整个欧洲大陆，并引进了现场冷却系统。他甚至建立了公司，用自己的实验室来检查基础配料和成品的质量，这在当时的酿酒行业中是绝无仅有的。正是在这一时期，特殊的喜力 A 酵母开发成功。到 19 世纪末，啤酒厂已成为荷兰最大且最重要的产业之一。G.A. 赫尼肯从的经营理念也被他的儿子 A.H. 赫尼肯承传下来。自 1950 年起，A.H. 赫尼肯喜力成为享誉全球的商标，并赋予它以独特的形象。为此，他仿造美国行业建立了广告部门，同时还奠定了国际化的组织结构的基础。

3. 特点

口味较苦。

4. 荣誉

喜力啤酒在 1889 年的巴黎世界博览会上荣获金奖；在全球 50 多个国家的 90 个啤酒厂生产啤酒。喜力啤酒已出口到 170 多个国家。

（四）比尔森（Pilsen）啤酒

1. 产地

原产地为捷克西南部城市比尔森，已有 150 年的历史。

2. 工艺

啤酒花用量高，约 400g/100L，采用底部发酵法、多次煮沸法等工艺，发酵度高，熟化期 3 个月。

3. 特点

麦芽汁浓度为 11°~12°，色浅，泡沫洁白、细腻，挂杯持久，酒花香味浓郁而清爽，苦味重而不长，味道醇厚，杀口力强。

（五）慕尼黑（Munich）啤酒

1. 产地

慕尼黑是德国南部的啤酒酿造中心，以酿造黑啤闻名。慕尼黑啤酒已成为世界深色啤酒效法的典型。因此，凡是采用慕尼黑啤酒工艺酿造的啤酒，都可以称为慕尼黑型啤酒。慕尼黑啤酒最大的生产厂家是罗汶啤酒厂。

2. 工艺

慕尼黑啤酒采用底部发酵的生产工艺。

3. 特点

慕尼黑啤酒外观呈红棕色或棕褐色，清亮透明，有光泽，泡沫细腻，挂杯持久，二氧化碳充足，杀口力强，具有浓郁的焦麦芽香味，口味醇厚而略甜，苦味轻。内销啤酒的原麦芽浓度为 12°~13°，外销啤酒的原麦芽浓度为 16°~18°。

（六）多特蒙德（Dortmund）啤酒

1. 产地

多特蒙德在德国西北部，是德国最大的啤酒酿造中心，有国内最大的啤酒公司和啤酒厂。自中世纪以来，这里的啤酒酿造业一直很发达。

2. 工艺

多特蒙德啤酒采用底部发酵的生产工艺。

3. 特点

多特蒙德啤酒酒体呈淡黄色，酒精含量高，醇厚而爽口，酒花香味明显，但苦味不重，麦芽汁浓度为 13°。

（七）巴登·爱尔（Burton Ale）啤酒

1. 产地

巴登·爱尔啤酒是英国的传统名牌啤酒，全国生产爱尔兰啤酒的厂家很多，唯有巴登地区酿造的爱尔啤酒最负盛名。

2. 工艺

以溶解良好的麦芽为原料，采用上部发酵，高温和快速的发酵方法。

3. 特点

爱尔啤酒有淡色和深色两种，内销爱尔啤酒原麦芽汁浓度为 11°~12°，出口爱尔啤酒的原麦芽汁浓度为 16°~17°。

淡色爱尔啤酒色泽浅，酒精含量高，酒花香味浓郁，苦味重，口味清爽。

深色爱尔啤酒色泽深，麦芽香味浓，酒精含量较淡色的低，口味略甜而醇厚，苦味明显而清爽，在口中消失快。

（八）司陶特（Stout）啤酒

1. 产地

英国。

2. 工艺

司陶特啤酒采用上部发酵方法，用中等淡色麦芽为原料，加入 7%~10% 的焙焦麦芽或焙焦大麦，有时加焦糖做原料。酒花用量高达 600g~700g/100L。

3. 特点

一般的司陶特啤酒原麦芽汁浓度为 12°，高档司陶特啤酒的原麦芽汁浓度为 20°。司陶特啤酒外观呈棕黑色，泡沫细腻持久，为黄褐色；有明显的焦麦芽香，酒花苦味重，但爽快；酒精度较高，风格浓香醇厚，饮后回味长久。

（九）其他著名啤酒品牌

贝克：德国啤酒，口味殷实。

百威：美国啤酒。酒味清香，因橡木酒桶所致。

虎牌：新加坡啤酒。在东南亚知名度较高。

朝日：日本啤酒。味道清淡。

健力士黑啤：爱尔兰出产。啤酒中的精品，味道独特。

科罗娜：墨西哥酿酒集团。世界第一品牌。

泰国狮牌：最独特的啤酒，味苦，劲烈。

第三节　中国黄酒

黄酒又名"老酒""料酒""陈酒"，因酒液呈黄色，故俗称黄酒。

一、黄酒的起源

黄酒是世界上最古老的一种酒，它源于中国，唯中国独有，与啤酒、葡萄酒并称世界三大古酒。约在 3000 多年前的商周时代，中国人独创酒曲复式发酵法，开始大量酿制黄酒。南宋时期，烧酒开始生产，元朝开始在北方得到普及，北方的黄酒生产逐渐萎缩。南方人饮烧酒者不如北方普遍，故在南方，黄酒生产得以保留。在清朝时期，南方绍兴一带的黄酒誉满天下。

二、黄酒成分

黄酒是用谷物做原料，用麦曲或小曲做糖化发酵剂制成的酿造酒。在历史上，黄酒的生产原料在北方以粟为原料（在古代，粟是秫、稷、黍的总称，有时也称为粱，现在称为谷子，去除壳后的谷子叫小米）。而在南方则普遍用稻米（尤其是糯米为最佳原料）作为原料酿造黄酒。

三、黄酒的分类

在最新的国家标准中，黄酒的定义是：以稻米、黍米、黑米、玉米、小麦等为原料，经过蒸料，拌以麦曲、米曲或酒药，进行糖化和发酵酿制而成的各类黄酒。

（一）按黄酒的含糖量分类

1. 干黄酒

干黄酒的含糖量小于 1.00g/100ml（以葡萄糖计），如元红酒。

2. 半干黄酒

半干黄酒的含糖量在 1.00%~3.00% 之间。我国大多数出口黄酒均属此种类型。

3. 半甜黄酒

半甜黄酒含糖量在 3.00%~10.00% 之间，是黄酒中的珍品。

4. 甜黄酒

甜黄酒糖分含量在 10.00~20.00g/100ml 之间。由于加入了米白酒，酒度也较高。

5. 浓甜黄酒

浓甜黄酒糖分大于或等于 20g/100ml。

（二）按黄酒酿造方法分类

1. 淋饭酒

淋饭酒是指蒸熟的米饭用冷水淋凉，拌入酒药粉末，搭窝，糖化，最后加水发酵成酒。

2. 摊饭酒

摊饭酒是指将蒸熟的米饭摊在竹篾上，使米饭在空气中冷却，然后再加入麦曲、酒母（淋饭酒母）、浸米浆水等，混合后直接进行发酵。

3. 喂饭酒

按这种方法酿酒时，米饭不是一次性加入，而是分批加入。

（三）按黄酒酿酒用曲的种类分类

按黄酒酿酒用曲不同，可分为麦曲黄酒、小曲黄酒、红曲黄酒、乌衣红曲黄酒、黄衣红曲黄酒等。

四、黄酒的功效

黄酒色泽鲜明、香气好、口味醇厚，酒性柔和，酒精含量低，含有 13 种以上的氨基酸（其中有人体自身不能合成但必需的八种氨基酸）和多种维生素及糖氮等多量浸出物。黄酒有相当高的热量，被称液体蛋糕。

黄酒除作为饮料外，在日常生活中也将其作为烹调菜的调味剂或"解腥剂"，另外在中药处方中常用黄酒浸泡、炒煮、蒸炙某种草药，又可调制某种中药丸和泡制各种药酒，是中药制剂中用途广泛的"药引子"。

五、黄酒的保存方法

成品黄酒都要进行灭菌处理才便于贮存，通常的方法是用煎煮法灭菌，用陶坛盛装。酒坛以无菌荷叶和笋壳封口，又以糖和黏土等混合加封，封口既严，又便于开启。酒液在陶坛中，越陈越香，这就是黄酒称为"老酒"的原因。

六、黄酒病酒识别

黄酒是原汁酒，很容易发生的病害是酸败腐变。

黄酒病酒主要表现有：酒液明亮度降低，浑浊或有悬浮物质，有结成痂皮薄膜，气味酸臭，有腐烂的刺鼻味，酸度超过 0.6 克/100 毫升，不堪入口等。

酸败的主要原因有：煎酒不足，坛口密封不好，光线长期直接照射，贮酒温度过高，夏季开坛后细菌侵入，用其他提酒用具提取黄酒，感染其他霉变物质等。

七、黄酒的品评

黄酒的品评基本上可分色、香、味、体四个方面。

（一）色

黄酒的颜色在酒的品评中一般占 10% 的影响程度。好的黄酒必须是色正（橙黄、橙红、黄褐、红褐），透明，清亮有光泽。

（二）香

黄酒的香在酒的品评中一般占 25% 的影响程度。好的黄酒，有一股强烈而优美的特殊芳香。构成黄酒香气的主要成分有醛类、酮类、氨基酸类、酯类、高级醇类等。

（三）味

黄酒的味在品评中占有 50% 的比重。黄酒的基本口味有甜、酸、辛、苦、涩等。黄酒应在优美香气的前提下，具有糖、酒、酸调和的基本口味。如果突出了某种口味，就会使酒出现过甜、过酸或有苦涩等感觉，影响酒的质量。一般好的黄酒必须是香味浓郁，质纯可口，尤其是糖的甘甜、酒的醇香、酸的鲜美、曲的苦辛配合谐调，余味绵长。

（四）体

体就是风格，是指黄酒的组成整体，它全面反映酒中所含基本物质（乙醇、水、糖）和香味物质（醇、酸、酯、醛等）。由于黄酒生产过程中，原料、曲和工艺条件不同，酒中组成物质的种类含量也随之不同，因而可形成黄酒各种不同特点的酒体。在评酒中黄酒的酒体占 15% 的影响程度。

八、黄酒的饮用

1. 黄酒的营养价值

黄酒是一类以稻米、黍米、玉米、小米、小麦等为主要原料，采用蒸煮、加酒曲、糖化、发酵、压榨、过滤、煎酒、贮存、勾兑而成的酿造酒。

黄酒含有多酚、类黑精、谷胱甘肽等生理活性成分，具有清除自由基，预防心血管病、抗癌、抗衰老等生理功能。

黄酒中已检出的无机盐达 18 种，包括钙、镁、钾、磷、铁、锌等。黄酒中的维生素 B、E 的含量也很丰富，主要来自原料和酵母自溶物。

黄酒中的蛋白质含量为酒中之最，每升绍兴加饭酒的蛋白质含量达 16 克，是啤酒的 4 倍。黄酒中的蛋白质多以肽和氨基酸的形态存在，易被人体吸收。肽具有营养功能、生物学功能和调节功能。绍兴产黄酒中的氨基酸达 21 种之多，且含 8 种人体必需氨基酸。每升加饭酒中的必需氨基酸达 3400 毫克，而啤酒和葡萄酒中的必需氨基酸仅为 440 毫克或更少。

黄酒含丰富的功能性低聚糖，如每升绍兴加饭酒中的异麦芽低聚糖、潘糖、异麦芽三糖含量达 6 克。这些低聚糖是在酿造过程中，物料经微生物酶的作用而产生的。功能性低聚糖进入人体后，几乎不被人体吸收、不产生热量，但可促进肠道内有益微生物双歧杆菌的生长发育，可改善肠道功能、增强免疫力、促进人体健康。

2. 黄酒的饮用方法

（1）温饮黄酒

黄酒最传统的饮法，当然是温饮。温饮的显著特点是酒香浓郁，酒味柔和。温酒的方法一般有两种：一种是将盛酒器放入热水中烫热，另一种是隔火加温。但黄酒加热时间不宜过久，否则酒精都挥发掉了，反而淡而无味。一般，冬天盛行温饮。

黄酒的最佳品评温度是在 38℃左右。在黄酒烫热的过程中，黄酒中含有的极微量对人体健康无益的甲醇、醛、醚类等有机化合物，会随着温度升高而挥发掉，同时，脂类芳香物则随着温度的升高而蒸腾。

（2）冰镇黄酒

在年轻人中盛行一种冰黄酒的喝法，尤其在我国香港及日本，流行黄酒加冰后饮用。自制冰镇黄酒，可以从超市买来黄酒后，放入冰箱冷藏室。如是温控冰箱，温度控制在 3℃左右为宜。饮时再在杯中放几块冰，口感更好。也可根据个人口味，在酒中放入话梅、柠檬等，或兑些雪碧、可乐、果汁。有消暑、促进食欲的功效。

（3）佐餐黄酒

黄酒的配餐也十分讲究，以不同的菜配不同的酒，则更可领略黄酒的特有风味，以绍兴酒为例：干型的元红酒，宜配蔬菜类、海蜇皮等冷盘；半干型的加饭酒，宜配肉类、大闸蟹；半甜型的善酿酒，宜配鸡鸭类；甜型的香雪酒，宜配甜菜类。

九、中国名优黄酒

（一）绍兴酒

1. 产地

绍兴酒，简称"绍酒"，产于浙江省绍兴市。

2. 历史

据《吕氏春秋》记载："越王之栖于会稽也，有酒投江，民饮其流而战气百倍。"可见在 2000 多年前的春秋时期，绍兴已经产酒。到南北朝以后，绍兴酒有了更多的记载。南朝《金缕子》中说："银瓯贮山阴（绍兴古称）甜酒，时复进之。"宋代的《北山酒经》中亦认为："东浦（东浦为绍兴市西北 10 余里的村名）酒最良。"到了清代，有关黄酒的记载就更多了。20 世纪 30 年代，绍兴境内有酒坊达 2000 余家，年产酒 6 万多吨，产品畅销中外，在国际上称誉。

3. 特点

绍兴酒具有色泽橙黄清澈，香气馥郁芬芳，滋味鲜甜醇美的独特风格。绍兴酒有越陈越香，久藏不坏的优点，人们说它有"长者之风"。

4. 工艺

绍兴酒在工艺操作上一直恪守传统。冬季"小雪"淋饭（制酒母），至"大雪"摊饭（开始投料发酵），到翌年"立春"时开始柞就，然后将酒煮沸，用酒坛密封盛装，进行贮藏，一般三年后才投放市场。但是，不同的品种，其生产工艺又略有不同。

（1）元红酒

元红酒又称状元红酒。因在其酒坛外表涂朱红色而得名。酒度在 15 度以上，糖分为 0.2%~0.5%，须贮藏 1~3 年才上市。元红酒酒液橙黄透明，香气芬芳，口味甘爽微苦，有健脾作用。元红酒是绍兴酒家族的主要品种，产量最大，且价廉物美，素为广大消费者所乐于饮用。

（2）加饭酒

加饭酒在元红酒基础上精酿而成，其酒度在 18 度以上，糖分在 2% 以上。加饭酒酒液橙黄明亮，香气浓郁，口味醇厚，宜于久藏（越陈越香）。饮时加温，则酒味尤为芳香，适当饮用可增进食欲，帮助消化，消除疲劳。

（3）善酿酒

善酿酒又称"双套酒"，始创于 1891 年，其工艺独特，是用陈年绍兴元红酒代替部分水酿制的加工酒，新酒尚需陈酿 1~3 年才供应市场。其酒度在 14 度左右，糖分在 8% 左右，酒色深黄，酒质醇厚，口味甜美，芳馥异常，是绍兴酒中的佳品。

（4）香雪酒

香雪酒为绍兴酒的高档品种，以淋饭酒拌入少量麦曲，再用绍兴酒糟蒸馏而得到的 50 度白酒勾兑而成。其酒度在 20 度左右，含糖量在 20% 左右，酒色金黄透明。经陈酿后，此酒上口、鲜甜、醇厚，既不会感到有白酒的辛辣味，又具有绍兴酒特有的浓郁芳香，为广大国内外消费者所欢迎。

（5）花雕酒

将贮存的绍兴酒坛外雕绘五色彩图。这些彩图多为花鸟鱼虫、民间故事及戏剧人物，具有民族风格，习惯上称为"花雕酒"或"远年花雕"。

（6）女儿酒

浙江地区风俗，生子之年，选酒数坛，泥封窖藏。待子到长大成人婚嫁之日，方开坛取酒宴请宾客。生女时相应称其为"女儿酒"或"女儿红"，生男称为"状元红"，因经过 20 余年的封藏，酒的风味更臻香醇。

5. 荣誉

绍兴酒 1910 年曾获南洋劝业会特等金牌；1995 年在巴拿马万国博览会上获得一等奖；1924 年在巴拿马赛会上获银奖章；1925 年在西湖博览会上获金牌；1963 年和 1979 年绍兴酒中的加饭酒被评为我国十八大名酒之一，并获金质奖；1985 年又分别获巴黎国际旅游美食金质奖和西班牙马德里酒类质量大赛的景泰蓝奖。2006 年 1 月，浙江古越龙山绍兴酒股份有限公司生产的十年陈酿半干型绍兴酒首批通过国家酒类质量认证。

（二）即墨老酒

1. 产地

即墨老酒产于山东青岛即墨区。

2. 历史

即墨老酒，古时称"醪酒"。公元前 722 年，即墨地区（包括崂山）已是一个人口众多，物产丰富的地方。这里土地肥沃，黍米高产（俗称大黄米），米粒大、光圆，是酿造黄酒的上乘原料。当时，黄酒作为一种祭祀品和助兴饮料，酿造极为盛行。在长期的实践中，"醪酒"风味之雅、营养之高，引起人们的关注。古时地方官员把"醪酒"当作珍品向皇室进贡。相传，春秋时齐国君齐景公朝拜崂山仙境，谓之"仙酒"；战国齐将田单巧摆"火牛阵"大破燕军，谓之"牛酒"；秦始皇东赴崂山索取长生不老药，谓之"寿酒"；几代君王开怀畅饮此酒，谓之"珍浆"。唐代中期，"醪酒"又称"骷辘酒"。到了宋代，人们为了把酒史长、酿造好、价值高的"醪酒"同其他地区黄酒区别开来，以便于开展贸易往来，故又把"醋酒"改名为"即墨老酒"。此名沿用至今。清代道光年间，即墨老酒产销达到极盛时期。

3. 特点

即墨老酒酒液墨褐带红，浓厚挂杯，具有特殊的糜香气。饮用时醇厚爽口，微苦而余香不绝。据化验，即墨老酒含有 17 种氨基酸，16 种人体所需要的微量元素及酶类维生素。每公斤老酒氨基酸含量比啤酒高 10 倍，比红葡萄酒高 12 倍，适量常饮能祛寒活血，舒筋止痛，增强体质，加快人体新陈代谢。

4. 成分

即墨老酒以当地龙眼黍米、麦曲为原料，崂山"九泉水"为酿造用水。

5. 工艺

即墨老酒在酿造工艺上继承和发扬了"古遗六法"，即"黍米必齐，曲蘖必时、水泉必香、陶器必良、火甚炽必洁、火剂必得"。所谓黍米必齐，即生产所用黍米必须颗粒饱满均匀，无杂质；曲蘖必时，即必须在每年中伏时，选择清洁、通风、透光、恒温的室内制曲，使之产生丰富的糖化发酵酶，陈放一年后，择优选用；水泉必香，即必须采用质好、含有多种矿物质的崂山水；陶器必良，即酿酒的容器必须是质地优良的陶器；火甚炽必洁，即酿酒用的工具必须加热烫洗，严格消毒；火剂必得，即讲究蒸米的火候，必须达到焦而不煳，红棕发亮，恰到好处。

中华人民共和国成立前，即墨老酒属作坊型生产，酿造设备为木、石和陶瓷制品，其工艺流程分浸米、烫米、洗米、糊化、降温、加曲保温、糖化、冷却加酵母、入缸发酵、压榨、陈酿、勾兑等。

中华人民共和国成立后，即墨县黄酒厂对老酒的酿造设备和工艺进行了革新，逐步实现了工厂化、机械化生产。炒米改用产糜机，榨酒改用了不锈钢机械，仪器检测代替了目测、鼻嗅、手摸、耳听等旧的质量鉴定方法，并先后采用了高温糖化、低温发酵、流水降温等新工艺，运用现代化科学技术手段对老酒的理化指标进行控制。现在生产的即墨老酒酒度不低于 11.5 度、糖不低于 10%，酸度在 0.5% 以下。

6. 荣誉

即墨老酒产品畅销国内外，深受消费者好评，被专家誉为我国黄酒的"北方骄子"和"典型代表"，被视为黄酒之珍品。即墨老酒在 1963 年和 1974 年的全国评酒会上先后被评为优质酒，荣获银牌；1984 年在全国酒类质量大赛中荣获金杯奖。

（三）沉缸酒

1. 产地

沉缸酒产于福建省龙岩。因在酿造过程中，酒醅沉浮三次后沉于缸底，故而得名。

2. 历史

沉缸酒始于明末清初。传说，在距龙岩县城 30 余里的小池村，有位从上杭来的酿酒师傅，名叫五老官。他见这里有江南著名的"新罗第一泉"，便在此地开设酒坊。刚开始时他按照传统酿制，以糯米制成酒醅，得酒后入坛，埋藏三年出酒，但酒度低、酒劲小、酒甜、口淡。于是他进行改进，在酒醅中加入低度米烧酒，压榨后得酒，人称"老酒"，但还是不醇厚。他又二次加入高度米烧酒，使老酒陈化、增香后形成了如今的"沉缸酒"。

3. 特点

沉缸酒酒液鲜艳透明，呈红褐色，有琥珀光泽，酒味芳香扑鼻，醇厚馥郁，饮后回味绵长。此酒糖度高，无一般甜型黄酒的稠黏感，使人们得糖的清甜、酒的醇香、酸的鲜美、曲的苦味，当酒液触舌时各味同时毕现，风味独具一格。

4. 成分

沉缸酒是以上等糯米、福建红曲、小曲和米烧酒等经长期陈酿而成。酒内含有碳水化合物、氨基酸等富有营养价值的成分。其糖化发酵剂白曲是用冬虫夏草、当归、肉桂、沉香等 30 多种名贵药材特制而成的。

5. 工艺

沉缸酒的酿法集我国黄酒酿造的各项传统精湛技术于一体。用曲多达四种，有当地祖传的药曲，其中加入冬虫夏草、当归、肉桂、沉香等 30 多味中药材；有散曲，这是我国最为传统的散曲，作为糖化用曲；有白曲，这是南方所特有的米曲；红曲更是龙岩酒酿造必加之曲。酿造时，先加入药曲、散曲和白曲，酿成甜酒酿，再分别投入著名的古田红曲及特制的米白酒陈酿。在酿制过程中，一不加水，二不加糖，三不加色，四不调香，完全靠自然形成。

6. 荣誉

1959 年，沉缸酒被评为福建省名酒；在第二、三、四届全国评酒会上三次被评为国家名酒，并获得国家金质奖章；1984 年，在轻工业部酒类质量大赛中，获金杯奖；2004 年获得中国国际评酒会银奖。

第四节　清酒

清酒与我国黄酒是同一类型的低度米酒。

一、清酒的起源

清酒是借鉴中国黄酒的酿造法而发展起来的日本国酒。1000 多年来，清酒一直是日本人最常喝的饮料酒。

据中国史料记载，古时候日本只有浊酒。后来有人在浊酒中加入石炭使其沉淀，取其清澈的酒液饮用，于是便有了清酒之名。7世纪时，百济（古朝鲜）与中国交流频繁，中国用"曲种"酿酒的技术由百济传到日本，使日本的酿酒业得到很大发展。14世纪，日本的酿酒技术已成熟，人们用传统的酿造法生产出上乘清酒。

二、清酒的分类

清酒按制作方法、口味和贮存期等可分为以下几类：

（一）按制作方法分类

1. 纯酿造清酒

纯酿造清酒即为纯米酒，不添加食用酒精。此类产品多数外销。

2. 吟酿造清酒

制造吟酿造清酒时，要求所用原料的"精米率"在60%以下。日本酿造清酒很讲究糙米的精白度，以精米率衡量精白度，精白度越高，精米率就越低。精白后的米吸水快，容易蒸熟、糊化、有利于提高酒的质量。"吟酿造"被誉为"清酒之王"。

3. 增酿造酒

增酿造酒是一种浓而甜的清酒，在勾兑时添加食用酒精、糖类、酸类等原料调制而成。

（二）按口味分类

1. 甜口酒

甜口酒糖分较多，酸度较低。

2. 辣口酒

辣口酒酸度高，糖分少。

3. 浓醇酒

浓醇酒糖分含量较多，口味醇厚。

4. 淡丽酒

淡丽酒糖分含量少，爽口。

5. 高酸味酒

高酸味酒酸度高。

6. 原酒

原酒是制作后不加水稀释的清酒。

7. 市售酒

市售酒是原酒加水稀释后装瓶出售的清酒。

（三）按贮存期分类

1. 新酒

新酒是压滤后未过夏的清酒。

2. 老酒

老酒是贮存过一夏的清酒。

3. 老陈酒

老陈酒是贮存过两个夏季的清酒。

三、清酒的特点

清酒色泽呈淡黄色或无色，清亮透明，具有独特的清酒香，口味酸度小，微苦，绵柔爽口，其酸、甜、苦、辣、涩味协调，酒度在 16 度左右，含多种氨基酸、维生素，是营养丰富的饮料酒。

四、清酒的生产工艺

清酒以大米为原料，将其浸泡、蒸煮后，拌以米曲进行发酵，制出原酒，然后经过过滤、杀菌、贮存、勾兑等一系列工序酿制而成。

清酒的制作工艺十分考究。精选的大米要经过磨皮，使大米精白，浸泡时吸水分快，而且容易蒸熟；发酵分成前后两个阶段；杀菌处理在装瓶前后各进行一次，以确保酒的保质期；勾兑酒液时注重规格和标准。

五、清酒的饮用与服务

（1）作为佐餐酒或餐后酒。

（2）使用褐色或紫色玻璃杯，也可用浅平碗或小陶瓷杯。

（3）清酒在开瓶前应存在低温、黑暗的地方。

（4）可常温饮用，以 16℃ 左右为宜，如需加温饮用，加温一般至 40℃~50℃，温度不可过高。也可以冷藏后饮用或加冰块和柠檬饮用。

（5）在调制马提尼酒时，清酒可以作为干味美思的替代品。

（6）清酒陈酿并不能使其品质提高，开瓶后就应该放在冰箱里，6 周内饮用完。

六、名品

日本清酒常见的有：月桂冠、大关、白雪、松竹梅和秀兰。最新品种有浊酒等。

1. 浊酒

浊酒是与清酒相对的。清酒醪经压滤后所得的新酒，静止一周后，抽出上清部分，其留下的白浊部分即为浊酒。浊酒的特点是有生酵母存在，会连续发酵产生二氧化碳，因此应用特殊瓶塞和耐压瓶子盛装。装瓶后加热到65℃灭菌或低温贮存，并尽快饮用。此酒被认为外观珍奇，口味独特。

2. 红酒

在清酒醪中添加红曲的酒精浸泡液，再加入糖类及谷氨酸钠，调配成具有鲜味且糖度与酒度均较高的红酒。由于红酒易褪色，在选用瓶子及库房时要注意避光，并尽快饮用。

3. 红色清酒

红色清酒是在清酒醪主发酵结束后，加入60度以上的酒精红曲浸泡而制成的。红曲用量以制曲原料的多少来计算，为总米量的25%以下。

4. 赤酒

赤酒在第三次投料时，加入总米量2%的麦芽以促进糖化。另外，在压榨前一天加入一定量的石灰，在微碱性条件下，糖与氨基酸结合成氨基糖，呈红褐色，而不使用红曲。此酒为日本熊本县特产，多在举行婚礼时饮用。

5. 贵酿酒

贵酿酒与我国黄酒类的善酿酒的加工原理相同。制作时投料水的一部分用清酒代替，使醪的温度达9℃~10℃，即抑制酵母的发酵速度，而糖化生成的浸出物则残留较多，制成浓醇而香甜型的清酒。此酒多以小瓶包装出售。

6. 高酸味清酒

利用白曲霉及葡萄酵母，采用高温糖化酵母，醪发酵最高温度21℃，发酵9天制成类似干葡萄酒型的清酒。

7. 低酒度清酒

酒度为10~13度，适合女士饮用。低酒度清酒市面上有三种：一是普通清酒（酒度12度左右）加水；二是纯米酒加水；三是柔和型低度清酒，是在发酵后期追加水与曲，使醪继续糖化和发酵，待最终酒度达12度时压榨制成。

8. 长期贮存酒

老酒型的长期贮存酒，为添加少量食用酒精的本酿造酒或纯米清酒。贮存时应尽量避免光线和接触空气。贮存期在五年以上的酒称为"秘藏酒"。

9. 发泡清酒

将清酒醪发酵10天后进行压榨，滤液用糖化液调整至三个波美度，加入新鲜酵母再发酵。室温从15℃逐渐降到0℃以下，使二氧化碳大量溶解于酒中，再用压滤机过滤，以原曲耐压罐贮存，在低温条件下装瓶，瓶口加软木塞，并用铁丝固定，60℃灭菌15分钟。发泡清酒在制法上兼具啤酒和清酒酿造工艺，在风味上，兼备清酒及发泡性葡萄酒的风味。

10. 活性清酒

活性清酒为酵母不杀死即出售的清酒。

11. 着色清酒

将色米的食用酒精浸泡液加入清酒中，便成着色清酒。中国台湾地区和菲律宾的褐色米、日本的赤褐色米、泰国及印度尼西亚的紫红色米，表皮都含有花色素系的黑紫色或红色素成分，是生产着色清酒的首选色米。

知识巩固

1. 白葡萄酒与红葡萄酒的区别。

2. 葡萄酒的保质期、年份识别。

3. 葡萄酒的保管和品评。

4. 葡萄酒的饮用与服务。

5. 香槟酒的品评与服务程序。

6. 香槟酒与菜肴的搭配及其最佳饮用温度。

7. 如何看啤酒的商标？

8. 啤酒质量鉴别。

9. 啤酒的品评、病酒识别及啤酒服务。

10. 黄酒病酒识别及黄酒的品评饮用。

11. 清酒的饮用与服务。

能力拓展

花雕酒的来历

在古代，黄酒早期都是富豪士绅专用，只有有钱人和有权人才能用上等糯米酿黄酒自饮。为表明黄酒的珍贵，有艺术家、画家倡议在酒坛上刻上花纹、图案、彩绘，如"八仙过海""龙凤呈祥""嫦娥奔月"等，以兆吉祥。早期实际上叫雕花酒，但叫起来不好听，后人就改叫花雕酒更为顺口。久而久之，人们已习惯把高档黄酒称为花雕酒。

根据以上材料，分析如下问题：

黄酒为什么又叫花雕酒？

第三章

蒸馏酒

本章导读

蒸馏酒是指在发酵酒的基础上，用蒸馏器提高其度数而成的酒，其特点是酒度高，营养价值低，蒸馏酒酒精度在38度以上，最高可达到66度。现代人们所熟悉的蒸馏酒分为"白酒"（也称"烧酒"）、"白兰地""威士忌""伏特加酒""朗姆酒""特基拉酒"等。白酒是中国所特有的，一般是粮食酿成后经蒸馏而成的。白兰地是葡萄酒蒸馏而成的，威士忌是大麦等谷物发酵酿制后经蒸馏而成。朗姆酒以甘蔗和蜜糖为原料，经蒸馏和熟化制成。伏特加则主要以粮食为原料，特基拉酒则以龙舌兰为原料，经蒸馏和熟化制成。

由于不同蒸馏酒的生产原料不同、工艺不同，世界各地和各厂商生产的蒸馏酒种类和特点也不同。

学习目标

1. 了解中国白酒的起源。
2. 了解中国白酒的命名。
3. 掌握白兰地的特点。
4. 掌握法国白兰地的著名品牌及其特点。
5. 掌握著名威士忌的产区及其特点。
6. 掌握荷式金酒和法式金酒的著名品牌。
7. 掌握著名的伏特加酒及其特点。
8. 掌握著名朗姆酒及其特点。

蒸馏酒是指在发酵酒的基础上，用蒸馏器提高其度数而成的酒，其特点是酒度高（蒸馏酒酒精度在38度以上，最高可达到66度），营养价值低。

第一节　中国白酒

中国白酒是以谷物为原料，经发酵、蒸馏而成的蒸馏酒。由于该酒无色，因此统称为白酒。

一、中国白酒的起源

有关中国白酒的起源，有多种说法，尚未定论。公元前2世纪的《吕氏春秋》上有"仪狄作酒"的记载，说酒是仪狄发明的。西汉刘向的《战国策》说得更具体："昔者，帝女令仪狄作酒而美，进之禹，禹饮而甘之。"这说明酒作为一种饮料进入人们的生活已有4000~5000年的历史了。从龙山文化遗址和山东大汶口文化遗址中发现的许多酒具（如樽、高脚杯、小壶等酒器）也说明了这一点。我国早期的酒，多是不经蒸馏的酿造酒，直到后期才出现蒸馏酒。唐代诗人白居易的"荔枝新熟鸡冠色，烧酒初开琥珀香"和陶雍的"自到成都烧酒熟，不思身更入长安"的诗句，说明唐朝时已有了烧酒，即蒸馏酒。明代名医李时珍对白酒说得更明确，他在《本草纲目》中写道："烧酒非古法也，自元时创始，其法用浓酒和糟入甑，蒸令气上，用器承取滴露。凡酸败之酒皆可蒸烧。近时唯以糯米或黍或大麦蒸熟，和曲酿瓮中七日，以甑蒸取，其清如水，味极浓烈，盖酒露也。"这里不但讲了烧酒产生的年代，而且还讲述了其制作方法。也有研究者提出了我国的蒸馏酒产生于唐朝之前的一些考证。

二、中国白酒生产工艺

我国白酒种类繁多，地域性强，产品各具特色，生产工艺各有特点，常见的分类方法有固态法白酒、半固态法白酒、液态法白酒、新工艺酿酒。

（一）固态法白酒

固态法白酒是我国大多数农村采用的传统工艺的生产方式，即固态配料、发酵和蒸馏生产的白酒。其中酒醅含水量在60%左右，大曲白酒、麸曲白酒和部分小曲白酒均采用此法生产。不同的发酵和操作条件，产生不同的香味和成分，因而固态法白酒的种类最多，产品风格各异。

（二）半固态法白酒

半固态法白酒采用的是小曲白酒的传统生产方式之一，包括先培菌糖化后再发酵工艺和边糖化边发酵工艺两种。

（三）液态法白酒

液态法白酒原料不经过蒸煮糖化，而直接加入有生淀粉分解能力的糖化剂发酵的方法，也是现代新工艺酿酒所采用的方法。实验证明，与传统的酿造技术相比，液态发酵酿酒可节约能源，降低生产成本，降低劳动强度，改善劳动条件。特别是夏季高温季节，不会出现夏季减产，酸缸、酸败的现象，民间传统酿酒流传一句俗语："冬歇三九，夏歇三伏。"传统工艺技术上的缺陷，酿酒要选季节，而新工艺酿酒的优势在于一年四季都可酿酒，这就是大型酒厂选择新工艺蒸酒的原因，也就是液态法白酒。其酒质带有蜂蜜味、口感纯正、风味独特。

（四）新工艺酿酒

新工艺酿酒是一种无须蒸煮粮食直接发酵，一次性蒸馏出酒的新式液态法酿酒技术。发酵前的粮食不需要事先蒸煮，只需要把粮食、白酒酒曲、水按比例配制好装容器发酵，发酵完全后蒸馏即可得到白酒，一个人便轻松操作，省时、省力。大大节省了燃料、人工和时间，还能提高 20% 到 40% 的出酒率。

三、中国白酒的特点

中国白酒是世界著名的六大蒸馏酒之一（其余五种是白兰地、威士忌、朗姆酒、伏特加和金酒）。与世界其他国家的白酒相比，中国白酒具有洁白晶莹，无色透明；馥郁纯净，余香不尽；醇厚柔绵，甘润清冽；酒体谐调，变化无穷的特点，给人带来极大的欢愉和享受。中国白酒的酒度早期很高，在世界其他国家是罕见的。

四、中国白酒的命名

中国白酒产品由于地理位置、气候条件、原料品种、用曲、生产工艺、酿酒设备的不同，品种繁多、名称各异。一般可按以下几种方法命名。

（1）以原料命名：如五粮液、高粱酒等。

（2）以使用的曲命名：如大曲酒、小曲酒、麸曲酒。

（3）以发酵方法命名：如固态发酵法白酒、液态发酵法白酒等。

（4）以香型命名：如浓香型白酒、酱香型白酒、清香型白酒、米香型白酒、复香型白酒。

（5）以历史人物、典故命名：如杜康酒、孔府家酒等。

五、中国白酒病酒识别

（一）失光

白酒酒液失去应有的晶亮光泽。主要由掺水、混入杂质、酒瓶洗涮不净等原因导致。

（二）沉淀

陈年老酒会有一定的沉淀物积于瓶底，这是正常的沉淀现象。新酒发生沉淀，大多是病害问题。常见的病害沉淀有白色沉淀、棕色沉淀、蓝色黑色沉淀。

（三）浑浊

白酒发生浑浊现象，有可能起因于病害，也有可能是受到温度影响。处于低温下的白酒（在 0℃ 以下），常有絮状物产生，一旦温度上升，絮状物便自行消失。常见的浑浊有乳白色浑浊和灰白色浑浊。

（四）变色

白酒发生色变主要有以下几种情况。

（1）发黄。原因有生产操作不洁；用含有铁质渣滓的容器盛酒，成品酒感染铁锈；使用橡胶用具提酒，贮存时间过长等。

（2）棕红。原因主要是用铁器盛酒。

（3）发黑。原因为混入铅物质；原料甘薯病变等。

（4）发褐。盛酒容器的血胶溶出所造成的病害，低度酒尤为明显。

（5）发蓝。感染铜锈所致。

（五）腥臭

酒液腥臭主要是因为生产技术水平低下；用水不当，污染带臭物质，硫化氢、硫醇的含量过高；盛酒器皿血胶溶出；感染细菌等。

（六）油味

酒中如果含有少许油脂，便会严重影响其风味。油味污染的原因有：原料问题；与挥发油气的物质共同贮存；酒液中油脂氧化后发生油腻味等。

（七）霉变

霉变主要由保管不妥所造成。最容易霉变的是瓶塞瓶盖，潮湿的保管场地尤甚。

（八）苦涩

苦涩味主要起因于原料、生产和操作不当。如原料已经病腐烂；过量杂醇油含量；单宁物质残留；用曲或用酒母过多；发酵不完全等。

六、中国白酒的品评

（一）品评准备

1.适宜的品酒环境

需要安静无噪声，空气新鲜无杂香。环境温度比较适宜，温度在20℃~25℃、相对湿度60%，这样可以让人处于一个舒适的环境当中，其感官也会更加地敏锐。同时，保持一种专业的品酒心态，品鉴的过程中也会自然许多。

2.专业的品鉴道具

正式的白酒品鉴需要一些道具，比如品酒杯应使用郁金香杯、笔记本等工具用于记录品酒笔记等。配有好的道具才能得到专业的品鉴结果。如果涉及对比品鉴的话，则还需要准备漱口杯和纯净水，确保其品鉴过程中对比样不会受额外影响。

（二）品评方法

1.观色

当白酒被倒入杯中时仔细观察，留意酒液的色泽、透明度、是否有杂质、挂杯形态。

2. 闻香

置酒杯于鼻下 6 厘米处，头略低，轻嗅其气味。最初不要摇杯，视闻酒的香气挥发情况，然后摇杯再闻强烈的香气。凡是香气协调，主体香突出，无其他邪杂味，一经倒出就香气四溢，芳香扑鼻，说明酒中的香气物质较多属于喷香性好；入口后，香气就充满口腔，大有冲喷之势，说明酒中含低沸点的香气物质较多，属于留香性好；咽下后，口中仍留有余香，酒后打嗝时，还有一种令人舒适的特殊香气喷出，说明酒含低沸点酯类较多。

3. 尝味

用舌头品尝酒的滋味时，要分析酒的各种味道变化情况，最初甜味，次后酸味和咸味，再后是苦味、涩味。舌面要在口腔中移动，以领略涩味程度。酒液进口应柔和清爽，带甜、酸，无异味，饮后要有余香。要注意余味时间的长短，尾味是否干净，是回甜还是后苦，有无刺激喉咙等不愉快的感觉。

4. 悟格

最后需要辨别风格，又称酒体典型性，是对酒色、香、味综合表现的评价。品酒并非大师们的专利，按照此方法通过不断地做品酒比较，品鉴功力就会不断提升，久而久之你就能真正享受到白酒的美妙。

七、中国著名白酒

（一）茅台酒

1. 产地

茅台酒产于贵州省仁怀县茅台镇，因产地而得名。

茅台镇位于贵州高原最低点的盆地，海拔 440 米，远离高原气流，终年云雾密集，夏季气温持续在 35℃~39℃之间，一年中高温天气长达 5 个月，有大半年笼罩在闷热、潮湿的云雾之中。其特殊的气候、水质、土壤条件，对于酒的发酵、熟化非常有利，同时也对茅台酒中香气成分的微生物的产生、精化和增减起了决定性的作用。

2. 历史

茅台酒酒厂位于赤水河畔，有 300 余年的历史。相传 1704 年，有一个贾姓山西盐商从山西汾阳杏花村请来酿酒大师，在茅台镇酿制山西汾酒。酿酒大师按照古老的汾酒制法，酿出了沁香醇厚的美酒，只是该酒的风味与汾酒不同，故称"华茅"。"华茅"就是"花茅"，即杏花茅台的意思（古代"华""花"相通）。以后当地一个姓王的于同治十二年（1873 年）设立荣和酒坊，后为贵州财阀赖永初所有，即称为"赖茅"。

3. 品种

茅台酒有 53 度茅台酒、低度茅台酒、贵州醇、茅台威士忌、茅台女王酒、茅台醇、茅台特醇等。

4. 特点

茅台酒被尊为我国的"国酒"，它以独特的色、香、味为世人称颂，以清亮透明、醇香回甜而名甲天下，誉满全球，与法国科涅克白兰地、苏格兰威士忌齐名。据分析，茅台酒内含有 70 多种成分，它所具有的独特"茅香"，香气扑鼻，令人陶醉。若开杯畅饮，满口生香，饮后空杯，留香不绝。

经检测，茅台酒含有 18 种氨基酸，其中有人体必需的 6 种氨基酸。另外，茅台酒中含有 SOD 及多种人体必需的微量元素。敬爱的周恩来总理一生对贵州茅台酒情有独钟。1972 年 9 月 25 日，他对来访的新任日本首相田中角荣先生介绍说："茅台酒比伏特加好喝，喉咙不痛，也不上头，能消除疲劳，安定精神。"

5. 成分

茅台酒用高粱做料，小麦制"曲"，以茅台镇旁赤水河之水做"引"。

6. 工艺

关于茅台酒的制造工艺，《续遵义府志》有下列描述："茅台酒出仁怀县茅台村，黔省称第一。制法纯用高粱做沙，煮熟和小麦面三分，纳酿地窖中，经月而出蒸之，既而复酿，必经数回然后成，初曰生沙，三四轮曰燧沙，六七轮曰大回沙，以次概曰小回沙，终曰得酒可饮，其品之醇，气之香，乃百经自具，非假曲与香料而成，造法不易，他处难于仿制，故独以茅台称也。"茅台酒在蒸馏时，先出的酒和后出的酒的质量也是不一样的。它们可分为酒头、特级、甲级、乙级、一般和酒尾。接酒时要"斩头去尾"，因为"头""尾"中含水分和杂质多，酸甜苦辣俱全。酒的"头""尾"虽然质量不好，但能起调味作用。"特级"重点取香，"甲级"重点取甜，"乙级"既香也甜。蒸酒时各级酒的出现时间和比例也无定式，所以酿酒师必须及时、恰当地分段接酒、分级贮存，最后由勾兑师将贮存期满的各种级别的酒进行勾兑。勾兑师必须勾出本酒的风格来。

7. 荣誉

茅台酒于 1915 年在巴拿马国际博览会上获得了奖章和奖状，并蝉联我国第一、二、三届全国评酒会冠军，第四、五届全国评酒会金杯奖。茅台酒也是第一家获得绿色食品、有机食品、白酒原产地域保护于一身的中国食品，2001 年 12 月一次性通过环境体系认证。"茅台"被评为 2005 中国著名品牌 200 强。2006 年 1 月，茅台酒中的酱香型白酒贵州茅台酒、酱香型白酒低度贵州茅台酒、酱香型茅台王子酒、酱香型白酒低度茅台王子酒、酱香型白酒茅台迎宾酒、酱香型白酒低度茅台迎宾酒首批通过国家酒类质量认证。

（二）五粮液

1. 产地

四川省宜宾市宜宾五粮液酒厂。

2. 历史

五粮液源于唐代的"重碧"和宋代的"荔枝绿"，又经过明代的"杂粮酒""陈氏秘方"，经过 1000 多年的岁月，才达到今天的一枝独秀。1929 年，晚清举人杨惠泉品尝了这种杂粮酒后，认为此酒香醇无比，实为绝代佳酿，但其名俗而不雅，遂改名为五粮液。从此五粮液酒便流传于世。

3. 品种

五粮液主要有 60 度、38 度两种规格。1998 年五粮液酒厂改制后，先后研究开发出了十二生肖五粮液、一帆风顺五粮液等精品、珍品。其在神、形、韵、味各方面精巧、极致地融合，成为了追求卓越的典范。另外，公司还系统开发了五粮春、五粮神、五粮醇、长三角、两湖春、现代人、金六福、浏阳河、老作坊、京酒等几十种不同档次、不同口味的五粮液系列产品，以满足不同区域、不同文化背景、不同层次消费者的需求。

4. 特点

五粮液酒酒液清澈透明，开瓶时酒香喷放，浓郁扑鼻；饮用时满口香溢，唇齿留香；饮用后余香不尽，留香绕梁，属浓香型酒。五粮液酒酒度虽高，但并无强烈刺激，柔和甘美，醇厚净爽，各味协调，恰到好处。有评酒家赞道"五粮液吸取五谷之菁华，蕴积而成精液，其喷香、醇厚、味甜、干净之特质，可谓巧夺天工，调和诸味于一体"。有诗曰："五粮精液气喷香，浓郁悠久世无双，香醇甜净四美备，风格独特不寻常。"宜宾五粮液酒厂于 1952 年正式成立。为了适应国外对酒度的要求，五粮液酒厂对五粮液酒降低酒精度，已生产出 52 度的酒，受到了国内外消费者的欢迎。1979 年，五粮液酒厂推广华罗庚的优选法，把酒度降低到 38 度，但仍然香、醇、甜、净四美皆备，深受消费者欢迎。

5. 成分

五粮液酒以五种粮食（高粱、糯米、大米、玉米、小麦）为原料。酿造用水取自岷江江心，水质纯净。

6. 工艺

外形独特的"包包曲"，窖龄 300 多年的陈年老窖发酵等，均是五粮液酒独特的生产工艺。

7. 荣誉

四川省有五种白酒评为全国名酒，被誉为五朵金花（五粮液、泸州老窖特曲、剑兰春、全兴大曲、文君酒），而其中宜宾五粮液酒厂酿制的五粮液酒则是群芳之首。

五粮液酒自 1915 年代表中国产品首获"巴拿马万国博览会"金奖以来，相继在世界各地的博览会上获得 38 次金奖。1956 年首次参加全国名酒质量鉴定会，被评为第一名。随后又在第二届、第三届、第四届、第五届全国评酒会上，四次蝉联中国名酒称号。1995 年在"第十三届巴拿马国际食品博览会"上再获金奖，铸造了五粮液"八十年金牌不倒"的辉煌业绩，并被第五十届世界统计大会评为"中国酒业大王"。2002 年 6 月，在巴拿马"第二十届国际商展"上，五粮液酒再次荣获白酒类唯一金奖，续写了五粮液百年荣誉。五粮液酒的商标"五粮液"1991 年被评为首届中国十大驰名商标；数年来"五粮液"品牌连续在中国白酒制造业和食品行业"最有价值品牌"中排位第一。2005 年"五粮液"进入中国著名品牌 200 强。五粮液系列产品五酿液浓香型白酒、五酿液低度浓香型白酒、五酿春浓香型白酒、五酿春低度浓香型白酒在 2006 年 1 月首批通过国家酒类质量认证。

（三）汾酒

1. 产地

汾酒产于山西省汾阳县杏花村。

2. 历史

汾酒距今已有 1500 多年的历史，是我国名酒的鼻祖。相传，杏花村很早以前叫杏花坞。每年初春，村里村外到处开着一树又一树的杏花，远远望去像天上的红云飘落人间，甚是好看。杏花坞里有个叫石狄的年轻后生，膀宽腰圆，臂力过人，常年以打猎为生。初夏的一个傍晚，在村后子夏山射猎归来的石狄，正走过杏林，忽听得一丝低微的抽泣声从杏林深处传来。他循声过去，发现一女子倚树而泣，很是悲切。心地善良的他忙问情由，姑娘含泪诉说了家世。石狄才知她是因家乡遭灾，父母遇难。于是她孤身投亲，谁知，亲戚也亡，故无处安身，在此哭泣。石狄听后，顿生怜悯之心，领其回村安置邻家，一切生活由石狄打点。数日后，经乡亲们说合，两人结为夫妻。婚后，夫妻恩爱，日子过得很舒心。

农谚道："麦黄一时，杏黄一宿。"正当满树满枝的青杏透出玉黄色，即将成熟时，忽然老天爷一连下了十几天的阴雨。雨过天晴，毒花花的日头晒得本来被雨淋得涨涨的裂了水口子的黄杏"吧嗒、吧嗒"都落在地上，没出一天工夫，装筐的黄杏发热发酵，眼看就要烂掉。乡亲们急得没有法子，脸上布满了愁云。夜幕降临，忽然有一股异香在村中幽幽飘荡，既非花香，又不似果香。石狄闻着异香推开家门，只见媳妇笑嘻嘻地舀了一碗水送到丈夫跟前。石狄正是饥渴，猛喝一口，顿觉一股甘美的汁液直透心脾。这时媳妇才说："这叫酒，不是水，是用发酵的杏子酿出来的，快请乡亲们尝尝。"众人一尝，都连声叫好，纷纷打听做法，争相仿效。从此，杏花坞有了酒坊。其实，这只是一个美丽的传说，折射出杏花村人勤劳善良的美德。据史料记载，汾酒起源于唐代以前的黄酒，后来才发展成为白酒。

3. 品种

汾酒品种以老白汾酒居要，其次为露酒，有竹叶青、白云、玫瑰等。精品有

45 度坛汾、大兰花、53 度生肖汾、53 度玻汾、48 度小牧童干汾、48 度小兰花等。

4. 特点

汾酒以气味芳香、入口绵绵、落口甘甜、回味生津、清亮透明而得名，以色、香、味三绝著称于世，为唐以后的文人墨客所称道。唐代大诗人杜牧有"清明时节雨纷纷，路上行人欲断魂，借问酒家何处有，牧童遥指杏花村"的诗句。1965 年郭沫若同志访问杏花村也曾题诗一首："杏花村里酒如意，解放以来别有天。白玉含香甜蜜蜜，红霞成阵软绵绵。特卫樽俎传千里，缔结盟书传万年。相共举杯酹汾水，腾为霖雨润林田。"脍炙人口，广为传颂。汾酒虽是 60 度的高度烈酒，但无强烈刺激的感觉，为我国清香型酒的典型代表。

5. 成分

汾酒酿酒原料用产于汾阳一带晋中平原的"一把抓"高粱，用甘露如醇的"古井佳泉水"（这眼井的水清澈透明，没有杂质）作为酿酒用水。

6. 工艺

汾酒传统的酿造技术和独特的工艺有七大秘诀——人必得其精，粮必得其实，水必得其甘，曲必得其明，器必得其洁，缸必得其湿，火必得其缓。七大秘诀形成了特殊的工艺，一直被人们推崇。

7. 荣誉

汾酒于 1915 年在巴拿马国际博览会上，荣获一等优胜金质奖。中华人民共和国成立后，在全国第一、二、三、四、五届评酒会上，连续被评为全国名酒。汾酒还以其稳定的质量连续 18 年获出口免检，在国际市场上声誉不断提高。汾酒从 1955 年开始出口，出口量不断提高，国际市场从我国港澳地区和台湾地区、东南亚地区到日本、法国、荷兰、澳大利亚、意大利、美国、加拿大等 50 多个国家和地区。2005 年"杏花春"进入中国著名品牌 200 强。2006 年 1 月，汾酒系列产品中的汾酒清香型白酒、汾酒低度清香型白酒首批通过国家质量认证。

（四）泸州老窖特曲

1. 产地

泸州老窖特曲产于四川省泸州市泸州老窖股份有限公司。

2. 历史

泸州老窖特曲所具有的独特的风味，源于古老的酿酒窖池。始建于 1573 年的泸州老窖窖池群，1996 年被批准为全国重点文物保护单位，其中最古老的酿酒窖池，已连续使用 400 余年。窖池在长期不间断的发酵过程中形成的有益微生物种群，已衍变成了庞大而不可探知的神秘的微生物生态体系。至今能查明的有益微生物有 400 多种（比一般窖池含微生物多出 170 余种）。这些神秘的微生物，能使酒丰满醇厚、窖香优雅。这 400 多种微生物种群，更成就了"国窖·1573"作为中国最高品质白酒无上品位的核心价值。该窖池 1997 年被授予"国宝"称号。

3. 品种

泸州老窖特曲有 60 度、52 度、38 度三个品种。

4. 特点

泸州老窖特曲属浓香型白酒，与泸州老窖头曲、二曲酒统称为老窖大曲酒（即泸州大曲），是古老的四大名酒之一。

泸州老窖特曲具有浓香、醇和、味甜、回味长四大特色。即使是 60 度的酒，喝到嘴里也全无辛辣的感觉，只觉得一股极其强烈的苹果浓香直入肺腑。它已成为浓香型白酒的典型，博得了"拔塞千家醉，开坛十里香"和"衔杯却爱泸州好"的美名。

5. 成分

泸州老窖特曲以糯米、高粱为主要原料，用小麦制曲，选用龙泉井水和沱江水为酿造用水。

6. 工艺

泸州老窖特曲是数百年相沿的手工业工艺性产品，采用混蒸连续老窖发酵法制得。虽然常年的生产操作规程相同，但由于配料及温度变化等因素，难于做到每一批次都相同。加之窖龄、窖质的不同，不同批次的酒，同批不同窖的酒，风味也略有差异。例如有的醇、香、回味都很好，而甘爽略差；有的醇香均佳，而回味不长；有的醇味特好而香味又较淡。为了使酒的质量能达到固定标准，除经过"贮存""掺兑"外，还要经过细致品尝，按酒的特点，以"泸州老窖特曲"酒、"泸州老窖头曲"酒分别出厂。

"鸳鸯窖"发酵是泸州老窖的一大奥秘。泸州老窖明代舒聚源国宝窖池有四口，每一口由两个小坑组成，对称均匀，紧紧相依。两个小坑又有很细小的区别，一个大，一个小，大的谓之"夫窖"，小的谓之"妻窖"，"夫妻窖"或者"鸳鸯窖"也由此而来。"鸳鸯窖"建于明代万历年间，距今已有几百年的历史，一直"和睦相处、夫唱妻和"，夫妻恩恩爱爱，诞生了香飘四海的名酒，成为中国浓香型白酒的摇篮。

7. 荣誉

在我国历届评酒会上，泸州老窖特曲均被评为国家名酒。1990 年在巴黎举行的、有近百个国家的 4500 多家酒厂或公司参加的第 14 届国际食品博览会上荣获金奖，是我国参赛的名酒中唯一获奖的酒种，也是泸州老窖特曲继 1915 年荣获巴拿马万国博览会金奖以来第四次获得国际金奖。2006 年 1 月，国窖·1573 浓香型白酒、国窖·1573 低度浓香型白酒、泸州老窖特曲浓香型白酒、泸州老窖特曲低度浓香型白酒首批通过国家酒类质量认证。

为纪念泸州老窖于 1915 年最早荣获巴拿马金奖，1952 年被评为最古老的四大名酒、浓香型白酒的典型代表而精心酿造"国窖·1573"之凯撒大帝至尊酒，为中国白酒鉴赏标准级酒品之极品。其品质 100% 源于有几百年历史的全国重点文物保护单位"1573 国宝酿酒窖池"，所有工艺以传世古法为标准，经百年以上窖藏，由国家级白酒品评大师勾调而成。恺撒大帝至尊酒以超豪华的包装、至纯至厚的品质、雄视天下的价格，而被尊为中国名酒中的"皇室版劳斯莱斯"，成为各国政要的收藏要物，是国宝礼品的第一选择。

（五）西凤酒

1. 产地

西凤酒产于陕西省凤翔柳林镇。

2. 历史

西凤酒历史悠久，据初步考证，其始于周秦，盛于唐宋，距今已有 2700 多年的历史。凤翔，古称雍州，是古代农业发展较早的地区，人类在这里从事农业活动已有五六千年的历史，是黄河流域上中华民族古老文化的重要发源地之一。相传周文之时"凤凰集于岐山，飞鸣过雍"；春秋时代秦穆公之爱女弄玉喜欢吹笛，引来善于吹箫的华山隐士萧史，知音相遇，终成眷属，后乘凤凰飞翔而去。唐肃宗至德二年（757 年）取此意将雍州改名为凤翔。先秦 19 位王公曾在此建都，历时 294 年。凤翔历史上曾是关中西部的政治、经济、文化中心。从秦建都以后的各个朝代，均为州、郡、府、路之治所，故又有"西府"之称。这里自古以来盛产美酒，尤以凤翔县城以西的柳林镇所酿造的酒为上乘。

柳林镇柳树成荫，田地平整，水波浮影，风景秀丽，因此得名柳林。盛唐时期，柳林西接秦陇，南通巴蜀，东连长安，为关中西部重要的交通要塞，是古丝绸之路的必经之道和古老集镇。自汉代起，始有酿酒作坊，到唐宋，酿酒业已粗具规模。明清以来酿酒作坊发展很快，至清宣统三年（1911 年），仅柳林镇已有酿酒作坊 27 家，相当于凤翔县酿酒作坊总数的三分之一多。

"佳酿之地，必有名泉"。柳林镇的酿酒业之所以古今兴旺，长盛不衰，得源于本地优良的水质、土质。在柳林镇西侧的雍山，山有五泉，为雍水河之源头，其源流从雍山北麓转南经柳林镇向东南汇合于渭水，其流域呈扇形扩展开来，地下水源丰富，水质甘润醇美，清冽馥香，成酿、煮茗皆宜，有存放洗濯蔬菜连放七日不腐之奇效。经化验测定，水质属重碳酸盐类。用它做酿造之水，非常有利于曲酶糖化；加之本地土壤属黄棉土类中的"土娄"土质，适宜于做发酵池，用来做敷涂窑池四壁的窖泥，能加速酿造过程中的生化反应，促使脂酸的形成。这些，都是酿造西凤酒必不可缺的天赋地理条件。

唐初，柳林等集镇酒业尤为兴隆。唐贞观年间，柳林酒就有"开坛香十里，隔壁醉三家"的赞誉。多少世纪以来，柳林酒以其精湛的酿造技艺和独特风格著称于世，以"甘泉佳酿""清冽琼香"的盛名被历代王室列为珍品，被称为中华民族历史名酒中的"瑰丽奇葩"。至近代柳林酒方取名"西凤酒"。今天，民间仍流传着"东湖柳、西凤酒、妇女手（指民间许多手工艺品出自妇女之手）"的佳话。

3. 品种

西凤酒主要为 65 度西凤酒。但是，酿酒师凭着西凤酒自身传统的独特工艺，结合现代科学技术，酿造出以凤香型为基础的四个系列香型（凤香型、凤兼浓香型、凤浓酱香型、浓香型）的酒。系列产品有特珍先秦古西凤酒、45 度特制珍品西凤酒、52 度特制珍品西凤酒、55 度水晶瓶西凤酒；39 度特制双耳瓶西凤酒、45 度特制精品西凤酒、45 度特制西凤酒、50 度西凤酒、55 度内销西凤酒、55 度500 毫升防伪墨瓶西凤酒。

4. 特点

西凤酒酒液清澈透明似水晶，香醇馥郁似幽兰，在我国白酒中属复香型，甜、酸、苦、辣、香五味俱全，各味谐调，即酸而不涩，甜而不腻，苦而不黏，辣不刺喉，香不刺鼻。西凤酒饮后有回甘。这回甘似口含橄榄之回味，有久而弥香之妙，为爱饮烈酒的人所喜好。

5. 成分

西凤酒用雍城当地特产高粱为原料，以大麦和豌豆制曲。

6. 工艺

西凤酒采用传统的续糟发酵法"热拥法工艺"酿造而成。

7. 荣誉

西凤酒于 1910 年在南洋劝业会上获银质奖；1915 年，在巴拿马万国博览会上获金质奖；在全国第一、二、四、五届评酒会上荣获国家名酒称号及金质奖，第三届评酒会上荣获国家优质酒称号；1984 年获轻工业部酒类质量大赛金杯奖；1992 年获法国巴黎国际名优酒展主办会特别金奖；1993 年获法国巴黎第 15 届国际食品博览会金奖。2006 年 1 月，凤香型西凤酒、凤兼浓香型西凤酒首批通过国家酒类质量认证。

（六）剑南春

1. 产地

中国四川绵竹。

2. 历史

唐代时人们常以"春"命酒，绵竹又位于剑山之南，故名"剑南春"。这里酿酒已有 1000 多年历史，早在唐代武德年间（618—626），就有剑南道烧春之名。据唐人所著书中记载："酒则有……荥阳之土窖春……剑南之烧春。""剑南之烧春"就是绵竹产的名酒。

相传，唐代大诗人李白青年时代曾在绵竹"解貂赎酒"。从此，绵竹酒就以"土解金貂，价重洛阳"来形容自己的身价。宋代大诗人苏轼作《蜜酒歌》，诗前有引:"西蜀道人杨世昌,善作蜜酒,绝醇酽,余既得其力,作此歌以遗之。"由此足见唐宋两代,绵竹的酒已是醇酽甘美。剑南春酒的前身绵竹大曲创始于清朝康熙年间,迄今已有300多年的历史。最早开办的酒坊叫"朱天益酢坊",业主姓朱,名煜,陕西三原县人,酿酒匠出身。当初,他发现绵竹水好,便迁居到此,开办酒坊。后来,又有白、杨、赵三家大曲酒作坊相继开业。据说,这四家都是采取陕西烙阳的配方酿造大曲酒。据《绵竹县志》记载:"大曲酒,邑特产,味醇香,色泽白,状若清露。"清代文学家李调元在《函海》中写道:"绵竹清露大曲酒是也,夏清暑,冬御寒,能止吐泻,除湿及山岚瘴气。"1958年,绵竹大曲酒改名"剑南春"。

3. 品种

剑南春酒有60度、52度、38度三种。

4. 特点

剑南春酒属浓香型白酒,芳香浓郁,醇和甘甜,清冽净爽,余香悠长,具有独特的"曲酒香味"。

5. 成分

剑南春酒以红高粱、大米、小麦、糯米、玉米五种粮食为原料,用优质小麦制大曲为糖化发酵剂。

6. 工艺

剑南春酒采取"红糟盖顶,低温入池,双轮底增香发酵,回沙回酒,去头截尾,分段接酒"等酿造工艺,经过长期贮存,细心勾兑调味而成。

7. 荣誉

剑南春在第三、四届全国评酒会上获得中国名酒的称号;在1989年第五届全国评酒会上,60度、52度、38度的剑南春均获国家金质奖;2005年"绵竹"进入中国著名品牌200强。

(七)古井贡酒

1. 产地

古井贡酒产于安徽省亳州市古井酒厂。

2. 历史

古井贡酒是我国有悠久历史的名酒。

亳州是我国历史上古老的都邑,是东汉曹操的家乡,据史志记载,曹操曾用"九投法"酿出有名的"九酿春酒"。南梁时,梁武帝萧衍中大通四年(532年)沛军攻占樵城(今亳州市),北魏守将战死。后有人在战地附近修了一座独孤将军庙,并在庙的周围掘了20眼井,其中有一眼井,水质甜美,能酿出香醇美酒。1000多年以来,人们都取这古井之水酿酒,酿成的酒遂以古井为名。明万历年间起,古井酒一直被列为进献皇室的贡品,故又得名古井贡酒。在清末,古井佳酿一度绝迹。1958 年，古井贡酒恢复生产，在亳州市减店集投资建厂，继续取用有 1400 年历史的古井之水酿酒。

3. 品种

古井贡酒有 30 度、38 度、45 度、50 度、45 度古井 988 酒、古井贡酒精品和极品等品种。

4. 特点

古井贡酒风格独特，酒味醇和，浓郁甘润，回味悠长。适量饮用有健胃、祛劳活血等功效。

5. 成分

古井贡酒原料选用淮北平原生产的上等高粱，以小麦、大麦、豌豆为曲。

6. 工艺

古井贡酒沿用陈年老发酵池，继承了混蒸、连续发酵工艺，并运用现代酿酒方法，加以改进，博采众长，形成自己的独特工艺。

7. 荣誉

古井贡酒恢复生产五年后即跻身我国名酒之列，1984 年获轻工业部酒类质量大赛金杯奖；1988 年在法国第 13 届巴黎国际食品博览会上获金奖；在全国第二、三、四、五届评酒会上荣获国家名酒称号及金质奖；1992 年获美国首届酒类饮料国际博览会金奖及我国香港国际食品博览会金奖。

（八）董酒

1. 产地

董酒产于贵州省遵义市董酒厂。

2. 历史

遵义酿酒历史悠久，可追溯到魏晋时期，以酿有"呷酒"闻名。《遵义府志》载："苗人以芦管吸酒饮之，谓竿儿酒。"《峒溪纤志》载："呷酒一名钓藤酒，以米、杂草子为之以火酿成，不刍不酢，以藤吸取。"到元末明初时出现"烧酒"。民间有酿制饮用时令酒的风俗，《贵州通志》载："遵义府，五月五日饮雄黄酒、菖蒲酒。九月九日煮蜀稷为呷酒，谓重阳酒，对年饮之，味绝香。"清代末期，董公寺的酿酒业已有相当规模，仅董公寺至高坪 20 里一带的地区，就有酒坊 10 余家，尤以程氏作坊所酿小曲酒最为出色。1927 年，程氏后人程明坤汇聚前人酿技，创造出独树一帜的酿酒方法，使酒别有一番风味，颇受人们喜爱，被称为"程家窖酒""董公寺窖酒"，1942 年称为"董酒"。董酒工艺秘不外传，仅有两个可容三至四万斤酒醅的窖池和一个烤酒灶，是小规模生产。其酒销往川、黔、滇、桂等省，颇有名气。1935 年，中国工农红军长征时两次路过遵义，许多指战员曾领略过董公寺窖酒的神韵，留下许多动人的传说。中华人民共和国成立前夕，种种缘故，程氏小作坊关闭，董酒在市场上绝迹。1956 年在遵义酒厂恢复生产，翌年投产。

3. 品种

董酒酒度有 38 度、58 度两种，其中 38 度酒名为飞天牌董醇。

4. 特点

董酒无色，清澈透明，香气幽雅，既有大曲酒的浓郁芳香，又有小曲酒的柔绵、醇和、回甜，还有淡雅、舒适的药香和爽口的微酸，入口醇和浓郁，饮后甘爽味长。由于董酒的酒质芳香奇特，被人们誉为其他香型白酒中独树一帜的"药香型"或"董香型"的典型代表。

5. 成分

董酒以糯米、高粱为主要原料，以加有中药材的大曲和小曲为糖化发酵剂，引水口寺甘洌泉水为酿造用水。

6. 工艺

董酒以大米加入 95 味中草药制成的小曲和小麦加入 40 味中草药制成的大曲为糖化发酵剂，以石灰、白泥和洋桃藤泡汁拌和而成的窖泥筑成偏碱性地窖为发酵池，采用两小两大，双醅串蒸工艺，即小曲由小窖制成的酒醅和大曲由大窖制成的香醅，两醅一次串蒸而成原酒，经分级陈贮一年以上，精心勾兑等工序酿成。

7. 荣誉

董酒在全国第二至五届评酒会上获国家名酒称号。

（九）洋河大曲

1. 产地

洋河大曲产于江苏省泗阳县洋河镇洋河酒业股份有限公司。

2. 历史

洋河镇地处白洋河和黄河之间，水陆交通畅达，自古以来就是商业繁荣的集镇，酒坊甚多，故古人有"白洋河中多沽客"的诗句。清代初期，原有山西白姓商人在洋河镇建糟坊，从山西请来酒师酿酒，其酒香甜醇厚，声名更盛，获得"福泉酒海清香美，味占江淮第一家"的赞誉。编纂于清同治十二年（1873 年）的《徐州府志》载有"洋河大曲酒味美"。又据《中国实业志·江苏省》载："江北之白酒，向以产于泗阳之洋河镇者著名，国人所谓'洋河大曲'者，即此种白酒也。洋河大曲行销于大江南北者，已有 200 余年之历史，以后渐次推展，凡在泗阳城内所产之白酒，亦以洋河大曲名之，今则'洋河'二字，已成为白酒之代名词矣。"

3. 品种

洋河大曲有 55 度、62 度、64 度三种规格，55 度洋河大曲主要供出口。

4. 特点

洋河大曲清澈透明，芳香浓郁，入口柔绵，鲜爽甘甜，酒质醇厚，余香悠长。其突出特点是甜、绵软、净、香。属浓香型大曲酒。洋河大曲长期以来深受各地人们的喜爱，享有很高声誉，有诗赞曰："闻香下马，知味停车；酒味冲天，飞鸟闻香化凤，糟粕入水，游鱼得味成龙；福泉酒海清香美，味占江南第一家。"

5. 成分

洋河大曲以优质高粱为原料，以小麦、大麦、豌豆制作的高温火曲为发酵剂，辅以闻名遐迩的"美人泉"水精工酿制而成。

6. 工艺

洋河大曲沿用传统工艺"老五甑续渣法"，同时采用"人工培养老窖、低温缓慢发酵"；"中途回沙、慢火蒸馏"；"分等贮存、精心勾兑"等新工艺和新技术。

7. 荣誉

清代初年，洋河大曲已闻名于世。1923 年，洋河大曲在南洋国际名酒赛上获国际名酒称号，蜚声世界；在全国第三届评酒会上，一跃跻身于国家八大名酒之列；在全国第四届、第五届评酒会上再次蝉联中国名酒称号，荣获三枚金牌一枚银牌（其中：55 度、48 度、38 度洋河大曲获金牌，28 度洋河大曲获银牌）；1990 年在轻工部举办的全国浓香型白酒分级评比中，以最高分被评为标杆酒；1992 年洋河大曲系列产品经实物质量检测和质量保证体系核查，被批准为江苏省轻工免检产品。

（十）全兴大曲

1. 产地

全兴大曲产于四川成都全兴酒厂。

2. 历史

全兴大曲是老牌中国名酒，源于清代乾隆年间，初由山西人在成都开设酒坊，按山西汾酒工艺酿制。后来，酿酒艺人根据成都的气候、水质、原料和窖龄等条件，不断改进酿造工艺，创造出一套独特的酿造方法，酿造出了风味独特的全兴大曲。1951 年，在全兴老号的基础上成立了成都酒厂，全兴大曲开始由作坊式生产过渡到工厂化大生产。

3. 品种

全兴大曲有 60 度、38 度等品种。

4. 特点

全兴大曲有窖香浓郁、醇和协调、绵甜甘洌、落口净爽的独特风味。

5. 成分

全兴大曲以高粱、小麦为原料，辅以上等小麦制成的中温大曲为糖化酵剂。

6. 工艺

全兴大曲采用"原窖分层堆糟法"生产工艺（成年老窖发酵，要求达到"窖熟糟醇"，酯化充分），经严格蒸馏、精心勾兑，分坛定期贮存等步骤科学酿制而成。

7. 荣誉

在全国第二届评酒会上，全兴大曲被评为中国八大名酒之一；第四届全国评酒会上，全兴大曲再次被评为国家名酒，荣获国家金质奖章。全兴大曲被郭沫若誉为"延龄酒"，有"美酒如诗"的称誉。

第二节 白兰地

一、白兰地的由来

白兰地，最初来自荷兰文 Brandewijn，意为"烧制过的酒"。白兰地有两种含义：一种是指以葡萄为原料，经发酵、蒸馏而成的酒。另一种是指所有以水果为原料，经发酵、蒸馏而成的酒。但为了避免混淆，人们习惯上把第一种白兰地称为"Brandy"，即我们通常所说的"白兰地"，而在第二种的"白兰地"名称之前冠以该水果的名称，如苹果白兰地、樱桃白兰地等。

白兰地是人们无意中发现的。18 世纪初，法国的 Charente 河的码头 La Rochelle 因交通方便，成为酒类出口的商埠。由于当时整箱葡萄酒占船的空间很大，于是法国人便想出了双蒸馏的办法，去掉葡萄酒中的水分，提高葡萄酒的纯度，减少占用空间以便于运输，这就是早期的白兰地。1701 年，法国卷入了西班牙战争，白兰地销路大减，酒被积存在橡木桶内。然而，正是这一偶然的机会，产生了现代的白兰地。战争结束后，人们发现贮存在橡木桶内的白兰地酒质更醇，芳香浓郁，呈晶莹的琥珀色。至此，产生了白兰地生产工艺的雏形，也为白兰地的发展奠定了基础。

二、白兰地的分类

白兰地按原料的不同可分为以下几种：
（1）葡萄白兰地，即我们通常所说的白兰地；
（2）苹果白兰地；
（3）樱桃白兰地；
（4）李子白兰地。

三、白兰地的特点

白兰地属于蒸馏酒，法国人称它为"生命之水"，在众多的白兰地酒中，法国干邑白兰地品质最佳，被誉为"白兰地之王"。

白兰地的酒度在 40~43 度之间，酒液因为长期在橡木桶中陈酿，呈琥珀色。

白兰地酒酿造工艺精湛，特别讲究陈酿的时间和勾兑的技艺。白兰地的最佳酒龄为 20~40 年，干邑地区厂家贮存在橡木桶中的白兰地，有的长达 40~70 年之久。勾兑师利用不同年限的酒，按世代相传的秘方进行精心调配勾兑，创造出不同品质、不同风格的干邑白兰地。

制造白兰地非常讲究贮存酒的橡木桶，由于橡木桶对酒质影响很大，因此，木材的选用和酒桶的制作要求非常严格。最好的橡木桶来自干邑地区利穆赞（Limousin）和托塞思（Troncais）两地的特产橡木。

四、白兰地的生产工艺流程

白兰地作为一种高尚、典雅的蒸馏酒，生产工艺可谓独到而精湛，特别讲究陈酿时间与勾兑的技艺，其工艺流程如图 3-1 所示。

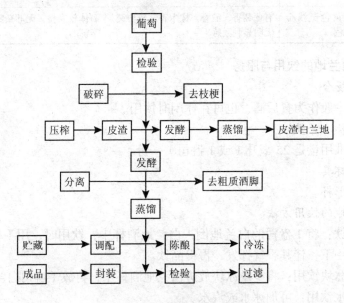

图 3-1 白兰地生产工艺流程

白兰地以葡萄酒为生产原料，因此，在破碎时应防止果仁的破裂，一般大粒葡萄破碎率为 90%，小粒葡萄破碎率为 85% 以上，及时去掉枝梗，立即进入压榨工序。取分离汁入罐（池）发酵，将皮渣统一堆积发酵或有低档白兰地生产时并入低档葡萄原料中一并发酵。一般来说，生产白兰地酒的葡萄酒不适合饮用，因为它又酸又粗糙。大约 10 加仑的葡萄酒只能生产 1 加仑（45.4L）的白兰地酒。

五、白兰地的饮用与服务

（一）白兰地酒质判定

白兰地酒质判定首先要了解白兰地的分级，每个等级白兰地的质量要求差异很大（如表3-1所示）。

表3-1　白兰地酒质分级

级别	色泽	香气	滋味
X.O	赤金黄色	具有优雅的葡萄品种香，陈酿的橡木香，浓郁而醇和的酒香	醇和，甘洌，沁润细腻，悠柔，丰满延续
V.S.O.P	赤金黄色，至金黄色	平原品种香味协调，陈酿的橡木香优雅而持久，醇和的酒香	醇和，甘洌，丰满绵柔，清雅
V.O	金黄色	有葡萄品种香，纯正的橡木香及醇和的酒香，协调完整	醇和，甘洌，酒体完整
V.S	金黄色至浅金黄色	有葡萄香，酒香，橡木香，较协调，无明显刺激感	酒体较完整，无邪杂味，口感略有辛辣

（二）白兰地的饮用与服务

1. 饮用场合

白兰地一般作为餐后酒，也可在休闲时饮用。

2. 饮用标准分量

酒吧标准用量是25毫升（或1盎司）一份。

3. 饮用杯具

大肚球形杯。

4. 白兰地的饮用方法

（1）净饮：将1盎司的白兰地倒入白兰地酒杯中，饮用时，用手心温度将白兰地稍微温一下，让其香气挥发，慢慢品饮。

（2）加冰块饮用：将少量冰块放进白兰地酒杯中，再放1盎司白兰地。

（3）加水饮用：可加冰水或汽水。

5. 饮用的步骤

白兰地品鉴共分三步：

第一步：举杯齐眉，察看白兰地的清度和颜色。好白兰地应该澄清晶亮、有光泽。

第二步：闻白兰地的香气。白兰地的芳香成分是非常复杂的，既有优雅的葡萄品种香，又有浓郁的橡木香，还有在蒸馏过程和贮藏过程获得的酯香和陈酿香。由于人的嗅觉器官特别灵敏，所以当鼻子接近玻璃杯时，就能闻到一股优雅的芳香，这是白兰地的前香。然后轻轻摇动杯子，这时散发出来的是白兰地特有的醇香，好似椴树花、葡萄花、干的葡萄嫩枝、压榨后的葡萄渣、紫罗兰、香草，等等。这种香很细腻，幽雅浓郁，是白兰地的后香。

第三步：入口品尝。白兰地的香味成分很复杂。有乙醇的辛辣味，有单糖的微甜味，有单宁多酚的苦涩味及有机酸成分的微酸味。好白兰地，酸甜苦辣的各种刺激相互协调，相辅相成，一经沾唇，醇美无瑕。舌面上的味蕾，口腔黏膜的感觉，可以鉴定白兰地的质量。品酒者饮一小口白兰地，让它在口腔里扩散回旋，使舌头和口腔广泛地接触、感受它，品尝者可以体察到白兰地的奇妙的酒香、滋味和特性：协调、醇和、甘洌、沁润、细腻、丰满、绵延、纯正，所有的这些，都能让您辨别和享用您所钟情的白兰地。

六、著名品牌

（一）法国白兰地

1. 干邑（Cognac）

产地：干邑源于科涅克地区，又称干邑区。干邑区是法国西南部的一个古镇，位于波尔多稍北的夏郎德河流域，隶属于夏郎德省。在它周围约10万公顷的范围内，无论是天气还是土壤，都最适合良种葡萄的生长。因此，干邑区是法国最著名的葡萄产区，这里所产的葡萄可以酿制出最佳品质的白兰地。

法国政府规定，只有采用干邑区的葡萄酿制的白兰地才能称为"干邑白兰地"。在干邑区，按葡萄的质量分成不同等级的六个种植区。

大香槟区（Grande Champagne），为干邑区中心种植地带。

小香槟区（Petite Champagne），为大香槟区外围。

波尔得里区（Borderies），为香槟边缘区。

芳波亚区（Fin Bois），为优质林区。

邦波亚区（Bon Bois），为优良林区。

波亚奥地那区（Bois Ordinaires），为普通林区。

大香槟区占干邑区红葡萄酒所用葡萄种植面积的12.8%，酒质最优秀。小香槟区占总面积的13.9%，酒质优良，其出产的葡萄可以说是干邑的精华。只有用这两个种植区的葡萄按对半的比例混合后酿制的干邑白兰地，法国政府才给予特别的称号"特优香槟干邑白兰地（Fine Champ Agne Cognac）"，任何酒商都不能随意采用，并受法律保护。到目前为止，人头马的全部产品都冠以此称号。

（1）特点

干邑的酒度一般为43度，特点十分鲜明。酒液呈琥珀色，洁亮有光泽，芳香浓郁，酒体优雅健美，口味精细考究。

（2）工艺

酿造干邑的白玉霓葡萄几乎覆盖了法定种植区90%的种植面积，法定地区以外的地方，也可以通过蒸馏白葡萄酒获得白兰地，但绝不能叫作干邑。

葡萄酒的蒸馏在每年的 12 月份到次年的 3 月底进行，3 月以后，干邑地区的天气就逐渐变暖。为了保证葡萄酒本身的成分，基酒必须在这期间蒸馏完毕。复式蒸馏分为两段：第一段大部分由花香元素构成，酒精度在 27%~30% 之间，就是通常所说的"浊酒"；第二段为"精馏"，酒度为 70%，即新干邑（生产一升新葡萄白兰地需要九升葡萄酒）。然后装入由法国中部森林里出产的橡木制成的新木桶陈酿，橡木（通常都是 100 年以上的）的质量是葡萄白兰地缓慢、自然陈酿的关键。当干邑在库房里陈酿的时候，酒精度和体积会自然挥发，每年为 2%~3%。这一过程去除了干邑中的一些最易挥发、最为刺激的物质，对干邑酒香有益的物质却被保留下来。一年以后，再放进略微陈旧的橡木桶中，让酒液停止从橡木中吸收过多的木质特性，最后再移到一只较陈旧的大号橡木桶中，使酒液在陈旧的橡木桶中陈酿以获取精美的酒液。

经过长年的陈酿之后，勾兑师把不同特性、不同产地、不同酒龄的葡萄白兰地调配在一起，来决定每种干邑的风格，同时也保证了干邑味道、质量的连续性和稳定性。

（3）酒标

法国政府为了保证酒的质量，将干邑酒基本分为三级，用星号多少来表示。

第一级为 V.S，也称三星，酒龄至少两年。

此为轩尼诗（Hennessy）公司于 1811 年首创的表示方法。这种三星白兰地曾经盛行一时，但是由于星的多少，无法代表贮存的年份，当星的个数从 1 颗发展到 5 颗时，就不得不停止加星。到 20 世纪 70 年代时，开始使用字母来分别酒质。例如 E 代表 Especial（特别的），F 代表 Fine（好），O 代表 Old（老的），S 代表 Superior（上好的），P 代表 Pale（淡的），X 代表 Extra（格外的），C 代表 Cognac（干邑）。

第二级都是用法文的大写字母来代表酒质优劣，例如 V.S.O.P 意思是 Very Superior old Pale，酒龄至少四年。

第三级为拿破仑（Napoleon），酒龄至少六年，凡是大于六年酒龄的称 X.O，意思是特醇；凡是大于 20 年的称顶级（Paradis），或者路易十三（Louis XIII）。需要说明的是，以上等级标志仅仅表示每个等级中酒的最低酒龄，至于参与混配酒的最高酒龄，在标志上却是看不出来的。也就是说，一瓶 X.O 级白兰地，用以混配的每种蒸馏葡萄酒精，在橡木桶中贮存期都必须在六年以上，其中存贮年份最长久的，可能是 20 年以上，也可能是 40~50 年，但究竟多少，无法知道，由各厂自行掌握。一瓶酒的年份及价值，除了等级标志，还可以从商标的等级上反映出来，因为只有老牌子的酒才会有存贮年份很久的老龄酒，酒厂要保持自己的牌子，也只有以保持质量来赢得顾客的信任。

（4）名厂名酒

①人头马集团

人头马集团创立于1724年，是著名的老字号干邑白兰地制造商。其产品采用产自大香槟区及小香槟区的上等葡萄酿制而成，并始终严格控制品质，所以被法国政府冠以特别荣誉的名称"特优香槟干邑"。其主要产品有以下品种。

人头马V.S.O.P特优香槟干邑。共经过两次蒸馏，然后放入橡木桶内蕴藏八年以上，以求酒质充分吸收橡木的精华，成为香醇美酒。

人头马极品C.L.U.B特级干邑。是法国政府严格规定之干邑级别的拿破仑，人头马特级在桶内蕴藏超过12年，酒色金黄，通透宜人，这种颜色被称为琥珀色，是最佳干邑的标志。

人头马极品X.O。采用法国的大小香槟区上等葡萄酒酿造并经多年蕴藏，酒味雄劲浓郁，酒质香醇无比。凹凸有致的圆形瓶身，典雅华贵，乃X.O中之极品干邑。

人头马黄金时代。瓶身金光闪耀，瓶颈部分更用24K纯金镶嵌，并有线条细腻的花纹，显出高贵不凡的气派。它秉承了人头马特优香槟干邑的特性，在橡木桶里蕴藏逾40年之久，又经过三代酿酒师的精心酿制，酒质馥郁醇厚，酒香细绵幽长。

人头马路易十三纯品。采用产量最稀少，品质最上乘的顶级名酿，酒质浑然天成，醇美无瑕，芳香扑鼻，达到酿酒艺术的最高境界。因而每年产量稀少，使人头马路易十三更稀罕珍贵。

②轩尼诗（Hennessy）酒厂

轩尼诗酒厂在法国干邑领域中，创建于1765年的轩尼诗酒厂可算是最优秀的一员。该厂的创办人理查·轩尼诗，原是爱尔兰的一位皇室侍卫，当他在20岁时就立志，要在干邑地区发展酿酒事业。经过六代人的努力，轩尼诗干邑的质量不断提高，产量不断上升，已成为干邑地区最大的三家酒厂之一。1870年，该厂首次推出以X.O命名的轩尼诗。主要产品有以下品种。

轩尼诗X.O（HennessyX.O）。轩尼诗X.O始创于1870年，是世上最先以X.O命名的干邑，原是轩尼诗家族款待挚友的私人珍藏。该酒于1872年传入中国，自此深受国人喜爱。

轩尼诗V.S.O.P（HennessyV.S.O.P）。精选酒质醇厚的生命之水，以旧橡木桶长年累月酿制而成的轩尼诗V.S.O.P，特别香醇细腻，具有成熟温厚、优雅高尚的性格，深受饮家喜爱。

③金花（Camus）酒厂

1863年，约翰·柏蒂斯·金花（Jean Baptise Camus）与他的好友在法国干邑地区创办金花酒厂，并应用"伟大的标记"为徽号。金花酒的特点是品质轻淡，而且使用旧的橡木桶贮酒老熟，目的是尽量使橡木桶的颜色和味道渗入酒液中。由此形成的风格，比较别致。主要产品有三星级金花白兰地等。

三星级金花白兰地。产量极少。

V.S.O.P 级干邑。以边缘区所酿的原酒为主。

拿破仑级干邑。其原酒则分别来自大香槟区和小香槟区，然后进行调制而成。

拿破仑特级（Napoleon Extra）。拿破仑特级特地选用另外两个干邑小地区的原酒为主要成分，再精心调制而成。

④马爹利（Martell）公司

1715 年生于英法海峡贾济岛上的尚·马爹利来到法国的干邑，并创办了马爹利公司。马爹利热心地培训酿酒师，并自己从事酒类混合工作。他所酿造的白兰地，具有"稀世罕见之美酒"的美誉。

该公司生产的三星级马爹利和 V.S.O.P 级马爹利，是世界上最受欢迎的白兰地之一，在日本的销量一直处在前三名。该公司在中国推出的名士马爹利、X.O 马爹利和金牌马爹利，均受到了欢迎。

⑤百事吉（Bisquit）酒厂

百事吉酒厂创立于 1819 年，已有 170 余年酿制干邑的经验。百事吉酒厂拥有干邑内最广阔的葡萄园地，是最早具有规模的大蒸馏酒厂，贮存干邑酒所需要的橡木桶全部由自己手工精制，以确保干邑酒的整个酿制工艺中的每一步骤都能一丝不苟地进行，其酒质馥郁醇厚。

该厂特别推出一种名为"百事吉世纪珍藏"（Bisquit Privlege）的珍品。据介绍它的每一滴酒液都经过 100 年以上的酿藏，其中更含有 19 世纪中末期 Phyllox-era 蚜虫出现前的奇珍，经过缜密的调配，酒香馥郁扑鼻，质醇浓，入口似丝绸般的柔顺，余韵绵长，酒精度 41.5%，是完全天然老熟的结果，绝无人工加水稀释的痕迹。

⑥拿破仑（Courvoisier Cognac）酒厂。拿破仑干邑白兰地是法国干邑区名酿，远在 19 世纪初期已深受拿破仑一世欣赏，到 1869 年被指定为拿破仑宫廷御用美酒。由于品质优良，产品广泛销售到世界 160 多个国家，并获得许多奖项。它们的干邑酒瓶上别出心裁地印有拿破仑像投影，也成为大家熟悉的干邑极品标志。

2. 雅文邑（Armagnac）

雅文邑，是在法国波尔多地区东南部裘司（Gers）地方生产的白兰地，它所采用的葡萄品种与干邑酒一样，都为白玉霓（Ugni blanc）和白福儿（Folle blanche）。雅文邑自 1422 年以来就生产出世界上最古老的白兰地酒，不过直到 17 世纪中期才初次出口到荷兰。

（1）特点

雅文邑酒质优秀，虽酒味浓烈，但还是有不少人喜欢它。曾有人这样评价，说干邑是都会型的白兰地，雅文邑是有田园风味的白兰地。

（2）工艺

雅文邑白兰地与干邑白兰地的口味有所不同，主要原因是干邑酒的初次蒸馏和第二蒸馏是分开进行的，而雅文邑则是连续进行的。另外，干邑酒贮存在利暮赞（Limousin）木桶中，而雅文邑则是储藏在黑木桶（Back Oak）酒桶中老熟的。由于雅文邑主要供应内销，出口量较少，因此其知名度就比不上干邑白兰地。

（3）酒标

V.S 或三个星表示勾兑时所用的酒龄最短的白兰地酒至少已陈酿三年。

X.O V.S.O.P 或 reserve 表示勾兑时所用的酒龄最短的白兰地酒至少已陈酿五年。

Extra Napoleon X.O vieillereserve 表示勾兑时所用的酒龄最短的白兰地酒至少已陈酿六年。

Hors d'Age 表示勾兑时所用的酒龄最短的白兰地酒至少已陈酿 10 年。

一般来说，雅文邑酒在木桶中储存的时间越长，它的口感和柔滑度越好。但是如果超过 40 年，酒精和水分蒸发得太多，酒会变得黏稠。

法国政府立法规定，如果雅文邑酒的酒标上注明了好酒酿成的年份，它仅表示该酒蒸馏的年份而不是葡萄收获的年份，生产商还必须注明雅文邑酒从桶中转移到玻璃瓶中的年限。所有的雅文邑酒必须在酒标上注明生产年限，不同品牌的雅文邑酒不得互相混合。为了保证质量，雅文邑酒必须储存 10 年以上才能出售。

3. 名品

①爱德诗话酒厂

法国爱德诗话酒厂创立于 1852 年，是由法国罗兰爱德和夏利诗话两位青年人在波尔多合资设厂而产生的，其后人秉承传统的酿酒方法，产品行销世界。主要品牌为爱得诗话。

②梦特娇酒厂

梦特娇酒厂创立于 300 年前，其创业者是大仲马小说《三剑客》中的主要人物达尔尼安的直系子孙。长期以来，该厂严格保持雅文邑的水准，产品有水晶X.O 级和扁圆磨砂两种，受到饮家喜爱，主要品牌为梦特娇。

（二）其他国家白兰地

1. 西班牙白兰地

（1）特点

西班牙白兰地的质量仅次于法国，居世界第二位。它是用雪利酒蒸馏、橡木桶贮存而成。它的口味与法国干邑和雅文邑大不相同，具有显著的甜味和土壤味。

（2）工艺

由于西班牙盛产不经过发酵的葡萄酒（当地葡萄榨汁后，马上添加白兰地以抑制其发酵），因此需要耗用大量的白兰地。为此它们生产白兰地的酒厂，都是向各地收购用葡萄蒸馏所得的白兰地原酒。

（3）名品

①威廉大帝系列

威廉大帝白兰地口感甘美，气味浓烈芳醇，嚼时柔滑，咽吞时回畅，咽下后齿颊留香；细细尝之，实增加了不少生活乐趣；对喜欢品酒人士，更带来白兰地的新感受。

②亚鲁米兰特（Acmirante）

该品牌含义是提督。亚鲁米兰特由著名的伊比利亚半岛公司生产，该公司还是生产雪利酒的著名公司。亚鲁米兰特白兰地酒最大特点是散发糖果的香气。

③康德·欧士朋白兰地酒（Conde De Osborne）

康德·欧士朋白兰地酒以酿酒公司名命名。该公司创建于1772年，是西班牙著名的雪利酒和白兰地酒酿造公司。该酒无任何添加剂，是优质白兰地酒。

2. 美国白兰地

（1）产地

美国白兰地自1993年起，全都是在加利福尼亚州生产。

（2）工艺

美国白兰地是用当地葡萄酒蒸馏得到的酒精，贮存在50加仑的美国橡木桶中。美国酒法规定该酒的酒龄最少为两到四年，也有多达八年的陈白兰地可供上市。

（3）名品

教徒白兰地（Christian Brother）

3. 秘鲁白兰地

（1）特点

秘鲁生产白兰地的历史相当久远。在当地一般不把这种酒称为白兰地，而叫它 Pisco，是以秘鲁南方的港口名命名的。Pisco 最早是南非洲一个会制作独特酒瓶的种族的名字。这个民族善于制造一些黑色的造型陶器，当地所产的白兰地，大多采用这种陶瓶来盛装，日子一久，大家便称这种酒为 Pisco。尽管现在都用玻璃瓶来包装秘鲁白兰地了，但还是按习惯称之为 Pisco。

（2）工艺

秘鲁生产白兰地是采用 Pisco 港口附近的伊卡尔山谷中栽培的葡萄为原料，经酿成白葡萄酒后，再蒸馏而成。它采用陶罐贮存，不使用橡木酒桶，而且贮存期限很短。

（3）名品

秘鲁酸酒（皮斯科白兰地）。

4. 德国白兰地

（1）特点

德国白兰地的特点是醇美。

（2）工艺

因为德国生产葡萄酒的量较少，因此它除了利用国内生产的少量葡萄酒来蒸馏白兰地外，多数是进口法国葡萄酒后再生产白兰地，同时也用法国的橡木桶来贮存白兰地。

（3）名品

①阿斯巴赫（Asbach）

阿斯巴哈是著名德国白兰地酒品牌。该酒以创始人名命名，由莱茵河畔的卢地斯哈姆村酒厂生产。该酒在德国国内评比，获得德国金奖。

②葛罗特（Goethe）牌白兰地酒

葛罗特以酿酒公司名命名，该酒由汉堡市葛罗特酿酒公司生产，特点是具有甘甜醇厚的味道，其中 X.O 特别陈酿以贮存 6 年以上的陈酒混合而成。

③玛丽亚克郎（Mariacorn）牌白兰地酒。玛丽亚克郎起源于玛丽亚克郎修道院，后来在莱茵河畔酒厂生产。特点是口感柔和并且有德国白兰地酒的品质保证书。

5. 希腊白兰地

（1）特点

希腊白兰地味清美而甜润，用焦糖着色，因此酒色较深。

（2）工艺

希腊与葡萄牙、西班牙一样也生产强化葡萄酒，工艺上采用葡萄酒精（即白兰地）抑制葡萄汁发酵，从而使酒中保留糖分的方法，事实上，所加入的白兰地其质量很高。

（3）名品

Metaxa。Metaxa 的标贴上还有一个特别之处，那就是它用七颗五角星来表示陈年久远。

（三）水果白兰地

除葡萄可用来制成白兰地外，其他水果如李子、梅子、樱桃、草莓、橘子等，经过发酵，也可制成各种白兰地。

1. 苹果白兰地

（1）产地

生产苹果白兰地的主要国家是美国和法国。在美国称为 Apple Jack，在法国称为 Calvados，Calvados 是法国诺曼底的一个镇，此酒名即由镇名而来。

（2）特点

美、法两国苹果白兰地的区别是：

①贮存年份和酒精度不同，法国产品酒龄 10 年，美国产品桶贮 5 年。

②瓶装时美国酒精度为 100 proof，法国是 90 proof。苹果白兰地的酒色由木桶得到，并有着明显的苹果味。

2. 樱桃白兰地

（1）产地

前南斯拉夫及北欧一些国家。

（2）工艺

樱桃白兰地采用前南斯拉夫"杜马泰"区的樱桃酿制。它精选品质成熟、色泽深厚的樱桃，经破碎、压榨、发酵，再加以蒸馏，从而制成可以净饮或者加冰后再饮的樱桃白兰地。此外，北欧一些国家也采用樱桃作为制酒的原料。其工艺为将樱桃果实及种子搅烂进行发酵酿酒，再经过蒸馏成为樱桃白兰地。

（3）特点

樱桃白兰地的酒精度一般在 25%~32% 范围内。丹麦的哥本哈根有一家名为希林克的酒厂，创业于 1818 年，是该国制造樱桃白兰地的鼻祖。该厂有一樱桃园，距离哥本哈根约 80 公里，园内种植樱桃树 13 万株，每年 8 月采收时，大量成熟樱桃果实被运进酒厂，所生产的樱桃白兰地名称叫"樱桃希林克"，向世界市场大量输出，香味独特，酒精度为 32%。

第三节　威士忌

威士忌（Whisky、Whiskey），是一种由大麦等谷物酿制，在橡木桶中陈酿多年后，调配成 43 度左右的烈性蒸馏酒。

一、威士忌的起源

中世纪时，人们偶然发现在炼金用的坩埚（熔炉）中放入某种发酵液会产生酒精度强烈的液体，这便是人类初次获得蒸馏酒的经验。炼金术师把这种酒用拉丁语称作 Aquavitae（生命之水）。之后，"生命之水"的制作方法传到爱尔兰，爱尔兰人把当地的啤酒蒸馏后，产生了强烈的威士忌酒。于是他们把出产的"生命之水"用自己的语言直接译为 Visge–beatha，这样威士忌（Whisky）便诞生了。后来爱尔兰人将威士忌的生产技术带到苏格兰。为逃避国家对威士忌酒生产和销售的税收，便躲进苏格兰高地继续酿造。在那里，他们发现了优质的水和原料。此后，威士忌酒的酿造技术在苏格兰得到发扬光大。

二、威士忌的产地

威士忌主要生产国大多是英语国家，如：英国的苏格兰，爱尔兰以及美国和加拿大。英国的苏格兰是世界上威士忌最著名的产地。

三、威士忌的特点

威士忌的酒度在 40 度以上，酒体呈浅棕红，气味焦香。

由于威士忌在生产过程中的原料品种和数量的比例不同，麦芽生长的程序、烘烤麦芽的方法、蒸馏的方式、贮存用的橡木桶、贮存年限和勾兑技巧等的不同，它所具有的风味特点也不尽相同。

四、威士忌品评

威士忌是一种值得细细品尝的酒。

第一步是看颜色。从浅金黄色到深棕黄色，每一种威士忌都有不同的色泽，威士忌的色泽是在其成熟过程中产生的。威士忌贮藏在不同的酒桶，如旧的贮藏过波旁、雪利、波特、马德拉等葡萄酒的酒桶和橡木桶中缓慢成熟时，酒桶中已有的色泽会慢慢地传递到威士忌中，形成不同的颜色。

第二步闻香气。先倒一点威士忌在玻璃杯中，用手把玻璃杯盖住一会，然后轻轻地移开手并旋荡杯中的威士忌，使其他的芳香也都释放出来。

第三步是尝味道。慢慢地饮一口威士忌，用舌头把它在嘴里回荡一圈，威士忌的香味会溢满整个口腔，口腔中的不同部位会感觉到不同味道。

五、威士忌的饮用与服务

饮用威士忌的时候，注意威士忌味道的变化，即"终感"（Finish）。一些威士忌有较显著的余香，且变化无穷。

1. 饮用杯具

古典杯或专用威士忌酒杯。

2. 饮用标准分量

40ml/ 份。

3. 饮用方法

（1）纯饮

将威士忌直接倒入酒杯，静静感受琥珀色的液体滑过身体，芳香瞬间弥漫。

（2）加水

加水堪称是全世界最"普及"的威士忌饮用方式，即使在苏格兰，加水饮用仍大行其道。许多人认为加水会破坏威士忌的原味，其实加适量的水并不至于让威士忌失去原味，相反地，此举可能让酒精味变淡，引出威士忌潜藏的香气。

依据学理而论，将威士忌加水稀释到 20% 的酒精度，是最能表现出威士忌所有香气的最佳状态。不过加水的主要目的是降低酒精对嗅觉的过度刺激，然而酒精对嗅觉的刺激度，并非单单取决于酒精浓度。就威士忌而言，同样的酒精浓度，低年份比较高年份有更强的刺激性，因此要达到最佳释放香气的状态，低年份威士忌所需稀释用水的量，便会高于高年份威士忌，一般而言，1:1 比例，最适用于 12 年威士忌，低于 12 年，水量要增加，高于 12 年，水量要减少，如果是高于 25 年的威士忌，建议是加一点水，甚或是不需要加水。

（3）加冰

此种饮法又称 on the rock，主要是给想降低酒精刺激，又不想稀释威士忌的酒客们的另一种选择。然而，威士忌加冰块虽能抑制酒精味，但也连带因降温而让部分香气闭锁，难以品尝出威士忌原有的风味特色。

（4）加汽水

以烈酒为基酒，再加上汽水的调酒称为 Highball，以 Whisky Highball 来说，加可乐是最受欢迎的喝法，不过综合比较下来，以加上可乐所呈现的口感而言，美国的玉米威士忌普遍优于麦芽威士忌及谷类威士忌，因此 Highball 喝法中，加可乐普遍用于美国威士忌，至于其他种类威士忌，大多是用姜汁汽水等其他的苏打水调制。

（5）加绿茶

日本人发明水割，中国人则发展出"加绿茶"的创新饮法，"威士忌加绿茶"已风行全中国，且特别受到年轻族群爱戴。

（6）苏格兰传统热饮法

在寒冷的苏格兰，有一名为 Hot Toddy 的传统威士忌酒谱，它不但可祛寒，还可治愈小感冒。Hot Toddy 的调制法相当多样，主流调配法多以苏格兰威士忌为基酒，调入柠檬汁、蜂蜜，再依各人需求与喜好加入红糖、肉桂，最后加上热水，即成又御寒又好喝的调酒。

六、名品

（一）苏格兰威士忌

1. 苏格兰威士忌的产区

苏格兰威士忌是最负盛名的世界名酒，在苏格兰有著名的四大产区。

（1）高地（Highland）

自苏格兰东北部的敦提市（Dunee）起至西南的格里诺克市（Greenock），把这两点连成一条线，在该线的西北称为苏格兰高地。苏格兰高地有近百家纯麦威士忌酒厂，占全苏格兰酒厂总数的 70% 以上，是苏格兰最著名的，也是最大的威士忌酒生产区。该地区生产不同风味的威士忌酒。高地西部有几个分散的制酒厂，所生产的威士忌酒圆润、干爽，还有泥炭的香气而且各具特色；北部生产的威士忌酒带有当地泥土的香气；中部和东部生产的威士忌酒带有水果香气。目前，高地政府没有把各区划分级别，但是人们习惯把中北部的斯波塞德地区（Speysides）认定为最优秀地区。

（2）低地（Lowland）

苏格兰低地在高地的南方，约有10家纯麦威士忌酒厂，是苏格兰第二著名威士忌酒生产区。该地区除了生产纯麦威士忌酒外，还生产混合威士忌酒。这片土地生产的威士忌酒不像高地威士忌酒那样受泥炭、海岸盐水和海革的混合作用，相反，具有本地轻柔的风格。

（3）康贝尔镇（Campbel Town）

康贝尔镇在苏格兰的最南部，位于木尔·肯泰尔半岛（Mull of Kintyre）。该地区是苏格兰传统的威士忌酒生产地，不仅带有清淡的泥炭熏烤风味，还带有少量的海盐风味。目前该地区共有三个酒厂。它们生产的威士忌酒都有独特风味。其中斯波兰邦克酒厂（Springbank）生产两种不同风味的纯麦威士忌酒。

（4）艾莱岛（Islay）

艾莱岛位于苏格兰西南部的大西洋中，风景秀丽，全长25公里。该地区经常受来自赫伯里兹地区（Hebrides）的风、雨及内海气候影响，土地深处还存有大量泥炭。该地区还受海草和石炭酸的影响，因此艾莱岛威士忌酒有独特的味道和香气。艾莱岛混合威士忌酒很著名。

2. 苏格兰威士忌分类

苏格兰威士忌有几千个品种，按照原料的不同和酿造方法的区别，它们可以分为三大类：

（1）纯麦威士忌（Straigilt malt whisky）；

（2）谷类威士忌（Grain whisky）；

（3）兑和威士忌（Blended Scoth Whisky）。

3. 苏格兰威士忌的特点

苏格兰威士忌与其他国家威士忌相比，具有独特的风格。它色泽棕黄带红（酷似中国一些黄酒），给人以浓厚的苏格兰乡土气息的感觉，口感甘洌、醇厚、圆正、绵柔。衡量苏格兰威士忌的主要标准是嗅觉感受，即酒香气味。会喝苏格兰威士忌的人，首先品评的就是酒香。

4. 苏格兰威士忌工艺流程

（1）纯麦威士忌

纯麦威士忌是只用大麦作为原料的威士忌，一般要经过两次蒸馏。蒸馏所获得酒液，酒精含量达65%，然后注入特制的橡木桶里进行陈酿，成熟后装瓶时勾兑至 40~43 度。陈酿五年以上的纯麦威士忌就可以饮用。陈酿七至八年者为成品酒，陈酿 20 年者为最优质成品酒。贮陈 20 年以上的老陈威士忌，酒质反而会下降。但装瓶陈酿，酒质可保持不变。

（2）谷物威士忌

谷物威士忌是采用多种谷物为原料的威士忌，比如燕麦、黑麦、大麦、小麦、玉米等。谷物威士忌只需一次蒸馏，主要用于勾兑其他威士忌和金酒。

（3）兑和威士忌

兑和威士忌是指用纯麦和谷物威士忌勾兑后，在木桶贮存而成的混合威士忌。根据纯麦威士忌和谷类威士忌比例的多少，兑和后的混合威士忌有普通和高级之分。一般来说，纯麦威士忌用量在 50%~80% 者为高级兑和威士忌；如果谷类威士忌所占比重大，即为普通混合威士忌。兑和威士忌在世界上的销售品种最多，是苏格兰威士忌的精华所在。

5. 名品

（1）白马威士忌（White Horse）

白马威士忌由著名威士忌制造商 J. L. Mackie 公司生产。白马威士忌由大约 40 种单纯威士忌调配酿成。白马之名，则来自苏格兰爱丁堡一间著名的古朴旅馆。在各种品牌威士忌中，白马威士忌乡土气息最浓厚，是嗅觉和味觉的最大享受。白马威士忌风行日本，价格便宜，在世界很多市场甚受欢迎。

（2）皇家礼炮 21 年

"皇家礼炮 21 年"苏格兰威士忌是于 1953 年为向英国女皇伊丽莎白二世加冕典礼致意而创制的，其名字来源于向到访皇室成员鸣礼炮 21 响的风俗。皇家礼炮在橡木桶中至少醇化 21 年。

（3）百龄（Ballantine's）

百龄威士忌酒以酿酒公司名命名。该公司创建于 1925 年，由乔治·百龄创建。该酒深受欧洲和日本欢迎。酒精度 43 度，有 17 年和 30 年熟化期两个品种。

（4）金铃（Bell's）

金铃威士忌酒以酿酒公司命名。该公司建于 1825 年。苏格兰人把这种酒作为喜庆日子和出远门必带之酒。金铃牌威士忌通常为 43 度，分为陈酒（Old）、陈酿（Fint Old）、佳酿（Extra）、特酿（Special）和珍品（Rare）等品种。

（5）珍宝（J&B）

珍宝威士忌酒以公司创始人和后来接管公司人名称的第一个字母组成。该产品在世界上 100 多个国家畅销，有不同口味和不同熟化期的酒，酒精度 43 度。

（6）高地女王（Highland Queen）

高地女王威士忌酒由马克德奈德缪尔公司生产，该公司创建于 1893 年。该酒以 16 世纪苏格兰高地女王命名，酒精度 43 度，有 15 年和 21 年等品种。

（7）格兰菲迪（Glenfiddich）

格兰菲迪牌威士忌酒由苏格兰高地斯佩塞特酒厂生产，该酒品牌含义为"鹿之谷"。该酒采用传统配方和工艺。酒精度43度，有15年和21年等品种。

（8）詹姆士·马丁（James Martin's）

詹姆士·马丁威士忌酒以酿酒公司创始人名命名。该产品酒精度43度，有17年特酿（Special）、佳酿（Fine）和珍品（Rare）等品种。

（9）强尼沃克（Johnnie）

强尼沃克威士忌酒以酿酒公司创始人命名。该酒43度，有红牌（Red Label）、黑牌（Black Label）、金牌（Gold Label）等品种。

（10）族长的选择（Chieftain's Choice）

苏格兰高地族对族长的称呼为Chieftain。由于这种威士忌酒是生产商自己选择的配方，因此被命名为"族长的选择"。该酒以高地和低地麦芽为主要原料。有熟化期12年、18年等品种。酒精度分别为43度、55度和61度等。

（11）老牌（Old Parr）

老牌威士忌酒以休罗布夏州的100岁以上老农"汤玛斯帕尔"命名，酒精度43度，有12年佳酿（Superior）等品种。

（12）先生（Teacher's）

先生威士忌酒以酿酒公司名及该酒创始人名命名。酒精度43度，有浓郁的麦香。

（二）爱尔兰威士忌（Irish whiskey）

1. 爱尔兰威士忌起源

世界最早的威士忌生产者是爱尔兰人，距今已有700多年的历史，尽管还存在着一些争议，有一些专家和权威人士认为苏格兰是威士忌的鼻祖。爱尔兰人有很强的民族独立性，就连威士忌英文写法与苏格兰威士忌英文写法也都不尽相同。如果你注意威士忌的标签，会发现Whiskey和Whisky，一个有"e"，一个无"e"，在苏格兰酿造的威士忌标签上无"e"字母，而在爱尔兰酿造的威士忌标签上有"e"字母（有些美国酿造的威士忌也有"e"）。

2. 爱尔兰威士忌的特点

爱尔兰威士忌的风格和苏格兰威士忌比较接近。最明显的区别是爱尔兰威士忌没有烟熏的焦香味，口味比较绵柔长润。爱尔兰威士忌比较适合制作混合酒和与其他饮料掺兑共饮（如爱尔兰咖啡Itish Coffee）。

3. 爱尔兰威士忌的工艺流程

爱尔兰威士忌的原料主要有大麦、燕麦、小麦和黑麦等，大麦占80%左右，爱尔兰威士忌经过三次蒸馏，然后装入木桶老熟陈酿，一般陈酿8~15年上下。装瓶时，还要进行兑和与掺水稀释至酒度为43度左右。

4. 名品

（1）布什米尔（Bushmills）

布什米尔牌威士忌酒以酒厂名命名，以精选大麦制成，生产工艺较复杂，有独特的香味，酒精度 43 度。

（2）詹姆士（Jameson）

詹姆士牌威士忌酒以酒厂名命名，是爱尔兰威士忌酒的代表。詹姆士（Jameson）12 年威士忌口感十足，是极受欢迎的威士忌。

（3）米德尔敦（Midleton）

米德尔敦牌威士忌酒以独特的爱尔兰威士忌酒工艺制成。酒液呈浅褐色，酒精度 40 度，在发芽大麦中混合未发芽的大麦为原料，没有泥炭气味，口味甘醇、柔细，在爱尔兰限量生产以保证质量。

（4）达拉摩尔都（Tullamore Dew）

达拉摩尔都酒起名于酒厂名，酒精度为 43 度。酒瓶标签上描绘的狗代表牧羊犬，是爱尔兰的象征。

（三）加拿大威士忌（Canadian whiskey）

1. 加拿大威士忌的特点

加拿大威士忌的酒液大多呈棕黄色，酒香清芬，口感轻快、爽适，酒体丰满而优美。

加拿大威士忌在国外比在国内更有名气，它的原料构成受国家法律制约，一律只准用谷物，占比例最大的谷物是玉米和黑麦。

2. 加拿大威士忌的工艺

加拿大威士忌酿造工艺与其他威士忌基本相同，采用两次蒸馏，橡木桶陈酿，可分为 4 年、6 年、8 年、10 年陈酿期。出售前，要进行勾兑和掺和，技师同时使用嗅觉和味觉来测定合适的剂量。

3. 名品

（1）亚伯达（Alberte）

亚伯达牌威士忌酒以酒厂名命名，是著名稞麦威士忌酒。酒精度 40 度，又可分为"泉水"和"优质"两个著名品种。

（2）加拿大 O.F.C.（Canadian O.F.C.）

加拿大 O.F.C. 牌威士忌酒由魁北克省的瓦列非尔德公司生产，以白兰地酒木桶贮存威士忌酒的方式制成。该酒有着香浓、轻柔的口味。O.F.C. 是 Old French Canadian 的缩写形式，该商标中文含义是"集传统法国风味与加拿大风味于一体"。

（3）皇冠（Crown Royal）

皇冠牌威士忌酒是加拿大威士忌酒超级品，以酒厂名命名。1936 年，英国国王乔治六世在访问加拿大时饮用过这种酒，因此得名。

（4）施格兰 V.O.（Seagram's V.O.）

施格兰 V.O. 牌威士忌酒以酒厂名命名。施格兰原为一个家族，这个家族热心于制作威士忌酒，后来成立酒厂并以施格兰命名。该酒以稞麦和玉米为原料，熟化 6 年以上，经勾兑而成，口味清淡。

（四）美国威士忌（American Whiskey）

1. 美国威士忌产地

美国是世界上最大的威士忌生产国和消费国，据统计每个成年美国人平均每年要消耗 16 瓶威士忌。美国威士忌的主要生产地在美国肯塔基州的波旁地区，所以美国威士忌也被称为波旁威士忌。

2. 美国威士忌分类

（1）波旁威士忌酒（Bourbon Whiskey）

波旁威士忌以玉米为主要原料（占 51%~80%），配以大麦芽和稞麦，经蒸馏后，在焦黑橡木桶中熟化两年以上。酒液呈褐色，有明显焦黑木桶香味。传统上，波旁威士忌必须在肯塔基州（Kentucky）生产。

（2）玉米威士忌酒（Corn Whiskey）

玉米威士忌以玉米为主要原料（占 80% 以上），配以少量大麦芽和稞麦，蒸馏后存入橡木桶，熟化期可根据需要而定。

（3）纯麦威士忌（Malt Whiskey）

纯麦威士忌以大麦为主要原料（大麦芽占原料的 51% 以上），配以其他谷物，蒸馏后在焦黑橡木桶里熟化两年以上。

（4）黑麦威士忌（Rey Whiskey）

黑麦威士忌以黑麦为主要原料（占 51% 以上），配以大麦芽和玉米，经蒸馏后在焦黑橡木桶中熟化两年以上。

（5）混合威士忌（Blended Whiskey）

混合威士忌以玉米威士忌酒加少量大麦威士忌酒勾兑。

3. 美国威士忌特点

美国威士忌的主要特点是酒液呈棕红色微带黄，清澈透亮，酒香优雅，口感醇厚、绵柔，回味悠长，酒体强健壮实。

4. 名品

（1）古安逊物（Ancient Age）

古安逊物牌威士忌酒以酒厂名命名。该酒厂位于肯塔基州的肯塔基河旁，使用肯塔基优质水源，因此酒味平稳、顺畅。古安逊物牌威士忌酒酒标签突出两个"A"字母，非常醒目。

（2）波旁豪华（Bourbon Deluxe）

波旁豪华牌威士忌酒由得克萨斯州艾普斯泰酒厂出品。波旁的含义是肯塔基州波旁地区。酿酒原料中，玉米含量很高，口味圆润、丰富。

（3）四玫瑰（Four Roses）

四玫瑰牌威士忌酒以酒厂名命名。该酒采用肯塔基州谷物酿制，并在焦黑橡木桶中熟化六年。

（4）乔治·华盛顿（George Washington）

乔治·华盛顿牌威士忌酒由肯塔基州生产，以人名命名。乔治·华盛顿是美国第一任总统。该酒的酒味和香气都属于标准波旁威士忌产品。

（5）怀德·塔基（Wild Turkey）

怀德·塔基牌威士忌酒以酿酒公司命名。该公司创建于 1855 年，位于肯塔基河旁。怀德·塔基牌威士忌酒是波旁威士忌的代表酒。它精选当地原料，以肯塔基河水酿造，经过连续蒸馏方式生产，使用烧焦的橡木桶熟化八年，是著名美国波旁威士忌酒。

第四节　其他蒸馏酒

一、金酒（Gin）

（一）金酒的起源

金酒又称琴酒、毡酒、杜松子酒，是一种以谷物原料为主的蒸馏酒。

金酒是在 1660 年，由荷兰的莱顿大学（University of Leyden）一名叫西尔维斯（Doctor Sylvius）的教授研制成功的。最初制造这种酒是为了帮助在东印度地域活动的荷兰商人、海员和移民预防热带疟疾病，以后这种用杜松子果浸于酒精中制成的杜松子酒逐渐被人们接受为一种新的饮料。据说，1689 年流亡荷兰的威廉三世回到英国继承王位，于是杜松子酒随之传入英国。

（二）金酒的分类

1. 英式金酒

英式金酒又称干金酒，是用玉米、大麦芽和其他谷物搅碎、加热、发酵、蒸馏二次而得。英国金酒无色透明，气味清香，口感醇美爽适。既可纯饮，又可作为鸡尾酒的基酒。常见的品牌有哥顿金酒、必富达金酒等。

2. 荷兰金酒

荷式金酒产于荷兰，主要的产区集中在斯希丹（Schiedam）一带，是荷兰人的国酒。

荷式金酒被称为杜松子酒（Geneva），是以大麦芽与稞麦等为主要原料，配以杜松子酶为调香材料，经发酵后蒸馏三次获得的谷物原酒，然后加入杜松子香料再蒸馏，最后将精馏而得的酒，贮存于玻璃槽中待其成熟，包装时再稀释装瓶。荷式金酒色泽透明清亮，酒香味突出，香料味浓重，辣中带甜，风格独特。无论是纯饮或加冰都很爽口，酒度为 52 度左右。因香味过重，荷式金酒只适于纯饮，不宜作混合酒的基酒，否则会破坏配料的平衡香味。

荷式金酒在装瓶前不可贮存过久，以免杜松子氧化而使味道变苦。而装瓶后则可以长时间保存而不降低质量。荷式金酒常装在长形陶瓷瓶中出售。新酒叫 Jonge，陈酒叫 Oulde，老陈酒叫 Zeetoulde。比较著名的酒牌有：亨克斯（Henkes）、波尔斯（Bols）、波克马（Bokma）、邦斯马（Bomsma）、哈瑟坎坡（Hasekamp）。

荷式金酒的饮法也比较多，在东印度群岛流行在饮用前用苦精（Bitter）洗杯，然后注入荷兰金酒，大口快饮，痛快淋漓，具有开胃之功效，饮后再饮一杯冰水，更是美不胜言。荷式金酒加冰块、再配以一片柠檬，就是世界名饮干马天尼（Dry Martini）的最好代用品。

荷式金酒是以大麦芽与稞麦等为主要原料，配以杜松子为调香材料，经发酵后蒸馏获得谷物原酒，然后就加入杜松子香料再次蒸馏而得的酒。贮存于玻璃槽中成熟，包装时再稀释装瓶。荷兰金酒色泽透明清亮、香料味浓，辣中带甜，风格独特。

3. 美国金酒

美国金酒为淡金黄色，因为与其他金酒相比，它要在橡木桶中陈年一段时间。美国金酒主要有蒸馏金酒（Distiled gin）和混合金酒（Mixed gin）两大类。通常情况下，美国的蒸馏金酒在瓶底部有 "D" 字，这是美国蒸馏金酒的特殊标志。混合金酒是用食用酒精和杜松子简单混合而成的，很少用于单饮，多用于调制鸡尾酒。

4. 果味金酒

果味金酒是在干金酒中加入了成熟的水果和香料，比如：柑橘金酒、柠檬金酒、姜汁金酒等。

金酒按口味风格可分为辣味金酒（干金酒）、老汤姆金酒（加甜金酒），荷兰金酒和果味金酒（芳香金酒）四种。辣味金酒质地较淡、清凉爽口，略带辣味，酒度约在 80~94 proof 之间，老汤姆金酒是在辣味金酒中加入 2% 的糖分，使其带有怡人的甜辣味；荷兰金酒除了具有浓烈的杜松子气味外，还具有麦芽的芬芳，酒度通常在 100~110 proof 之间；果味金酒是在干金酒中加入了成熟的水果和香料，如柑橘金酒、柠檬金酒、姜汁金酒等。

（三）金酒的特点

金酒酒液无色透明，气味奇异清香，口感醇美爽适，既可单饮，也可与其他酒混合配制或做鸡尾酒的基酒。故有人称金酒为鸡尾酒的心脏。

荷式金酒色泽透明、清亮，酒香和调香料香气突出，风格独特，个性鲜明，微甜；酒精含量 50 度左右，不宜做混合酒，因为它有浓郁的松子香、麦芽香味会淹没其他的味道。

英式金酒和荷式金酒有明显的区别，前者口味甘洌，后者口味甜浓，所以英式金酒又叫干金酒。

（四）金酒的生产工艺

荷式金酒是荷兰人的国酒。荷式金酒主要集中在荷兰的阿姆斯特丹和斯希丹两个城市生产。荷式金酒的原料有大麦、黑麦、玉米、杜松子和其他香料（胡荽、白芷、甘草、豆蔻、橙皮、苦杏仁等）。荷式金酒制作的主要过程是先提炼谷物蒸馏原酒，再加入杜松子进行蒸馏，掐头去尾，便得到金酒。金酒无须陈年即可饮用。

金酒在荷兰面世，但却在英国发扬光大。英国金酒的生产主要集中在伦敦。英国金酒生产过程较为简单，用食用酒精和杜松子以及其他香料共同蒸馏而得到"干"金酒，酒精含量高达 45 度到 47 度。由于干金酒酒液无色透明、清澈带有光泽，气味奇异清香，口感醇美爽适，既可净饮，又可与其他酒混合配制或做鸡尾酒的基酒，因此很受饮者的欢迎。世界上以干金酒做基酒的鸡尾酒有数百种之多，故有人称干金酒为鸡尾酒的心脏。

（五）金酒的饮用与服务

1. 兑饮

英国干金酒不作为纯饮用，可兑汤力水（TONIC WATER）再加上柠檬片，即成为著名的"金汤力"。服务时，要用水杯或直身平底杯。

2. 净饮

荷兰金酒主要用于纯饮，可适当冰镇，作为餐前或餐后酒饮用。服务时用利口酒杯盛酒。（荷兰金酒不纯饮时，仍可兑汤力水，并加入冰块和柠檬片饮用。）

3. 加冰

将冰块放入杯中，加入金酒。

（六）名品

1. 英王卫兵牌金酒（Beefeater）

英王卫兵牌金酒产于英国杰姆斯巴沃公司。该酒以爽快和锐利的口味而著名，酒精度 47 度，是典型的伦敦干金酒。

2. 波尔斯牌金酒（Bols）

波尔斯牌金酒由荷兰波尔斯罗依亚尔、迪斯河拉利兹公司生产。波尔斯牌金酒是典型的荷兰金酒。酒精度有 35 度和 37 度等品种。

3. 巴内特牌金酒（Burnett's）

巴内特牌金酒产于英国，以酒厂名命名，具有辛辣、爽快特点，伦敦干金酒型。酒精度有 40 度和 47 度两个品种。

4. 哥顿牌金酒（Gordon's）

哥顿牌金酒产于英国，以酒厂名命名，是著名的伦敦干金酒。酒精度47度。

5. 老汤姆牌金酒（Old Tom）

老汤姆牌金酒香甜易饮，酒精度40度。加拿大亚库提克公司生产。

6. 伊丽莎白女王牌金酒（Queen Elizabeth）

伊丽莎白女王牌金酒产于英国，起名于16世纪英国女王伊丽莎白一世。酒精度47度，是伦敦干金酒。

二、伏特加（Vodka）

（一）伏特加的起源

世界上有很多国家生产伏特加，如美国、波兰、丹麦等，但以俄罗斯生产的伏特加质量最好。伏特加名字源于俄语中的"Водка"一词，意为"水酒"。其英语名字为Vodka，即俄得克，所以伏特加又被称作俄得克酒。

伏特加的起源可追溯到12世纪，当时沙皇帝国时代曾生产一种稞麦酿制的蒸馏酒，并成为俄国人的"生命之水"，一般认为它就是现今伏特加的雏形。

19世纪40年代，伏特加成为西欧国家流行的饮品。后来伏特加的技术被带到美国，随着伏特加在鸡尾酒中的广泛运用，在美国逐渐盛行。

（二）伏特加的分类

根据原料和酿造方法不同，伏特加可分为中性伏特加、加味伏特加。

1. 中性伏特加

中性伏特加为无色液体，除酒精味外，无任何其他气味，是伏特加酒中最主要的产品。

2. 加味伏特加

加味伏特加指在橡木桶中贮藏或浸泡过药草、水果（如柠檬）等，以增加芳香和颜色的伏特加。

（三）伏特加的生产工艺

虽然现在大部分伏特加都是采用谷物（特别是大麦、小麦和黑麦）酿造而成，但是实际上，伏特加在酿造原料上并没有任何特殊的要求，所有能够进行发酵的原料都可以用来酿造伏特加，当然包括葡萄和马铃薯。

伏特加的传统酿造法是首先以马铃薯或玉米、大麦、黑麦为原料，用精馏法蒸馏出酒度高达96%的酒精液，再使酒精液流经盛有大量木炭的容器，以吸附酒液中的杂质（每10升蒸馏液用1.5千克木炭连续过滤不得少于8小时，40小时后至少要换掉10%的木炭），最后用蒸馏水稀释至酒度40%~50%，除去酒精中所含毒素和其他异物的一种纯净的高酒精浓度的饮料。

伏特加酒不用陈酿即可出售、饮用，也有少量的如香型伏特加在稀释后还要经串香程序，使其具有芳香味道。伏特加与金酒一样都是以谷物为原料的高酒精度的烈性饮料，并且不需贮陈。

（四）伏特加的特点

大多数伏特加酒液透明、晶莹而清亮，无香味，品味凶烈，劲大而冲鼻。

（五）伏特加的饮用与服务

1. 净饮（纯饮）

纯饮伏特加时可用利口酒杯。

2. 冰镇

原始的"冷冻伏特加"（neatvodka），冰镇后的伏特加略显黏稠，入口后酒液蔓延，如葡萄酒似白兰地，口感醇厚，入腹则顿觉热流遍布全身，如同时有鱼子酱、烤肠、咸鱼、野菇等佐餐，更是一种绝美享受。冷冻伏特加酒通常小杯盛放，一般是不能细斟慢饮的，喝就喝个杯底朝天，颇像咱山东汉子的豪饮。

3. 兑饮

兑饮伏特加，即伏特加酒加浓缩果汁或兑其他软饮料或低度酒混合而成，长杯盛放，慢慢品味。

（六）名品

1. 斯托丽那亚牌伏特加酒（Stolichnaya）

由俄罗斯莫斯科水晶蒸馏厂制造。斯托丽那亚在俄文中表示"首都"。酒精度40度，红色商标斯托丽那亚牌伏特加酒口感绵软、香味清淡，冰镇后配鱼子酱口感最佳。黑色商标斯托丽那亚牌伏特加酒是特制伏特加酒。

2. 莫斯科伏斯卡亚牌伏特加酒（Moskovskaya）

莫斯科伏斯卡亚牌伏特加酒酒精度40度，以100%谷物为原料，是经过活性炭过滤的精馏伏特加酒。

3. 克莱波克亚牌伏特加酒（Krepkaya）

克莱波克亚牌伏特加酒酒精度高，俄罗斯生产，是含有56%乙醇的伏特加酒。

4. 奇博罗加牌伏特加酒（Zubrowka）

奇博罗加牌伏特加酒带有奇博罗加香草（Zobrowke grass）的香气，酒精度50度，浅绿色，甜味，瓶中常放有两株奇博罗加香草。

5. 斯米尔诺夫牌伏特加酒（Smirnoff）

斯米尔诺夫牌伏特加酒1815年开始生产，是俄国皇室用酒，目前由美国休布仑公司生产，成为世界知名伏特加品牌。酒精度45度，味道清爽，以100%玉米为原料。

6. 绝对牌伏特加酒（Absolut）

绝对牌伏特加酒产于瑞典。1895年开始生产，以100%当地小麦为原料，使用连续发酵工艺。该酒纯洁无瑕，充满芳香。绝对牌伏特加酒成为美国最热销的伏特加酒之一。

7.芬兰迪亚牌伏特加酒（Finlandia）

芬兰迪亚牌伏特加酒由芬兰生产，以小麦为主原料，口味清淡，酒精度40度。

三、朗姆酒（Rum）

朗姆酒是世界上消费量最大的酒品之一，是以甘蔗糖蜜为原料生产的一种蒸馏酒，也称为糖酒、兰姆酒、蓝姆酒。原产地在古巴，其他主要产地有：牙买加、马提尼克岛、特里尼达和多巴哥、海地、多米尼加、波多黎各、圭亚那等加勒比海国家和地区。

（一）朗姆酒概述

17世纪初，西印度群岛的欧洲移民开始以甘蔗为原料制造一种廉价的烈性酒，作为兴奋剂和万能药食用。这种酒是现今朗姆酒的雏形。"朗姆"一词来自最早称呼这种酒的名称"Rumbullion"，表示兴奋之意。到了18世纪，随着世界航海技术的进步以及欧洲各国殖民地政府的推进，朗姆酒的生产开始在世界各地兴起。由于朗姆酒具有提高水果类饮品味道的功能，因而成为调制混合酒的重要基酒。

（二）朗姆酒的生产工艺

朗姆酒是以甘蔗汁、甘蔗糖浆（更多的是以糖渣、泡渣或其他蔗糖副产品）为原料，经发酵、蒸馏，在橡木桶中陈酿而成的酒。因此，朗姆酒实质上是糖业的副产品。

（三）朗姆酒的特点

朗姆酒是微黄、褐色的液体，具有细致、甜润的口感，芬芳馥郁的酒精香味。朗姆酒是否陈年并不重要，主要看是不是原产地。它分为清淡型和浓烈型两种风格。

清淡型朗姆酒是用甘蔗糖蜜、甘蔗汁加酵母进行发酵后蒸馏，在木桶中储存多年，再勾兑配制而成。酒液呈浅黄到金黄色，酒度在45~50度。清淡型朗姆酒主要产自波多黎各和古巴，它们有很多类型并具有代表性。

浓烈型朗姆酒是由掺入榨糖残渣的糖蜜在天然酵母菌的作用下缓慢发酵制成的。酿成的酒在蒸馏器中进行2次蒸馏，生成无色的透明液体，然后在橡木桶中熟化5年以上。

浓烈朗姆酒呈金黄色，酒香和糖蜜香浓郁，味辛而醇厚，酒精含量45~50度。浓烈型朗姆酒以牙买加的为代表。

世人对朗姆酒也有许多评价，英国大诗人威廉·詹姆斯说："朗姆酒是男人用来博取女人芳心的最大法宝。它可以使女人从冷若冰霜变得柔情似水。"

朗姆酒又称火酒，它的绰号又叫海盗之酒，因为过去横行在加勒比海地区的海盗都喜欢喝朗姆酒。

（四）朗姆酒的分类

根据不同的甘蔗原料和酿造方法，朗姆酒可分为朗姆白酒、朗姆老酒等类别。

1. 朗姆白酒（White Rum）

朗姆白酒是一种新鲜酒，无色透明，蔗糖香味清馨，口味甘润、醇厚，酒体细腻，酒精度在 55 度左右。

2. 朗姆老酒（Old Rum）

朗姆老酒是经过三年以上陈酿的陈酒，酒液呈橡木色，美丽而晶莹，酒香醇浓而优雅，口味精细圆正，回味甘润。酒度在 40~43 度。

3. 淡朗姆酒（Light Rum）

酿制过程中尽可能提取非酒精物质的朗姆酒呈淡白色，香气淡雅，适用于做鸡尾酒的基酒。

4. 朗姆常酒（Traditional Rum）

朗姆常酒是传统型朗姆酒，呈琥珀色，光泽美丽，结晶度好，甘蔗香味浓郁，口味醇厚圆正，回味甘润。由于色泽富有个性，又称之为"琥珀朗姆酒"。

5. 强香朗姆酒（Great Aroma Rum）

强香朗姆酒香气浓烈馥郁，甘蔗风味和西印度群岛的风土人情寓于其中。

（五）朗姆酒的饮用与服务

1. 纯饮

陈年浓香型朗姆酒可作为餐后酒纯饮。用利口酒杯。

2. 加冰

朗姆酒加入冰块饮用。用古典杯。

3. 兑饮

白色淡朗姆酒适宜做调制混合酒的基酒。可兑果汁饮料、碳酸饮料并加冰。

（六）名品

1. 百加地（Bacardi）

百加地牌朗姆酒以牙买加百加地酿酒公司名命名。1862 年，都·弗汉都·百加地（Don Facundo Bacardi）在古巴建立百加地酿酒公司，使用古巴丰富、优质的蜜糖来制造口味清淡、柔和、纯净的低度朗姆酒。1892 年，由于西班牙王室称赞百加地朗姆酒，从此百加地牌朗姆酒标签加上了西班牙皇家的徽章。根据统计，百加地朗姆酒在世界朗姆酒销量排名第一。目前该公司一改传统浓烈型产品为清淡型产品。其中芳香型朗姆酒酒液呈金黄色，酒精度 40 度，带有浓郁的芳香。口感柔和。百加地公司新开发品种开拓者选择酒（Fornder Select），无色、清爽、适口，酒精度 40 度，深受亚洲市场的青睐。

2. 摩根船长（Captain Morgan）

摩根船长牌朗姆酒取名于海盗队长"享利·摩根"。在该品牌的各种产品中，有无色清淡型、金黄色芳香型、深褐色浓烈型，酒精度都是 40 度。摩根船长牌朗姆酒融合了热带地区乡土风味和各种芳香味，是牙买加的名酒。

3. 克雷曼特（Clement）

克雷曼特牌朗姆酒以公司名命名。该酿酒公司位于朗姆酒生产的黄金地带——马提尼克岛。该品牌代表优质朗姆酒。克雷曼特朗姆酒有数个著名品种，如 40 度与 45 度无色朗姆酒，42 度与 44 度金黄色芳香型酒等。

4. 美雅士波兰特宾治（Myer's "Planter" Punch）

美雅士牌朗姆酒以公司名命名，是牙买加著名朗姆酒。该公司以创业人——佛列德·L. 美雅士而得名。美雅士牌朗姆酒需熟化五年并与浓果汁混合。酒液呈深褐色，口味浓烈，芳香甘醇，酒精度 40 度。它不仅可饮用，还广泛用于糕点和糖果中，是著名的浓烈型朗姆酒。

四、特基拉酒（Tequila）

（一）特基拉酒概述

特基拉酒产于墨西哥，又名龙舌兰酒，是墨西哥的国酒，被称为墨西哥的灵魂，是在墨西哥开奥运会时，开始变得为世界所知的。特基拉酒是一种以龙舌兰（Agave）作为原料的蒸馏酒。它必须经过两次蒸馏，并且陈酿贮存。由于贮存的工具不同，酒液的颜色也不同。特基拉酒有两种颜色，一种无色透明，一种呈橡木色。它香气奇异，口味凶烈，酒精含量为 40%~50%。

特基拉酒是墨西哥人喜爱的酒品。每当饮酒时，墨西哥人总先在手背上倒些细盐末吸食，有时也用柠檬和辣椒佐酒，以具有咸、酸、辣等强烈味感的东西下酒，恰似火上浇油，极尽强刺激之功能。这种十分独特的饮酒方式给人以畅快淋漓之感，美不胜言。另外，特基拉酒还是著名鸡尾酒旭日东升的基酒。

（二）特基拉酒生产工艺

龙舌兰植物要经过 10~12 年才能成熟，叶子呈灰蓝色，可达 10 尺长。成熟时的龙舌兰，看起来就像巨大的郁金香。特基拉酒的制造是把龙舌兰植物外层的叶子砍下取其中心部位的果实，然后再把它放入炉中蒸煮，以浓缩甜汁，并且把淀粉转换成糖类。经煮过的果实再送到另一机器挤压成汁发酵。果汁发酵达酒精度 80 度即开始蒸馏。特基拉酒在铜制单式蒸馏器中蒸馏两次，未经过木桶成熟的酒，透明无色，称为白色特基拉酒，味道较呛；另一种金黄色特基拉酒，因淡琥珀色而得名，通常在橡木桶中至少贮存一年，味道与白兰地近似。

（三）特基拉酒分类

根据特基拉酒的颜色，可分为白色和金黄色两种。

（四）特基拉酒的特点

1. 白色特基拉酒（White Tequila）

白色特基拉酒又称银色特基拉酒（Silver Tequila），是把制成的特基拉酒贮存在瓷质的酒缸中，一直保持无色，其酒液外观清凉、透明。部分特基拉酒没有经过贮存，即装瓶出售，此类酒的质量较粗劣。

2. 金黄色特基拉酒（Gold Tequila）

金黄色特基拉酒属于陈酿特基拉酒，在旧橡木桶中贮存至少一年，多数达三年甚至更长的时间，因而有来自橡木桶的金黄色。酒质柔和醇厚，酒香较浓。

（五）特基拉酒的饮用与服务

1. 饮用方法

（1）传统饮法

墨西哥，传统的龙舌兰酒喝法十分特别，也颇需一番技巧。首先把盐巴撒在手背虎口上，用拇指和食指握一小杯纯龙舌兰酒，再用无名指和中指夹一片柠檬片。迅速舔一口虎口上的盐巴，接着把酒一饮而尽，再咬一口柠檬片，整个过程一气呵成，无论风味或是饮用技法，都堪称一绝。

（2）常见饮法

龙舌兰酒也适宜冰镇后纯饮，或是加冰块饮用。它特有的风味，更适合调制各种鸡尾酒。

2. 饮酒技巧

龙舌兰酒纯饮，先将龙舌兰酒含在嘴里，待舌头微麻时，慢慢下咽，你会进入到一种忘我的境界，当然必须是墨西哥原装进口的 100% agave 的龙舌兰酒。

（六）名品

特基拉酒中比较著名的有：

凯尔弗（Cuervo）、斗牛士（EL Toro）、赫雷杜拉（Herradura）、欧雷（Ole）、玛丽亚基（Mariachi）和索查（Sauza）。

知识巩固

1. 中国白酒品评。

2. 白酒病酒识别。

3. 如何判断白兰地的酒质？

4. 白兰地的品评、饮用与服务。

5. 威士忌的年份与酒质。

6. 威士忌的品评、饮用和服务。

7. 金酒、伏特加、朗姆酒的饮用和服务。

8. 特基拉酒的饮用方法。

能力拓展

朗姆酒和玛格丽特服务

以下是某位五星级酒店吧台见习服务员为客人调制朗姆酒加可乐和玛格丽特（Margarita）的操作过程：

朗姆酒加可乐操作：①拿一个白兰地杯；②加半杯冰；③倒 1 盎司朗姆酒进杯中；④加可乐至八分满；⑤搅拌均匀；⑥用一片菠萝卡杯边装饰。

玛格丽特（Margarita）操作：①拿一个 Margarita 杯；②用柠檬擦杯口，挂糖霜；③取 2 盎司特基拉酒、1 餐匙柠檬汁；④将材料倒进杯中；⑤搅拌均匀；⑥用一枚红樱桃放杯中装饰。

案例分析：

请结合上述案例，思考如下问题：

1. 以上操作哪点是对的、哪点是错的？

2. 对于做错的工作，请予以纠正。

第四章

配制酒

本章导读

配制酒（Assembled Alcoholic Drinks）是以各种酿造酒、蒸馏酒或食用酒精作为基酒与酒精或非酒精物质（包括液体、固体、气体）进行勾兑、浸泡、混合调制而成的酒。又可称为混合酒。配制酒的种类繁多，风格各异，酒度也有高有低，著名产品主要集中在欧洲，以法国、意大利和荷兰产的最为著名。

配制酒主要包括开胃酒、甜食酒、利口酒、鸡尾酒。开胃酒多用于正式宴请或宴会，在欧美比较流行。甜食酒是欧美人吃甜点时饮用的酒。利口酒是在餐后饮用的香甜酒。

学习目标

1. 掌握中国配制酒的分类及其特点。
2. 掌握开胃酒、甜食酒、利口酒的特点。

配制酒，又称调制酒，是酒类里面一个特殊的品种，不是专属于哪个酒的类别，是混合的酒品。配制酒是一个比较复杂的酒品系列，它的诞生晚于其他单一酒品，但发展却是很快的。

配制酒（Assembled Alcoholic Drinks）是以各种酿造酒、蒸馏酒或食用酒精作为基酒与酒精或非酒精物质（包括液体、固体、气体）进行勾兑、浸泡、混合调制而成的酒。配制酒的种类繁多，风格各异，酒度也有高有低，著名产品主要集中在欧洲，以法国、意大利和荷兰产的最为著名。

第一节　中国配制酒

一、中国配制酒概述

据考证，中国配制酒滥觞的时代当于春秋战国之前，它是以发酵原酒、蒸馏酒或优质酒精为酒基，加入可食用的花、果、动植物的芳香物料或药材，或其他呈色，呈香及呈味物质，采用浸泡、蒸馏等不同工艺调配而成，在酿酒科学史上属于世界极珍贵的酒类之一。

当今国内市场配制酒的种类繁多，但总的说可分为保健酒和鸡尾酒两大类。其中保健酒是利用酒的药理性质，遵循"医食同源"的原理，配以中草药及有食疗功用的各色食品调制而成，其花色品种蔚为大观，令人叹为观止。保健酒的工业化产品以味美思、竹叶青和金波酒等为代表。

二、中国配制酒的生产工艺

配制酒又称混成酒，是指在成品酒或食用酒精中加入药材、香料等原料精制而成的酒精饮料。其配制方法一般有浸泡法、蒸馏法、精炼法三种。浸泡法是指将药材、香料等原料浸没于成品酒中陈酿而制成配制酒的方法；蒸馏法是指将药材、香料等原料放入成品酒中进行蒸馏而制成配制酒的方法；精炼法是指将药材、香料等原料提炼成香精加入成品酒中而制成配制酒的方法。

三、中国配制酒的特点

中国配制酒是以黄酒、葡萄酒、果酒、白酒和食用酒精为基酒，采用浸泡、掺兑等方法，加入香草、香料、鲜花、果皮、果汁或中药配制加工而成的饮料酒。其生产过程简单，周期短，成本低，不受原料限制。

中国各少数民族都有自己悠久的民族民间医药和医疗传统，其中，内容丰富的配制酒是其重要构成部分之一，他们利用酒能"行药势、驻容颜、缓衰老"的特性，以药入酒，以酒引药，治病延年。明初，药物学家兰茂吸取各少数民族丰富的医药文化营养，编撰了独具地方特色和民族特色的药物学专著《滇南本草》。在这部比李时珍《本草纲目》还早一个半世纪的鸿篇巨制中，兰茂深入探讨了以酒行药的有关原则和方法，记载了大量配制酒药的偏方、秘方。

四、中国著名配制酒

中国配制酒根据加入的原料不同，可分为露酒和药酒。

（一）露酒

露酒是以食用酒精为原料，加香料、糖料、色素等制成的具有水果风味的酒。

1. 竹叶青酒

（1）产地

山西汾阳杏花村汾酒股份有限公司。

（2）历史

竹叶青酒是汾酒的再制品，它与汾酒一样具有古老的历史。南梁简文帝萧纲有诗云："兰羞荐俎，竹酒澄芳。"该诗说的是竹叶青酒的香型和品质。北周文学家庾信在《春日离合二首》诗中曰："田家足闲暇，士友暂流连。三春竹叶酒，一曲鹍鸡弦。"这优美的诗句，描写了田家农舍的安适、清闲，记载了三春陈酿的竹叶青酒。由此可见，杏花村竹叶青酒早在 1400 多年前就已是酒中珍品。

（3）特点

竹叶青酒色泽金黄兼翠绿，酒液清澈透明，芳香浓郁，酒香药香谐调均匀，入口香甜，柔和爽口，口味绵长。酒度为 45 度，糖分为 10%。

（4）功效

经专家鉴定，竹叶青酒具有养血、舒气、和胃、益脾、除烦和消食的功能。有的医学家认为，竹叶青酒对于心脏病、高血压、冠心病和关节炎等疾病也有明显的医疗效果，少饮久饮，有益身体健康。

（5）工艺

最古老的竹叶青酒只是单纯加入竹叶浸泡，求其色青味美，故名"竹叶青"。而今的竹叶青酒是以汾酒为底酒，配以广木香、公丁香、竹叶、陈皮、砂仁、当归、零陵香、紫檀香等 10 多种名贵药材和冰糖、白砂糖浸泡配制而成。杏花村汾酒厂专门设有竹叶青酒配制车间。竹叶青酒的配制方法是：将药材放入小坛用 70 度汾酒浸泡数天，取出药液放进陶瓷缸里的 65 度汾酒里。再将糖液加热取出液面杂质，过滤冷却，倒入已加药液的酒缸中，搅拌均匀，封闭缸口，澄清数日，取清液过滤入库。再经陈贮勾兑、品评、检验、装瓶、包装等 128 道工序制成成品出厂。

（6）荣誉

1979 年，第三届全国评酒会议上被评为名酒；1987 年，中国出口名特产品金奖，法国酒展特别品尝酒质金质奖第一名，外国出品品质奖第一名；1989 年，获首届国际博览会金奖；1991 年，竹叶青牌竹叶青酒获第二届国际博览会金奖；1998 年被国家卫生部批准为保健酒，是中国名酒中唯一的保健酒；2004 年汾酒集团重点科技攻关项目"竹叶青酒稳定性研究及应用"荣获国家科学技术进步奖；2006 年 1 月竹叶青露酒首批通过国家酒类质量认证。

2. 五加皮酒

（1）产地

五加皮酒，又称五加皮药酒、致中和五加皮酒，产于浙江省建德县梅城镇，是具有悠久历史的浙江名酒。

（2）历史

传说，东海龙王的五公主佳婢下凡到人间，与凡人致中和相爱。因生活艰难，五公主提出要酿造一种既健身又治病的酒，致中和感到为难。五公主让致中和按她的方法酿造，并按一定的比例投放中药。在投放中药时，五公主唱出一首歌："一味当归补心血，去瘀化湿用姜黄。甘松醒脾能除恶，散滞和胃广木香。薄荷性凉清头目，木瓜舒络精神爽。独活山楂镇湿邪，风寒顽痹屈能张。五加树皮有奇香，滋补肝肾筋骨壮。调和诸药添甘草，桂枝玉竹不能忘。凑足地支十二数，增增减减皆妙方。"原来这歌中含有 12 种中药，便是五加皮酒的配方。五公主为了避嫌，将酒取名"致中和五加皮酒"。此酒问世后，黎民百姓、达官贵人纷至沓来，捧碗品尝，酒香飘逸扑鼻，生意越做越好。

（3）特点

五加皮酒酒度 40 度，含糖 6%，呈褐红色，清澈透明，具有多种药材综合的芳香，入口酒味浓郁，调和醇滑，风味独特。

（4）功效

五加皮酒能舒筋活血、祛风湿，长期服用可以延年益寿。

（5）工艺

五加皮酒选用五加皮、砂仁、玉竹、当归、桂枝等 20 多味名贵中药材，用糯米陈白酒浸泡，再加精白糖和本地特产蜜酒制成。

（6）荣誉

五加皮酒在 18 世纪末新加坡国际商品展览会上获取金奖；在 1963 年、1979 年评酒会上获国家名酒称号。周恩来总理曾把五加皮酒当作国礼赠送给外国友人，不少国家还把它作为国宴上不可缺少的珍贵饮品。

3.莲花白酒

（1）产地

北京葡萄酒厂。

（2）历史

莲花白酒是北京地区历史最悠久的著名佳酿之一，该酒始于明朝万历年间。据徐珂编《清稗类钞》中记载："瀛台种荷万柄，青盘翠盖，一望无涯。孝钦后每令小阉采其蕊，加药料，制为佳酿，名莲花白。注于瓷器，上盖黄云缎袱，以赏亲信之臣。其味清醇，玉液琼浆，不能过也。"到了清代，莲花白酒的酿造采用万寿山昆明湖所产白莲花，用它的蕊入酒，酿成名副其实的"莲花白酒"，配制方法为封建王朝的御用秘方。1790 年，京都商人获此秘方，经京西海淀镇"仁和酒店"精心配制，首次供应民间饮用。1959 年，北京葡萄酒厂搜集到失传多年的莲花白酒御制秘方，按照古老工艺方法，精心酿制成功。

（3）特点

莲花白酒酒度 50 度，含糖 8%，无色透明，药香酒香协调，芳香宜人，滋味醇厚，甘甜柔和，回味悠长。

（4）功效

莲花白酒具有滋阴补肾、和胃健脾、舒筋活血、祛风除湿等功能。

（5）工艺

莲花白酒以醇正的陈年高粱酒为原料，加入黄芪、砂仁、五加皮、广木香、丁香等20余种药材，入坛密封陈酿而成。

（6）荣誉

莲花白酒于1924年，在全国铁路展览会上获得特等奖；1979年和1985年，在第三届、第四届全国评酒会上，均被评为国家优质酒；1984年，在轻工业部酒类质量大赛中，荣获金杯奖。

（二）药酒

药酒是用白酒、葡萄酒或黄酒作为基酒，再配以中药材、糖料等制成的酒。酒度一般在20~40度之间，对补益健康和防治疾病具有良好效果，是酿酒史上的伟大创造。

1. 药酒的起源

酒与医素有不解之缘，繁体"医"字从"酉"，酉者酒也。这大概是因为先祖们无意中食用了发酵后的瓜果汁，发现了它可以治疗一些虚寒腹痛之类的疾病，从而让酒与原始医疗活动结下了缘。《黄帝内经》有"汤液醪醴论篇"，专门讨论用药之道。所谓"汤液"即今之汤煎剂，而"醪醴"者即药酒也。显然在战国时代人们对药酒的医疗作用已有了较为深刻的认识。

现代药酒多选用50~60度（％）的白酒。其依据是：因为酒精浓度太低不利于中药材中有效成分的溶出，而酒精浓度过高，有时反而使药材中的少量水分被吸收，使得药材质地坚硬，有效成分难以溶出。对于不善于饮酒的人来说或因病情需要，也可以采用低度白酒、黄酒、米酒或果酒等基质酒，但浸出时间要适当延长，或复出次数适当增加，以保证药物中有效成分的溶出。制作药酒时，通常是将中药材浸泡在酒中，经过一段时间后，中药材中的有效成分溶解在酒中，此时过滤去渣后即可饮用。

2. 药酒的功效

药酒将药物置于75％酒精或白酒中浸泡而成。治疗时用手蘸药酒（水）涂于体表而后做手法治疗，具有舒经活血、温通发散之作用。酒性温，味辛而苦甘，有温通血脉，宣散药力，温暖肠胃，祛散风寒，振奋阳气，消除疲劳等作用。适量饮酒，可以怡情助兴，但过饮则乱性，酗酒则耗损元气，甚至于殒命。医家之所以喜好用酒，是取其善行药势而达于脏腑、四肢百骸之性，故有"酒为百药之长"的说法。其实，酒是一种最好的溶媒，许多用其他加工方法难以将其有效成分析出的药物，大多可借助于酒的这一特性而提取出来，并能充分发挥其防治疾病，延年益寿的药效，这就是药酒历经数十年而不减其魅力的缘由所在。

3. 药酒的特点

将作为饮料的酒与治病强身的药"溶"为一体的药酒，不仅具有配制、服用简便，药性稳定，安全有效的优点，更因为药借酒力、酒助药势而充分发挥效力，提高疗效。补益药酒不仅广泛应用于各种慢性虚损疾病的防治，还能抗衰老、延年益寿。

4.药酒制作方法

（1）冷浸法

将药物适当切制或粉碎，置瓦坛或其他适宜容器中，按照处方加入适量的白酒（或黄酒）密封浸泡（经常搅拌或振荡）一定时间后，取上清液，并将药渣压榨，压榨液与上清液合并，静置过滤即得。

（2）热浸法

将药物切碎（或捣为粗末），置于适宜容器内，按配方规定加入适量白酒，封闭容器，隔水加热至沸时取出，继续浸泡至规定时间，取上清液，并将药渣压出余液，合并，静置、沉淀、过滤即得。或在适宜容器内注入适量白酒，将粉碎适度的药物用纱布袋装好，置于酒中，封闭容器，然后在水浴上保持一定温度浸渍，取液同上法。

（3）酿制法

即将药物直接加入米谷、高粱、酒曲中蒸煮发酵成酒。

（4）酿酒法

先将中药材加水煎熬，过滤去渣后，浓缩成药片，有些药物也可直接压榨取汁，再将糯米煮成饭，然后将药汁，糯米饭和酒曲拌匀，置于干净的容器中，加盖密封，置保温处 10 天左右，应尽量减少与空气的接触，且保持一定的温度，发酵后滤渣即成。

（5）窖制法

窖制磁化工艺是将中国传统的窖制酿酒工艺与现代高科技磁化技术、纳米微波技术相结合，利用"三位一体"的融合性原则对配伍各成分进行有机整合，在维护各成分性质不变的前提下促其相互作用，将活性成分、营养成分完整保留并将功效发挥到极致。

5.药酒的分类

（1）药性药酒

配用中药材大多具有防治某种疾病的特殊功效，药性药酒主要是借用酒精提取这些药材中的有效成分，以提高药物的疗效。我国著名药性药酒有：参茸虎骨酒、鸿茅药酒、国公酒等。

（2）补性药酒

补性药酒配制时所使用的中药材大多属于滋补性的。此类药酒不作为饮料酒日常饮用，但对人体健康有益，特别具有某种滋补作用。如花粉蜂蜜酒、大蒜保健酒、雪哈大补酒等。

6. 著名品牌

（1）中国劲酒

劲牌有限公司。

劲牌有限公司创立于 1953 年，历经六十余年稳定发展，已成为一家专业化的健康食品企业。产品从单一的白酒发展到以保健酒为主，以健康白酒、保健饮品为辅的健康产业结构。坚持以消费者为中心，坚持"按做药的标准生产保健酒"。2003 年 12 月，"劲牌"商标被认定为中国驰名商标；2007 年 9 月，劲牌保健酒被评为"中国名牌产品"。主营产品"劲酒"成为中国保健酒第一品牌。

（2）椰岛鹿龟酒

海南椰岛股份有限公司。

1995 年，美国博尔公司经考察，证实椰岛鹿龟酒滋补保健效果确切，于 1995 年 8 月提出以 1.2 亿元的价格买断椰岛鹿龟酒配方及生产权。同年 9 月 28 日经中国权威机构评估椰岛鹿龟酒整体无形资产价值 2.297 7 亿元，10 月 9 日经椰岛公司股东大会表决决定："椰岛鹿龟酒"配方不卖，中国人民有能力发展自己的民族工业。如今二十几年已经过去，从全国成千上万封消费者来信中，我们再一次深切感受到椰岛鹿龟酒已经成为造福千家万户的民族传统保健精品。

（3）竹叶青酒

汾酒集团。

竹叶青酒以陈年优质汾酒为基酒，以低聚果糖、淡竹叶、陈皮、木香、檀香、砂仁、山柰等十余种名贵中药材为功效成分精制而成。酒液金黄碧翠、芳香醇厚、柔和爽口。经动物功能试验和人体试食试验证明：该酒具有促进肠道双歧杆菌增殖肠道菌群的保健功能。适量久饮可改善肠道功能，提高人体免疫力。竹叶青酒和名扬千年的汾酒，同产于汾阳杏花村汾酒厂，在第二、三届全国评酒会上，均被评为全国十八大名酒之一。该酒色泽金黄透明而微带青碧，有汾酒和药材浸液形成的独特香气，芳香醇厚，入口甜绵微苦，温和，无刺激感，余味无穷。

（4）张裕三鞭酒

山东烟台张裕集团。

1892 年，著名的爱国侨领张弼士先生为了实现"实业兴邦"的梦想，先后投资 300 万两白银在烟台创办了"张裕酿酒公司"，中国葡萄酒工业化的序幕由此拉开。经过一百多年的发展，张裕已经发展成为中国乃至亚洲最大的葡萄酒生产经营企业。1997 年和 2000 年张裕 B 股和 A 股先后成功发行并上市，2002 年 7 月，张裕被中国工业经济联合会评为"最具国际竞争力向世界名牌进军的 16 家民族品牌之一"。在中国社会科学院等权威机构联合进行的 2004 年度企业竞争力监测中，张裕综合竞争力指数位居中国上市公司食品酿酒行业的第八名，成为进入前十强的唯一一家葡萄酒企业。其产品张裕三鞭酒补血生精，健脑补肾。用于体质虚弱、（阳痿遗精）未老先衰 、腰背酸痛、用脑过度、贫血头晕、心脏衰弱、惊悸健忘、自汗虚汗、畏寒失眠、面色苍白、气虚食减等症。

（5）古岭神酒

广西柳州市古岭酒厂。

广西柳州市古岭酒厂隶属于古岭龙集团，始建于 1990 年 10 月，酒厂现已发展成为中国保健酒知名企业。采用乌龟、枸杞、熟地、红枣、拟黑多刺蚁、眼镜蛇、肉苁蓉、淫羊藿、党参、蛤蚧、蜜蜂、人参、杜仲、红景天等几十种名贵动植物原料，加以优质米酒，先后研制出古岭神酒、龟蛇蛤蚧酒、五蛇胆川贝液、贵妃酒等二十余种"古岭牌"系列产品。2006 年，在"中国酒业高峰论坛年会"上，古岭神酒荣获"2006 最受消费者喜爱的中国名酒（品牌榜）全国名酒博览会金奖""中国保健酒十大著名品牌"殊荣。在 2007 年中国酒业营销高峰论坛暨中国名酒博览会上，古岭神酒、龟蛇蛤蚧酒荣获"2007 年中国最受消费者喜爱的酒类品牌暨中国名酒博览会金奖"殊荣。

（6）鹿鞭酒

山西华茸保健品有限责任公司。

山西华茸保健品有限责任公司是一个以生产、经营、开发保健食品为主的高新技术企业。现生产销售的产品有：华茸鹿酒、全鹿酒、鹿鞭酒、鹿血酒、鹿茸胶囊、鹿茸粉、全鹿胶囊、全枝鹿茸等，其中华茸鹿酒是国家卫生部批准的保健食品、调节免疫功效显著。产品自上市以来得到了广大消费者的青睐，已成为地方特色产品。华茸系列酒是山西省营养协会的推荐产品，并获国家、省级多项产品奖，华茸商标被评为运城区知名商标。

（7）昂立养身酒

上海交大昂立。

交大昂立生产的昂立养身酒是结合我国传统医学，利用现代科学手段进行配制，以平和调养、养身强体、延年益寿为特色的高营养、纯天然的低度滋补酒。交大昂立公司是我国保健品龙头企业，其拥有的昂立商标被评为中国驰名商标。同时，昂立养身酒的广告口号"每天一杯养身酒，喝到九十九"蕴涵着延年益寿的传统养生观念。

（8）香山枸杞酒

宁夏红枸杞产业集团。

宁夏红枸杞产业集团公司，是国家级农业产业化重点龙头企业，2007 年宁夏红已成为"中国名牌"，宁夏红商标成功注册并获得中国驰名商标称号，宁夏红通过 GMP 认证审核。2008 年宁夏红枸杞酒的生产方法获得国家专利金奖。

（9）龙虎酒

五粮液集团。

龙虎酒为五粮液品牌文化的延伸。于 1997 年开始研制、2001 年下半年投放市场的五粮液龙虎酒是以 5 种粮食酿造的优质酒作为基酒，配以中草药，采用科学工艺精酿而成的保健酒。是五粮液集团重点开发的保健酒拳头产品。其酒品保持了五粮液酒浓香风格，又具有一定的保健功能，享有五粮液品牌酒中新贵的美誉。其加入枸杞、大枣、山楂、黑芝麻、龙眼肉等中草药，含有丰富的蛋白质和人体所必需的多种氨基酸、微量元素。经全国营养学著名专家索颖教授评价、四川华西医科大学公共卫生学院检测证明，适量饮用龙虎酒，能够增强人体免疫功能，降低肝糖原，增强身体的耐力，是成年人特别是中老年人的健康饮品。另外，一般药酒是有色的，带有明显的药味，而龙虎酒则是无色透明的，浓香突出，药香舒适，药味不露，诸味协调。

（10）雪莲虫草补酒

乌鲁木齐康源保健品有限公司。

"雪莲虫草补酒"具有独特的新疆地方特色和保健功能，自治区质量技术监督局食品检验所常年对本公司产品进行质量跟踪和产品技术项目进行检测。雪莲虫草补酒在 1998 年试生产之际，荣获 1998 年国际食品博览会金奖，2001 年被新疆乌洽会组委会评为保健食品，2001 年被乌洽会唯一指定产品。康源公司的产品深受国内外消费者的欢迎，远销浙江、江苏、福建、广东、北京以及我国台湾和韩国等市场。

第二节　外国配制酒

外国配制酒分为三大类：开胃酒（Aperitiy）、甜食酒（Wine）、利口酒（Liqueur）。

一、开胃酒

开胃酒是指以葡萄酒或蒸馏酒为基酒，加入植物的根、茎、叶、药材、香料等配制而成，在餐前饮用，能增加食欲的酒精饮料。

开胃酒一词来源于拉丁文 aperare，"开胃酒"一词被当作名词使用的历史，可以向前追溯到 1888 年。它指代酒（如味美斯酒、奎纳皮酒），或用来指由酒精（如茴香酒、苦味酒、Americano、龙胆健胃剂）制成的饮料，另外也可指水果白兰地和利口酒（如鸡尾酒、威士忌）。喝开胃酒的习惯与社会风气、习俗相互呼应，它会因不同的国家、阶级和环境而有所差异。

开胃酒一般可分为味美思、比特酒、茴香酒三类。

（一）味美思（Vermouth）

1. 产地

意大利、法国、瑞士、委内瑞拉是味美思酒的主要生产国。

2. 历史

希腊名医希波克拉底是第一个将芳香植物在葡萄酒中浸渍的人。到了 17 世纪，法国人和意大利人将味美思的生产工序进行了改良，并将它推向了世界。"味美思"一词源起于德语，是"苦艾酒"的意思。

3. 分类

味美思按品味可分为干味美思（Secco）、白味美思（Biauco）、红味美思（Rosso Sweet）、都灵味美思（Torino）四类。

4. 特点

干味美思含糖量不超过 4%，酒精含量在 18 度左右。意大利产味美思呈淡白、淡黄色，法国产味美思呈棕黄色。

白味美思含糖量在 10%~15% 之间，酒精含量在 18 度左右，色泽金黄，香气柔美，口味鲜嫩。

红味美思含糖量为 15%，酒精含量在 18 度左右，呈琥珀黄，香气浓郁，口味独特。

都灵味美思酒精含量在 15.5~16 度之间，调香用量较大，香气浓郁扑鼻。

5. 成分

味美思的主要成分有白葡萄酒（只用于生产白味美思和红味美思）、酒精（酒精含量为 96% 的烈酒或"Mistelle"）、药草（龙胆、甘菊、苦橙、香草、大黄、薄荷、茉沃刺那、胡荽、牛膝草、鸢尾草植物、百里香等）、香料（桂皮、丁香、肉豆蔻、番红花、生姜等）、焦糖（用蔗糖或热糖制成，目的是用它的琥珀色来着色）。

6. 工艺

味美思是以个性不太突出（属中性、干型）的白葡萄酒作为基酒，加入多种配制香料、草药，经过搅匀、浸泡、冷澄过滤、装瓶等工序而制成。

7. 名品

以意大利甜型味美思、法国干型味美思最为有名。如马提尼（Martini）（干、白、红）、仙山露（Cinzano）（干、白、红）、卡帕诺（Carpano）（都灵）、香白丽（Chambery）等。

（二）比特酒

1. 产地

世界上比较有名的比特酒主要来自意大利、法国、特立尼达和多巴哥等国。

2. 特点

比特酒酒精含量一般在 16%~40% 之间，也有少数品种超出这个范围。比特酒有滋补、助消化和兴奋作用。

3. 成分

比特酒从古代药酒演变而来，用于配制酒的调料和药材主要是带苦味的草卉和植物的茎根与表皮，如阿尔卑斯草、龙胆皮、苦橘皮、柠檬皮等。

4. 工艺

比特酒配制的基酒是葡萄酒和食用酒精。现在越来越多的比特酒生产采用食用酒精直接与草药精掺兑的工艺。

5. 名品

比较著名的比特酒有金巴利（Campari）、杜本那（Dubonnet）、艾玛·皮孔（Amer Picon）、安哥斯特拉（Angostura）。

（三）茴香酒

1. 产地

茴香酒以法国产的最为有名。

2. 特点

茴香酒有无色和染色两种，酒液视品种而呈不同色泽。茴香酒茴香味极浓，馥郁迷人，口感不同寻常，味重而有刺激。饮用时须加冰或兑水，酒精含量一般在 25% 左右。

3. 工艺

茴香酒是用茴香油与食用酒精或蒸馏酒配制而成的酒品。茴香油一般从八角茴香和青茴香中提炼取得，含有大量的苦艾素。八角茴香油多用于开胃酒制作，青茴香油多用于利口酒制作。

4. 名品

比较著名的茴香酒有：培诺（Pernod）、巴斯的斯（Pastis）、白羊倌（Berger Blanc）等。

（四）开胃酒的饮用与服务

1. 净饮

（1）使用工具

调酒杯、鸡尾酒杯、量杯、酒吧匙和滤冰器。

（2）方法

先把 3 粒冰块放进调酒杯中，量 42ml 开胃酒倒入调酒杯中，再用酒吧匙搅拌 30 秒钟，用滤冰器过滤冰块，把酒滤入鸡尾酒杯中，加入一片柠檬。

2. 加冰饮用

（1）使用工具

平底杯、量杯、酒吧匙。

（2）方法

先在平底杯加进半杯冰块，量 1.5 量杯开胃酒倒入平底杯中，再用酒吧匙搅拌 10 秒钟，加入一片柠檬。

3. 混合饮用

开胃酒可以与汽水、果汁等混合饮用，也可作为餐前饮料。以金巴利酒为例。

（1）金巴利酒加苏打水

方法：先在柯林杯中加进半杯冰块、一片柠檬，再量 42ml 金巴利酒倒入柯林杯中，加入 68ml 苏打水，最后用酒吧匙搅拌 5 秒钟。

（2）金巴利加橙汁

方法：先在平底杯中加进半杯冰块，再量 42ml 金巴利酒倒入平底杯中，加入 112ml 橙汁，用酒吧匙搅拌 5 秒钟。

其他开胃酒如味美思等也可以照此混合饮用。除此之外，还可调制许多鸡尾酒饮料。

4. 开胃酒低温保存

保存中产生一定的混浊和沉淀，属正常现象。

二、甜食酒

甜食酒一般是在佐助甜食时饮用的酒品。

甜食酒常常以葡萄酒为基酒进行配制，口味较甜。甜食酒的主要生产国有葡萄牙、西班牙、意大利、希腊、匈牙利、法国等国。

（一）波特酒（Port）

1. 产地

波特酒的原名叫（Porto）波尔图酒，产于葡萄牙杜罗河一带，但与英国有着千丝万缕的联系，因而人们常用英文 Port Wine 来称呼。

2. 历史

在 17 世纪末和 18 世纪初，葡萄酒酿造出来通常主要是运往英国，而当时并没有发明玻璃酒瓶和橡木塞，于是用橡木桶作为容器运输。由于路途遥远，葡萄酒很容易变质。后来酒商就在葡萄酒里加入了中性的酒精（葡萄蒸馏酒精），这样就会使酒不容易腐败，保证了葡萄酒的品质，这就是最早的波特酒。

根据葡萄牙政府的政策，如果酿酒商想在自己的产品上写"波特"（Port），必须满足三个条件。

第一，用杜罗河上游的奥特·斗罗地域所种植的葡萄酿造。为了提高产品的酒度，所用来兑和的白兰地也必须使用这个地区的葡萄酿造。

第二，必须在杜罗河口的维拉·诺瓦·盖亚酒库（Vila Nova Gaia）内陈化和贮存，并从对岸的波特港口运出。

第三，产品的酒度在 16.5 度以上。

　　如不符合三个条件中的任何一条，即使是在葡萄牙出产的葡萄酒，都不能冠以"波特"字样。

　　3. 品种

　　波特酒分白、红两种。白波特酒是葡萄牙和法国人喜欢的开胃酒品；红波特酒作为甜食酒在世界享有很高的声誉，有甜、微甜、干三个类型。

　　4. 特点

　　波特酒酒味浓郁芬芳，窖香和果香兼有，其中红波特酒的香气很有特色，浓郁芬芳，果香和酒香相宜；口味醇厚、鲜美、圆正。

　　5. 工艺

　　波特酒的制作方法是先将葡萄捣烂、发酵，等糖分在 10% 左右时，添加白兰地酒中止发酵，但保持酒的甜度。经过二次剔除渣滓的工序后运到维拉·诺瓦·盖亚酒库里陈化、贮存，一般的陈化要 2~10 年时间。最后按配方混合调出不同类型的波特酒。

　　6. 名品

　　比较著名的波特酒有道斯（Dow's）、泰勒（Taylors）、西法（Silva）、方斯卡（Fonseca）等。

　　（二）雪利酒

　　1. 产地

　　雪利酒产于西班牙的加迪斯（Cadiz），英国人称其为 Sherry。英国嗜好雪利酒胜过西班牙人，人们遂以英文名称为雪利酒。

　　2. 历史

　　雪利酒堪称"世界上最古老的上等葡萄酒"。大约基督纪元前 1100 年，腓尼基商人在西班牙的西海岸建立了加迪斯港，往内陆延伸又建立了一个名为赫雷斯的城市（即今天的雪利市），并在雪利地区的山丘上种植了葡萄树。据记载，当时酿造的葡萄酒口味强烈，在炎热的气候条件下也不易变质。这种葡萄酒（雪利酒）成为当时地中海和北非地区交易量最大的商品之一。绝大多数的雪利酒在西班牙酿造成熟后被装运到英国装瓶出售。1967 年，英国法庭颁布法令，只有在西班牙赫雷斯区生产的葡萄酒才有权称为雪利（Sherry），所有其他风格类似，并且带有雪利字样的葡萄酒必须说明其原产地。

　　3. 分类

　　雪利酒可分菲奴（Fino）和奥罗洛素（Oloroso）两种，其他品种均为这两大类的变型酒品。

　　4. 特点

　　雪利酒酒液浅黄或深褐色，也有的呈琥珀色（如阿蒙提那多酒），清澈透明，口味复杂柔和，香气芬芳浓郁，是世界著名的强化葡萄酒。雪利酒含酒精量高，为 15%~20%；酒的糖分是人为添加的。甜型雪利酒的含糖量高达 20%~25%，干型雪利酒的糖分为 0.15 克 /100 毫升（发酵后残存的）。总酸 0.44 克 /100 毫升。

5. 工艺

雪利酒以加迪斯所产的葡萄酒为酒基，勾兑以当地葡萄蒸馏酒，采用十分特殊的方法陈酿，逐年换桶，这就是著名的"烧乐脂法"（Solera）。雪利酒陈酿 10~20 年时质地最好。

6. 名品

比较著名的雪利酒有布里斯特（干）、布里斯特（甜）、沙克（干、中甜）、柯夫巴罗米诺等。

（三）马德拉酒（Madeira）

1. 产地

马德拉酒产于葡萄牙领地马德拉岛。

2. 历史

根据历史记载，1419 年，葡萄牙水手吉奥·康克午·扎考发现马德拉岛。15 世纪马德拉岛广泛种植甘蔗和葡萄。17 世纪马德拉酒开始销往国外。1913 年，马德拉葡萄酒公司成立，由威尔士与山华公司（Welsh & Cunha）和享利克斯与凯马拉公司（Henriques & Camara）组建。经过数年的发展，又有数家酿酒公司参加。后来规模不断扩大，成立了马德拉酒酿酒协会。28 年后，该协会更名为马德拉酿酒公司（Madeira Wine Company Lda，MWC）。1989 年该公司采取了控股联营经营策略，投入大量资金，改进葡萄酒包装和扩大销售网络，使马德拉葡萄酒成为著名品牌。马德拉公司多年来进行了大量的投资，提高葡萄酒的质量标准，并在 2000 年完成了制酒设施的革新，从而为优质马德拉酒的生产和熟化提供了先进的设施。

3. 特点

马德拉酒酒色金黄，酒味香浓、醇厚、甘润，是一种优质的甜食酒。

4. 工艺

马德拉酒酿造方法是，在发酵后的葡萄汁上添加烈酒，然后放在 50℃的高温室（Estufa）中贮存数月之久，这时马德拉酒会呈现出淡黄、暗褐色，并散发出马德拉酒的特有香味。

5. 名品

（1）弗得罗酒（Verdelho）

弗得罗酒以海拔 400~600 米葡萄园葡萄为原料。酒液呈淡黄色，芳香，口味醇厚，半干略甜。

（2）玛尔姆塞酒（Malmsey）

玛尔姆塞酒以玛尔维西亚葡萄为原料。酒液呈棕黄色，甜型，香气悦人，口味醇厚，被称为世界上最佳葡萄酒之一，是吃甜点时理想的饮用酒。

（3）舍希尔酒（Sercial）

舍希尔酒以海拔 800 米葡萄园葡萄为原料，熟化期较短，干型。酒液是淡黄色，味芳香，味口醇厚。

（4）伯亚尔酒（Bual）

伯亚尔酒以海拔 400 米以下葡萄园的白葡萄为原料。酒液是棕黄色，半干型，气味芳香，口味醇厚，是吃甜点时饮用的理想酒。

（四）甜食酒的饮用与服务

1. 波特酒的饮用与服务

波特酒的酒精含量和含糖量高，最好是在天气比较凉爽或比较冷的时候饮用。在打开一瓶陈酿的波特酒之前，应让瓶子直立 3~5 天，以使葡萄酒的沉淀物沉到瓶底。开瓶后至少要放置 1~2 个小时才可以饮用，以释放任何"变质"的气味或在塞子下可能产生的气体。波特酒无须冷藏，最好是在地窖温度下饮用。

与普通的认识相反，波特酒开瓶后寿命很短，必须在数周内饮用完。陈酿波特酒在开瓶后 8~24 小时之内就会变质。

2. 雪利酒的饮用与服务

雪利酒是葡萄酒，适合葡萄酒的储存条件都适用于雪利酒。许多雪利酒来自顶端带螺丝的桶或可以拧紧盖口的桶，这样能竖直储存，不需延长雪利酒的保存时间。装于瓶中的雪利酒适合随时饮用。Fino 或 amontillado 雪利酒开瓶后应冷藏，并应在三周内饮完。Oloroso 和 Cream 应在温室下饮用，按照传统它们适合于餐后饮用。

西班牙人饮用雪利酒采用独特的"郁金香"玻璃杯。可装 6 盎司的玻璃杯叫 Copa，而能装 4 盎司的玻璃杯叫 Copita。这两种玻璃杯给雪利酒提供了足够的空间去散发葡萄酒的芳香。

3. 马德拉酒的饮用与服务

马德拉酒是一种强化葡萄酒，比一般餐酒的可保存时间长。在饮用之前将马德拉酒瓶直立起来放置几天，直到所有沉淀物沉到瓶底才可慢慢倒出。开瓶之后，马德拉酒有 6 周的保存时间，但不可保存于高温或潮湿的地方。饮用马德拉酒不加冰，应在冰箱中冷藏之后饮用。Verdello 和 Rainwater 应在冷藏之后作为开胃酒饮用。

三、利口酒

（一）利口酒概述

利口酒是一种以食用酒精和其他蒸馏酒为酒基，配以各种调香物质，并经过甜化处理的酒精饮料。利口酒也称为烈性甜酒。利口酒有多种风味，主要包括水果利口酒、植物利口酒、鸡蛋利口酒、奶油利口酒和薄荷利口酒。许多利口酒含有多种增香物质，如水果香、香草香。

（二）利口酒的生产工艺

1. 蒸馏法

利口酒的蒸馏有两种方式，一种是将原料浸泡在烈酒中，然后一起蒸馏；另一种是将原料浸泡后取出原料，仅用浸泡过的汁液蒸馏。蒸馏出来的酒液再添加糖和色素。蒸馏法适用于香草类、柑橘类的干皮原料所制的甜酒。

2. 浸泡法

浸泡法是将原料浸泡在烈酒或加了糖的烈酒中，然后过滤取酒。适用于一些不能加热，或者加热后会变质的原料酿酒。

3. 渗入法

渗入法是将天然或合成的香料香精加入烈酒中，以增加酒的甜味和色泽。

（三）利口酒的特点

利口酒与我国现在的酒类行业划分的配制酒中的果露酒极为相近。其多采用芳香及药用植物的根、茎、叶、果和果浆作为添加料，个别品种如蛋黄酒则选用鸡蛋作为添加剂。由于西方人追求浪漫的生活情调而将利口酒在外观上呈现出包括红、黄、蓝、绿在内的纯正鲜艳的或复合的色彩，可谓色彩斑斓。与其他酒相比，利口酒有几个显著的特征：利口酒以食糖和糖浆作为添加剂，餐后饮用；利口酒颜色娇美，气味芬芳，酒味甜蜜，不仅是极好的餐后酒，也是调制鸡尾酒最常用的辅助酒。

（四）利口酒的饮用与服务

纯饮利口酒可用利口酒杯；加冰块可用古典杯或葡萄酒杯；加苏打水或果汁饮料时，用果汁杯或高身杯。利口酒主要在餐后饮用，能够起帮助消化的作用。利口酒一般要求冰镇，香味越甜，甜度越大的酒品越适合在低温下饮用，少部分利口酒可在常温下饮用或加冰块饮用。

利口酒的标准用量为 30ml。

利口酒开瓶后仍可继续存放，但长时间贮存有损品质。

利口酒瓶竖立放置，常温或低温下避光保存。

（五）名品

1. 爱德维克（Advocaat）

荷兰蛋黄酒。用鸡蛋黄和白兰地制成。用玉米粉和酒精生产的仿制品在某些国家也仍有销售。

2. 阿姆瑞托（Amaretto）

意大利杏仁酒。第一次生产是 16 世纪 Como 湖附近的 Saronno。"Amaretto Di Saronno"最为杰出。

3. 茴香利口酒（Anisette）

带有茴香和橙子味道的巴士帝型利口酒（Pastis）。意大利生产，以白兰地酒为主要原料，酒精度为25度。

4. 班尼迪克丁（Benedictine DOM）

班尼迪克丁又称泵酒、当酒，是世界上最有名望的利口酒。1534年，该酒受到宫廷的赏爱，一时名气大噪，泵酒以白兰地为酒基，用27种香料配制，两次蒸馏，两年陈酿而成。在其形状独特的酒瓶上标有大写字母DOM（Deo Optimo Maximo）中文意思是，献给至高无上的皇帝。饮用泵酒的流行做法是配上上等的白兰地，这就是"B&B"。

5. 沙特勒兹

修道院酒。修道院酒与泵酒是两种最有名的餐后甜酒。它以修道院名称命名。该酒以白兰地酒为主要原料配以100多种植物香料制成，有黄色和绿色两种。黄色酒味较甜，酒精度为40度。绿色酒精度较高，约在50度以上，较干，辛辣，比黄色酒更芳香。

知识巩固

1. 露酒名品有哪些？
2. 开胃酒、甜食酒、利口酒的饮用方法。

能力拓展

这些酒该怎样保存摆放？

某大型餐厅的酒吧购买了一大批餐后用配制酒（利口酒），这些配制酒有：Amaretto、B&B、Balley's、Chartreuse、Cointreuse、Galliano、Grand Marnier、Tia Maria，新来的酒库保管员小李因工作紧张进货后未能及时上架。而是很随意地将酒堆放在库房的一个角落里。

根据以上案例回答如下问题：

1. 小李的做法对吗？
2. 如果你是这个酒吧的兼职酒库保管员，请你将这些餐后用配制酒按酒类生产时所加入的调香、调味物品分类上架摆放。

第五章

鸡尾酒

本章导读

鸡尾酒是由两种或两种以上的酒或由酒掺入果汁配合而成的一种饮品。具体地说鸡尾酒是用基本成分（烈酒）、添加成分（利口酒和其他辅料）、香料、添色剂及特别调味用品按一定分量配制而成的一种混合饮品。鸡尾酒既能刺激食欲，又能使人兴奋，创造热烈的气氛，是最美的饮料、具有卓绝的口味，鸡尾酒非常讲究色、香、味、形的兼备，故又称艺术酒。鸡尾酒可根据功能、特点、主要原料、制作工艺等分类，其常用的命名法有以制作原料命名，以基酒命名，以口味特点命名，以人物命名，以风景命名等。鸡尾酒现在已成为一种时尚的饮料。

学习目标

1. 了解鸡尾酒的起源、分类及特点。
2. 了解鸡尾酒调制器具。
3. 了解鸡尾酒常用的杯具。
4. 了解鸡尾酒和混合饮料的区别。
5. 掌握鸡尾酒的命名。
6. 掌握鸡尾酒常用的原料。
7. 掌握鸡尾酒调制的方法。
8. 掌握鸡尾酒国际标准规范。
9. 掌握鸡尾酒色彩调制、情调调制和口味搭配。

鸡尾酒一词由英文 Cocktail 翻译而来，实际上是一种配制酒，是一种由多种饮料混合制成的酒精饮料。

第一节　鸡尾酒概述

一、鸡尾酒的起源

鸡尾酒源于美国的说法是大家公认的，但至今还没有一个人能够准确地说出它的起源。因此，它被披上了一层神秘的色彩，在民间还流传着许多传说。

（一）传说之一

19 世纪，在美国的哈德逊河畔住着一个叫克里福德的人，他开着一家小酒店。此人有三件事引以为豪，人称"克氏三绝"：一是他有一只勇猛威武、气宇轩昂的大雄鸡，是斗鸡场上的"常胜将军"；二是他的酒窖里藏有世界上最好的美酒；三是他的女儿艾思米莉是全镇最漂亮的女孩。镇上有一个叫哈普顿的男青年，是哈德逊河来往货船上的船员，每天晚上都来这个小酒店喝上一杯，日久天长，他和艾思米莉双双坠入爱河。这个小伙子长得高大英俊，心地善良，工作踏实，老头子打心眼里喜欢，但总是捉弄他说："小伙子，要想娶我的女儿，先赶紧努力当上船长。"小伙子很有毅力，在经过几年的努力之后，终于当上了船长。老头子非常高兴，在举行婚礼那天，他把自己酒窖里的陈年佳酿全部拿出来兑在了一起，又用自己心爱的雄鸡羽毛将它调混成了一种前所未有的绝代美酒，并且在每个酒杯的边上都饰以一支雄鸡的鸡尾羽毛，然后为这对金童玉女干杯，大家高呼："鸡尾万岁！"从此人们就称呼这种混合饮料为鸡尾酒。这种酒也被船员们传播到了世界各地。

（二）传说之二

鸡尾酒源自美国独立战争末期一位移居美国的爱尔兰少女贝西。贝西在约克镇附近开了一家小客栈，当时有许多的海军军官和政府官员经常光顾这家客栈。贝西有一个邻居是"亲英派"，家里养着许多鸡。在一次美法两国军官的聚会上，贝西用从邻居那里偷来的鸡为军官们准备了一顿丰盛的鸡宴。餐后大家都去酒吧饮酒助兴，骤然间军官们发现在每个酒杯上都插着一根"亲英派"邻居所养公鸡的羽毛，而且贝西正手持羽毛调制一种混合饮料，大家马上明白是怎么回事了。在举杯祝酒的时候，一位军官举杯高呼："鸡尾万岁！"从此，凡是由贝西调制的或按贝西的调酒方法调制的这种酒，都被称作鸡尾酒而风行各地。

（三）传说之三（中华鸡尾酒的源流）

我国古典文学名著《红楼梦》中记载了调制混合酒"合欢酒"的操作过程："琼浆满泛玻璃盏，玉液浓斟琥珀杯。"用酒"乃以百花之蕊、万木之英，加以麟髓之旨、凤乳之曲"。这说明我国很早就有了鸡尾酒的雏形，只是当时没有很快地流行发展起来。

二、鸡尾酒分类

鸡尾酒名目繁多，目前世界上流行的就有上千种，而且还在不断创新。鸡尾酒的分类方法也很多。

（一）按调制风格分

1. 欧洲式

欧洲式鸡尾酒以英式鸡尾酒为主，以短饮（short Drink）为多，酒精含量较高，如马提尼、曼哈顿、士天架等。

2. 美国式

美国式鸡尾酒以长饮（Long Drink）为多，通常酒精含量较少，如柯林斯、蛋诺、菲兹、宾取。

3. 中国式

中国式鸡尾酒多用国产酒配制。

（二）按原料品种分

（1）金酒类。

（2）白兰地类。

（3）朗姆酒类。

（4）威士忌类。

（5）伏特加类。

（6）特基拉类。

此外，还有很多原料种类不同的鸡尾酒。

（三）按饮用时间的来分

1. 餐前鸡尾酒（Appetizer Cocktail）

餐前鸡尾酒以增加食欲为目的，酒的原料配有开胃酒或开胃果汁等，饮用时间在开胃菜上桌前。例如马提尼（Martini）、曼哈顿（Manhattan）和红玛玉（Blood Mary）。

2. 俱乐部鸡尾酒（Club Cocktail）

俱乐部鸡尾酒在正餐时代替开胃菜或开胃汤饮用。酒的原料中常勾兑新鲜的鸡蛋清或鸡蛋黄，色泽美观、酒精度较高。例如，三叶草俱乐部（Clover Club）、皇室俱乐部（Royal Clover Club）。

3. 餐后鸡尾酒（After Dinner Cocktail）

餐后鸡尾酒是正餐后或主菜后饮用的有香甜味的鸡尾酒。酒中勾兑了可可利口酒、咖啡利口酒或带有消化功能的草药利口酒。例如，亚历山大（Alexander）、B 和 B（B&B）、黑俄罗斯（Black Russian）。

4. 夜餐鸡尾酒（Supper Cocktail）

夜餐饮用的鸡尾酒含酒精度较高。例如，旁车（Side-Car）、睡前鸡尾酒（Night Cup Cocktail）。

5. 喜庆鸡尾鸡（Champagne Cocktail）

喜庆鸡尾酒多在喜庆宴会时饮用，以香槟酒为主要原料，勾兑少量烈性酒或利口酒制成。例如香槟曼哈顿（Champagne Manhattan）、阿玛丽佳那（Americano）。

（四）按饮用方法和混合方法分

1. 短饮类（Short Drinks）

短饮类鸡尾酒需要在短时间内饮尽，酒量约 60ml，3~4 口喝完，不加冰，10~20 分钟内不变味。其酒精浓度较高，适合餐前饮用。

2. 长饮类（Long Drinks）

长饮鸡尾酒放 30 分钟也不会影响风味，加冰，用高脚杯，适合餐时或餐后饮用。

3. 冷饮类（Cold Drinks）

冷饮类鸡尾酒温度控制在 5℃ ~6℃之间。

4. 热饮类（Hot Drinks）

热饮类鸡尾酒温度控制在 60℃ ~80℃之间，如托他（Toddy）。

三、鸡尾酒的特点

（1）鸡尾酒是混合酒。鸡尾酒由两种或两种以上的非水饮料调和而成，其中至少有一种为含酒精饮料。

（2）花样繁多，调法各异。用于调酒的原料有很多类型，各酒所用的配料种数也不相同，如两种、三种甚至五种以上。就算以流行的配料种类确定的鸡尾酒，各配料在分量上也会因地域不同、人的口味各异而有较大变化，从而冠用新的名称。

（3）具有刺激性。鸡尾酒具有明显的刺激性，能使饮用者兴奋，因此具有一定的酒精浓度。具有适当的酒精度，使饮用者紧张的神经得以和缓，肌肉放松。

（4）能够增进食欲。鸡尾酒是增进食欲的滋润剂，饮用后，由于酒中含有的微量调味饮料，如酸味、苦味等饮料的作用，能使饮用者的口味得到改善。

（5）口味优于单体组分。鸡尾酒必须有卓越的口味，而且这种口味应该优于单体组分。品尝鸡尾酒时，舌头的味蕾应该充分扩张，才能尝到刺激的味道。如果过甜、过苦或过香，就会影响品尝风味的能力，降低酒的品质，是调酒时不能允许的。

（6）色泽优美。鸡尾酒应具有细致、优雅、匀称、均一的色调。常规的鸡尾酒有澄清透明的或浑浊的两种类型。澄清型鸡尾酒应该是色泽透明，除极少量因鲜果带入固形外，没有其他任何沉淀物。

（7）冷饮性质。鸡尾酒需足够冷冻。像朗姆类混合酒，以沸水调节器配，自然不属典型的鸡尾酒。当然，也有些酒种既不用热水调配，也不强调加冰冷冻，但其某些配料或处于室温状态的，这类混合酒也应属于广义的鸡尾酒的范畴。

（8）盛载考究。鸡尾酒应由式样新颖大方、颜色协调得体、容积大小适当的载杯盛载，装饰品虽非必须，但是常有，它们对于酒，犹如锦上添花，使之更有魅力。况且，某些装饰品本身也是调味料。

四、鸡尾酒的命名

鸡尾酒的命名五花八门，千奇百怪。有植物名、动物名、人名，从形容词到动词，从视觉到味觉等不胜枚举。常用的命名方式有以下几种。

（1）根据原料命名。鸡尾酒的名称包括饮品主要原料，如金汤尼等。

（2）根据颜色命名。鸡尾酒的名称以调制好的饮品的颜色命名，如红粉佳人等。

（3）根据味道命名。鸡尾酒的名称以其主要味道命名，如威士忌酸酒等。

（4）根据装饰特点命名。鸡尾酒的名称以其装饰特点命名，如马颈。很多饮料因装饰物的改变而改变名称。

（5）根据典故命名。鸡尾酒很多具有特定的典故，名称也以典故命名。

五、鸡尾酒品尝技巧

鸡尾酒品尝分为三个步骤，即观色、嗅味、尝试。

（一）观色

调好的鸡尾酒都有一定的颜色，观色可以断定配方分量是否准确，例如红粉佳人调好后呈粉红色，青草蜢调好后呈奶绿色，干马天尼调好后清澈透明如清水一般。如果颜色不对，则整杯鸡尾酒就要重新做，不能售给客人。也不必再去试味了。更明显的如彩虹鸡尾酒，只从观色便可断定是否合格了，任意一层混浊了都不能再出售。

（二）嗅味

嗅味是用鼻子去闻鸡尾酒的香味，但在酒吧中进行时不能直接拿起整杯酒来嗅味，要用酒吧匙。凡鸡尾酒都有一定的香味，首先是基酒的香味。其次是所加进的辅料酒或饮料的香味，如果汁、甜酒、香料等各种不同的香味。变质的果汁会使整杯鸡尾酒报废。

（三）尝试

尝试鸡尾酒不能像喝开水那样，要一小口一小口地喝，喝入口中要停顿一下再吞咽，如此细细地品尝，才能分辨出多种不同的味道。

第二节　鸡尾酒的成分

一、鸡尾酒常用原料

（一）基酒

基酒首先应是一种烈性酒，它决定该鸡尾酒的性质和品种。在一般情况下，基酒是单一的烈酒，有时也可能允许两种或两种以上的烈酒做基酒。常用的基酒如外国的金酒、威士忌、白兰地、朗姆酒、伏特加和特基拉酒，也有的鸡尾酒用开胃酒、葡萄酒、餐后甜酒等做基酒，部分鸡尾酒不含酒的成分，纯用软饮料配制而成。中华鸡尾酒则以白酒为基酒。从这些不同型的基酒派生出数以万计的各种鸡尾酒配方。酒吧中用于调制鸡尾酒的基酒有两类，一是"供点基酒"（Call Liquor），即根据酒的牌名供客人点叫；二是"吧台基酒"（Bar Liquor），即根据鸡尾酒的配方由酒吧选定。

（二）调和料

调和料是一种用于冲淡、调和的材料，它与基酒混合后，使烈酒变得更爽、更清香。调和料可以将特殊刺激予以缓和，同时散发独特的香气，但是调和料的香味绝不能盖过基酒的香味。

常用的调和料有以下几种。

（1）香甜酒。苦精（Bitter）、库拉索橙皮酒（Curacao）、可可酒 Gremede Cacao、白薄荷酒（White Greme de Menther）、绿薄荷酒（Green Greme de Menther）、加利安奴（Galliano）等。

（2）柠檬汁和酸橙汁。高档酒吧一般都采用新鲜柠檬和酸橙自己榨汁，一般酒吧都使用冷冻汁。

（3）鸡蛋。有的使用蛋清，有的使用蛋黄，有的使用整个鸡蛋。

（4）糖。调酒时，主要使用糖粉（霜）、砂糖或糖水。

（5）石榴汁。

（6）炼乳。

（三）附加料

常用的附加料有：胡椒粉、盐、辣椒油、梅林酱油和番茄汁等。

（四）装饰物

鸡尾酒调好后，使用不同规格和形状的酒杯盛载，然后要给酒品做适当的点缀，以增加鸡尾酒的色彩和美感，通常使用的装饰物及装饰方法有以下几种。

（1）红绿樱桃——带柄放入杯内。可用牙签穿1~3枚，横放杯沿上。也可用牙签穿橙皮、樱桃，使之红、黄、绿相间。

（2）红苹果——横或竖切成薄片挂于杯沿。

（3）草莓——带有两瓣绿叶的整个草莓插于杯沿上。

（4）西瓜——用特制小勺挖出红色西瓜肉，然后用牙签穿起一串（4~5枚）横放杯沿上。

（5）橙皮——用特制小刀剥下橙皮（呈条状），然后绾结，放于杯内。

其他的如芹菜秆、芹菜叶、薄荷叶，无名指大小的洋葱、橄榄、小玩具伞以及玫瑰花瓣等都可做装饰物。

有些酒品需要使用糖粉或盐霜点缀杯沿，具体做法是：先用柠檬皮将杯口擦匀，扣杯口于糖粉或盐霜上转动一下，使湿润的杯沿沾上糖粉或盐霜，再将调好的酒倒入杯中。

（五）冰

冰在调酒中起两个作用，即冰镇和稀释。可通过冰型的选择，摇振或搅拌的次数，来控制酒品的冰镇程度和稀释量。如果用错冰型（如：冰霜、碎冰、薄冰、冰块）或是不适当的调酒动作（搅动或摇振次数过多或过少），都会破坏酒品应有的特色。

二、鸡尾酒调酒器具

（一）调酒壶（Cocktail Shaker）

调酒壶一般用银、铬合金或不锈钢等金属材料制造，由壶盖、滤网及壶体组成，是放置冰块冷却鸡尾酒不可缺少的器皿。

（二）调酒杯（Mixing Glass）

调酒杯别名酒吧杯（Bar Glass），也叫师傅杯，是一种在比较厚的玻璃杯，杯壁上刻有刻度，用于搅匀鸡尾酒材料的容器。

（三）调酒匙（Bar Spoon）

调酒匙又称酒吧长匙，它的柄很长，柄中间呈螺旋状，一般用不锈钢制成，用于搅拌鸡尾酒。

（四）滤冰器（Strainer）

滤冰器通常用不锈钢制成。用调酒杯调酒时，用它过滤，以留住冰块。

（五）冰桶（Ice Bucket）

冰桶用来盛放冰块。

（六）冰夹（Ice Ton）

夹冰块的工具。

（七）榨汁器（Squeezer）

榨柠檬等水果汁用的小型机器。

（八）量酒杯（Jigger）

不锈钢制品，两用量衡杯，一端盛30毫升酒，另一端盛45毫升酒。

（九）开瓶器（Bottle Opener）

用于开啤酒、汽水瓶盖的工具。

（十）开瓶钻（Cork Screw）

用于开软木塞瓶盖的工具。

（十一）切刀和俎板（Knife & Cutting Board）

用于切水果和制作装饰品。

（十二）特色牙签（Tooch Picks）

用塑料制成，用于穿插各种水果点缀品。

（十三）宾取盆（Punch Bowl）

专门用于调制宾取鸡尾酒的容器。

（十四）吸管（Absorb Pipe）

吸饮料用。

三、鸡尾酒常用杯具

由左至右：香槟酒杯（Champagne）、雪利酒杯（Sherry）、巴黎酒杯、鸡尾酒杯（Cocktail Glass）。

四种果汁杯（Pilsner，Flute）。

由左至右：香槟杯、香槟杯、香槟杯（沙瓦杯，Sour Glass）、香槟杯（沙瓦杯）、香槟杯。

由左至右：造型果汁杯、果汁杯、果汁杯、造型果汁杯。

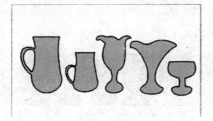

由左至右：公杯、公杯、圣代杯（Ice Cream Glass）、圣代杯、冰激凌杯（Ice Cream Glass）。

由左至右：白酒杯（white Wine Glass）、红酒杯、白兰地杯（Brandy Glass）、大白兰地杯（Brandy）。

由左至右：烈酒杯（彩虹酒杯 Pousse Cafe）、甜酒杯（Cordial）、甜酒杯、传统杯（岩石杯 Old-fashion Glass）、传统杯（老式酒杯 Old-fashion Glass）、烈酒杯（小酒杯）。

由左至右：果汁杯、宽口杯、高脚杯（Goblet）、高脚杯。

由左至右：温威士忌杯（Old-fasion Glass）、果汁杯、水杯（Water Tumbler）、果汁杯（水杯）、果汁杯（水杯）。

由左至右：细长啤酒杯（Beer Pilsner）、喇叭啤酒杯（淡啤酒杯 Beer Pilsner）、造型杯、啤酒杯（啤酒马克杯 Beer Mug）。

由左至右：鸡尾酒缸专用杯（Punch Cup）、果汁杯、葡萄酒杯（高脚杯）、女人杯（Beauty）。

第三节 鸡尾酒调制技巧

鸡尾酒的调制有两种方式，一是英式调酒；二是美式调酒。美式调酒又称为花式调酒。

一、英式调酒

（一）调制方法

英式调酒常用的调制方法有五种，即摇和法、调和法、兑和法、搅和法、漂浮法。

1. 摇和法（Shaking）

调酒时，先在壶身内放入六成冰块，然后按鸡尾酒配方依次注入基酒和其他辅助材料，然后盖上滤冰盖和壶盖。一般使用小号、中号调酒壶用单手摇动。方法是：右手握壶，食指紧压壶盖，拇指和其他手指紧握壶身，斜向上下均匀摇动。向上高度不要超过头顶，当金属调酒壶外出现白霜即可。斟酒时，右手握壶，左手打开壶盖，让酒液通过滤冰盖的小孔流入载杯，至距杯口 1/8 杯深即可。若酒液较多，则应使用大号调酒壶用双手摇动。方法是：用右手拇指紧压壶盖，左手沿壶身纵向伸直至壶底，持住壶身，双手紧握支撑住整个调酒壶，呈推进姿势，在胸前向斜上方一高一低推进，充分摇混所有原料，当金属酒壶外出现白霜即可。倒酒时，左手握壶，右手打开壶盖倒酒。

调酒壶内，不能投入含气体的汽水类材料，对鸡蛋、奶油等不易混合的材料，要大力摇匀。

2. 调和法（Stirring）

调酒时，先在调酒杯内放入适量的冰块，然后依次放入所需的基酒和辅助材料。左手握杯，右手拿酒吧长匙，将长匙夹在中指和无名指间，拇指和食指握住长匙的上部，沿着调酒杯的内侧，顺时针方向迅速旋转搅动 10 秒钟，使酒均匀冷却。倒酒时，左手握杯，右手拿长匙挡住冰块，将酒滤入载杯。

3. 兑和法（Building）

把冰块和所需材料依次放入载杯内，用长匙斜向上下搅动一下（有的不需搅动，如彩虹鸡尾酒），使各种材料混合即可。

4. 搅和法（Blending）

搅和法是把酒水与碎冰块按配方要求放入电动搅拌机中，启动 10 秒钟后连冰块和酒水倒入酒杯中。

5. 漂浮法（float）

漂浮法，即直接将配料依次倒入酒杯中，由于配料的密度不同，因此能够看到鸡尾酒有渐变色、分层的感觉。大多数情况下，用漂浮法调制的鸡尾酒都会配有一根搅棒，顾客可以自由选择是按层次品尝或是将其搅匀后品尝。

以上各种调酒法操作时手法要轻快敏捷，姿势要自然大方，给人以一种美的享受。

（二）国际标准规定

1. 仪表

必须身着白衬衣、背心，打领结。调酒人员的形象不仅影响酒吧声誉，而且还影响客人的饮酒情趣。

2. 时间

调完一杯鸡尾酒规定时间为 1 分钟。吧台的实际操作中要求一位调酒师在 1 小时内能为客人提供 80~120 杯饮料。

3. 卫生

多数饮料是不需加热直接被客人饮用的，所以操作上的每个环节都应严格按卫生要求和标准进行。任何不良习惯都直接影响客人健康。

4. 姿势

动作熟练，姿势优美，不能有不雅的动作。

5. 杯具

所有的杯具与饮料要求一致，不能用错杯子。

6. 用料

要求所有原料准确，少用或错用主要原料会破坏饮品的标准味道。

7. 颜色

颜色深浅程度与饮料要求一致。

8. 味道

调出饮料的味道要正确，不能偏浓或偏淡。

9. 调法

调酒方法与饮料要求一致。

10. 程序

要依次按标准要求操作。

11. 装饰

装饰与饮料要求一致。

（三）调制的一般步骤

鸡尾酒调制过程，大致可按以下步骤进行。

（1）挑选酒杯。

（2）杯中放入所需冰块。

（3）确定调酒方法及盛酒容器。

（4）量入所需基酒（基酒的数量与载杯容量有关）。

（5）量入少量的辅助成分。

（6）调制。

（7）装饰。

（8）服务。

（四）调制的规定动作

1. 拿瓶

拿瓶是把酒瓶从酒柜或操作台上传到手中的过程。传瓶一般有左手传到右手或从下方传到上方两种情形。拿瓶的规定动作是用左手拿瓶颈部传到右手上。用右手拿住瓶的中部，或直接用右手从瓶的颈部上提至瓶中间部位。要求动作快、稳。

2. 示瓶

示瓶即把酒瓶展示给客人。示瓶的规定动作是用左手托住底部，用右手拿住瓶颈部，呈 45 度角，把商标面向客人。

拿瓶到示瓶是一个连贯的动作。

3. 开瓶

开瓶的规定动作是用右手拿住瓶身，左手中指逆时针方向向外拉酒瓶盖，用力得当时可一次拉开，并用左手虎口（即拇指和食指）夹起瓶盖。

4. 量杯

开瓶后立即用左手的中指和食指与无名指夹起量杯（根据需要选择量杯的大小），两臂略微抬起呈环抱状，把量杯放在靠近容器的正前上方约一寸处，量杯要安放端正。然后右手把酒倒入量杯，之后收瓶口，左手同时将酒倒进所用的容器中，用左手拇指顺时针方向将瓶盖盖好，然后放下量杯和酒瓶。

5. 握杯

老式杯、海波杯、可林杯等平底杯应握杯子下底部，切忌用手拿杯口。高脚杯拿细柄部，白兰地杯则应用手握住杯身，以手传热使其芳香溢出（指客人饮用时）。

6. 溜杯

溜杯指将酒杯冷却后用来盛酒。通常有以下几种情况。

冰箱冷却：将酒杯放在冰箱内冷却。

上霜机冷却：将酒杯放在上霜机内上霜。

加冰块冷却：加冰块在杯内使其冷却。

溜杯冷却：杯内加冰块使其快速旋转至冷却。

7. 温烫

指将酒杯烫热后用来盛饮料。

火烤：用蜡烛来烤杯，使其变热。

燃烧：将高酒精烈酒放入杯中燃烧，至酒杯发热。

水烫：用热水将杯烫热。

8. 搅拌

搅拌是混合饮料的方法之一。它是用吧匙在调酒杯或饮用杯中搅动使饮料混合。具体操作要求用左手握住杯底，右手按握毛笔姿势，使吧匙匙背靠杯边按顺时针方向快速旋转。搅动时有冰块转动声。搅动 5 大圈后，用滤冰器放在调酒杯口，迅速将调好的酒滤出。

9. 摇动

摇动是使用摇酒器来混合饮料的方法。具体操作形式有单手、双手两种。

单手摇动时握摇酒器右手食指按住壶盖，用拇指、中指、无名指夹住壶体两边，手心不与壶体接触。摇壶时，尽量使手腕用力。手臂在身体右侧自然上下摆动。要求是力量要大、速度快、有节奏、动作连贯。

双手摇动时左手中指按住壶底，拇指按住壶中间过滤盖处，其他手指自然伸开，右手拇指按壶盖，其余手指自然伸开固定壶身。壶头朝向自己，壶底朝外，并略向上方。摇壶时可在身体左上方或正前上方自然摆动。要求两臂略抬起，呈伸曲动作，手腕呈三角形摇动。

10. 上霜

上霜是指在杯口边沾上糖粉或盐霜。具体要求是操作前要把酒杯晾干，用柠檬皮擦杯口边时要均匀，然后将酒杯倒扣在糖粉或盐霜上，蘸完后把多余的糖粉和盐霜掸去。

11. 调酒全部过程

短饮：

选杯—放入冰块—溜杯—选择调酒用具—传瓶—示瓶—开瓶—量酒—搅拌（或摇壶）—过滤—装饰—服务

长饮：

选杯—放入冰块—传瓶—示瓶—量酒—搅拌（或掺兑）—装饰—服务

（五）色彩调制

鸡尾酒之所以如此具有魅力，与它那五彩斑斓的颜色是分不开的。色彩的配制在鸡尾酒的调制中至关重要。

1. 鸡尾酒原料的基本色

鸡尾酒是将基酒和各种辅料调配混合而成的。这些原料的不同颜色是构思鸡尾酒色彩的基础。

（1）糖浆

糖浆是鸡尾酒中常用的调色辅料，它的颜色有红色、浅红、黄色、绿色、白色等。较为常用的糖浆有红石榴糖浆（深红）、山楂糖浆（浅红）、香蕉糖浆（黄色）、西瓜糖浆（绿色）等。

（2）果汁

果汁具有水果的自然颜色，常见的有橙汁（橙色）、香蕉汁（黄色）、椰汁（白色）、西瓜汁（红色）、草莓汁（浅红色）、西红柿汁（粉红）等。

（3）利口酒

利口酒是鸡尾酒调制中不可缺少的辅料，它的颜色十分丰富，赤、橙、黄、绿、青、蓝、紫几乎全包括。有些同一品牌的利口酒就有几种不同颜色，如可可酒有白色、褐色，薄荷酒有绿色、白色；橙皮酒有蓝色、白色等。

（4）基酒

基酒除伏特加、金酒等少数几种无色烈酒外，大多数酒都有自身的颜色，这也是构成鸡尾酒色彩的基础。

2. 鸡尾酒颜色的调配

鸡尾酒颜色的调配须按色彩配比的规律调制。

（1）在调制彩虹酒时首先要使每层酒为等距离，以保持酒体形态的稳定；其次应注意色彩的搭配，如红配绿、黄配蓝，但白与黑是色明度差距极大的一对，不宜直接相配；暗色、深色的酒置于酒杯下部，如红石榴汁，明亮或浅色的酒放在上部，如白兰地、浓乳等，以保持酒的平衡。

（2）在调制有层色的部分海波饮料、果汁饮料时，应注意颜色的比例配备。一般来说暖色或纯色的诱惑力强，应占面积小一些，冷色或浊色面积可大一些。如特基拉日出。

（3）绝大部分鸡尾酒都是将几种不同颜色的原料进行混合调制出某种颜色。这就要求我们事先了解两种或两种以上的颜色混合后产生的新颜色。如黄与蓝混合成绿色，红与蓝混合成紫色，红与黄混合成橘色，绿色与蓝色混合成青绿色等。

在调制鸡尾酒时，应把握好不同颜色原料的用量。颜色原料用量过多则色深，量少则色浅，达不到预想的效果。如红粉佳人，主要用红石榴汁来调出粉红色的酒品效果，在标准容量鸡尾酒杯中一般用量为1吧匙，多于1吧匙，颜色为深红，少于1吧匙，颜色呈淡粉色，体现不出"红粉佳人"的魅力。

注意不同原料对颜色的作用。冰块在调制鸡尾酒时用量、时间长短直接影响到颜色的深浅。另外，冰块本身具有的透亮性，在古典杯中加冰块的饮品更具有光泽，更显晶莹透亮，如君度加冰、威士忌加冰、金巴利加冰、加拿大雾酒等。

乳、奶、蛋等均具有半透明的特点，且不宜同饮品的颜色混合。调制中用这些原料时，奶起增白效果，蛋清增加泡沫，蛋黄增强口感，使调出的饮品呈朦胧状，增加饮品的诱惑力。如青草蜢、金色菲士等。

碳酸饮料对饮品颜色有稀释作用，配制饮品时，一般在各种原料成分中所占比重较大，酒品的颜色也较浅、味道较淡。

果汁原料因其所含色素的关系，本身具有颜色，应注意颜色的混合变化。如日月潭库勒、绿薄荷和橙汁一起搅拌，会呈草绿色。

3. 鸡尾酒的情调创造

酒吧是最讲究氛围的场所。鸡尾酒以不同色彩来传达不同的情感，创造特殊的酒吧情调。

红色鸡尾酒和混合饮料，表达一种幸福的热情、活力和热烈的情感。

白色饮品，给人纯洁、神圣、善良的感受。

黄色饮品，是辉煌、神圣的象征。

绿色饮品，使人联想起大自然，感到自己年轻、充满活力。

紫色饮品，给人高贵而庄重的感觉。

粉红色的饮品，传达浪漫、健康的情感。

蓝色饮品，既可给人以冷淡、伤感的联想，又能使人平静，同时也是希望的象征。

（六）口味调配

鸡尾酒的味道是由具有各种天然香味的饮料调配出来的，而这些饮料的成分主要是芳香类物质，如醇类、脂类、醛类、酮类、烃类。鸡尾酒调出的味道一般都不过酸、过甜，是一种味道较为适中，能满足人们的各种口味需要的饮品。

1. 原料的基本味

酸味来自柠檬汁、青柠汁、西红柿汁等。

甜味来自糖、糖浆、蜂蜜、利口酒等。

苦味来自金巴利苦味酒、苦精及新鲜橙汁等。

辣味来自辛辣的烈酒，以及辣椒、胡椒等辣味调料。

咸味来自盐。

香味来自酒及饮料中各种香味，尤其是利口酒中有多数水果和植物香味。

2. 鸡尾酒口味调配

将不同味道的原料进行组合就会调制出具有不同类型风味和口感的鸡尾酒。

（1）酒香浓郁型

基酒占绝大多数比重，使酒体本味突出，配少量辅料增加香味，如马提尼、曼哈顿。这类酒含糖量少，口感甘洌。

（2）酸味圆润滋养型

以柠檬汁、西柠汁和利口酒、糖浆为配料，与烈酒配出的酸甜鸡尾酒香味浓郁，入口微酸，回味甘甜。这类酒在鸡尾酒中占有很大比重，酸甜味比例根据饮品及各地人们的口味不同，并不完全一样。

（3）绵柔香甜型

用乳、奶、蛋和具有特殊香味的利口酒调制而成的饮品。如白兰地亚历山大，金色菲士等。

（4）清凉爽口型

用碳酸饮料加冰与其他酒类配制的长饮。具有清凉解渴的功效。

（5）微苦香甜型

以金巴利或苦精为辅料调制出来的鸡尾酒，如亚美利加诺、尼格龙尼等。这类饮品入口虽苦，但持续时间短，回味香甜，并有清热的作用。

不同地区的人们对鸡尾酒口味的要求各不相同，在调制鸡尾酒时，应根据顾客的喜好来调配。欧美人不喜欢含糖或含糖高的饮品，调制鸡尾酒时，糖浆等甜物宜少放。东方人，如日本和我国港台顾客，他们喜欢甜口，可使饮品甜味略突出。对于有特殊口味要求的顾客可征求客人意见后调制。在调制鸡尾酒时，还应注意世界上各种鸡尾酒的流行口味。

3. 不同场合的鸡尾酒口味

鸡尾酒种类五花八门，应有尽有，但是某一特定的场合对鸡尾酒的品种、口味有特殊的要求。

（1）餐前鸡尾酒

餐前是指在餐厅正式用餐前或者是在宴会开始前提供的鸡尾酒。这类鸡尾酒要求酒精含量较高，具有酸味、辣味。如马提尼、吉姆莱特等。

（2）餐后鸡尾酒

餐后鸡尾酒指在正餐后饮用的鸡尾酒品，要求口味较甜，具有助消化和收胃功能。如黑俄罗斯等。

（3）休闲场合鸡尾酒

休闲场合鸡尾酒主要是游泳池旁、保龄球场、台球厅等场所提供的鸡尾酒。要求酒精含量低或者无酒精，以清凉、解渴的饮料为佳，一般为果汁混合饮料、碳酸混合饮料。

（七）调制注意事项

在鸡尾酒调制过程中，应注意以下基本原则。

（1）调酒人员须做好调酒前的各项准备工作。

（2）使用正确的调酒工具。调酒壶、调酒杯、酒杯不可混用代用。

（3）严格遵守配方，必须使用量杯。流行的著名配方大都经过长期实践才制定出来，用量不准确会改变混合后酒品的应有风格。

（4）调酒所用冰块必须是新鲜的。因为新鲜的冰块质地坚硬，不易融化。

（5）使用冰块要遵照配方。冰块、碎冰、冰霜不可混淆。调酒壶装冰时不宜装得过多过满。

（6）调酒时如需用糖，尽量使用糖饴、糖浆、糖水，少用糖块、砂糖，因为糖块和砂糖不溶于酒精或很难溶于某些果汁中。制作糖浆时，糖粉与水的比例（重量）为3∶1。

（7）绝大多数鸡尾酒要现喝现调，调好之后不可放置太久，否则将失去其应有的品位。

（8）调酒用的材料要新鲜，特别是奶、蛋、果汁等。

（9）调制热饮时，酒温不可超过78℃，因为酒精的蒸发点是78℃。

（10）下料程序要遵循先辅料、后主料的原则，以避免在调制过程中出了什么差错，造成损失。

（11）在使用玻璃调酒杯时，如果当时室温较高，使用前应先将冷水倒入杯中，然后加入冰块，而后将冰水倒掉，以避免因冰块直接进入调酒杯，产生骤热骤冷的变化而使玻璃杯炸裂。

（12）倒酒时，杯内的酒不可装得太满，杯口应留1/8到1/4的空隙，太满时宾客难以饮用，太少了又显得难堪。

（13）水果如果事先用热水浸泡过，在压榨过程中，会多出1/4的汁。

（14）酒杯降温和加霜，目的是使鸡尾酒保持清新爽口，所用的酒杯须贮藏在冷藏柜中降温。如果冷藏柜容量不足，则可在调制前先把碎冰放进杯子或把杯子埋入碎冰使之降温。酒杯加霜是指把酒杯较长时间地置于冷藏柜中，或埋入碎冰内，或杯内加冰，取出时，由于冷凝作用，杯身上出现一层霜雾，给人以极冷的感觉，适用于某些种类的鸡尾酒。

（15）"On the Rocks" 是指杯中预先放入冰块，将酒淋在冰块上饮用。"Straightup" 是指不加冰。"追水" 是指为稀释高酒精度的酒，而追加饮用水。

（16）调配制作完毕之后，一定要将瓶子盖紧并复归原位。

二、美式调酒（花式调酒）

（一）美式调酒概述

花式调酒起源于美国，现风靡于世界各地。其特点是在正统的英式调酒过程中加入一些花式调酒动作，以及魔幻般的互动游戏，起到活跃酒吧气氛、提高娱乐性、与客人拉近关系的作用。

美式酒吧的吧台和英式酒吧的吧台在构造上有所不同，调酒的方法也相对要轻松随意，美式吧台主要的构造原则是能以最快的速度为客人提供高质量的酒水，以及能够在吧台中任何地方服务客人进行花式调酒。

花式调酒是当今世界上非常流行的调酒方式，花式调酒师在调酒的过程中融入了个性，可运用酒瓶、调酒壶、酒杯等调酒用具表演令人赏心悦目的调酒动作，从而达到吸引客人、愉悦客人、增加调酒师个人魅力的目的，还能更好地与客人沟通，促销酒水等。此外，也会将整个调酒过程变得轻松随意、富有观赏性。

（二）调酒的要求

花式调酒师是以其花式调酒本领和表演能力来吸引消费者的。

第一，花式调酒师应熟练运用各种花式调酒用具。花式调酒特有的调酒用具有酒嘴、美式调酒壶、果汁桶等，这不但是调酒所需要的工具，也是花式调酒师在工作中轻松自如地表演的道具。

第二，花式调酒师不仅要掌握多种基本调酒技法，还要在学习过程中掌握怎样用酒嘴控制酒水的标准用量，即自由式倒酒，以及如何在最短的时间调制尽可能多的饮料等。

第三，每位花式调酒师都要懂得如何展现个人表演风格。花式调酒师要求开朗健谈，良好的沟通能使调酒师创造恰当的谈话氛围。

第四，花式调酒要不断探索、创新出高质量的酒水和新奇的花式动作。调酒师们在练习过程中，要充分发挥想象力，不断创新并提高动作技巧。

（三）调酒的内容

花式调酒除了要求调酒师不但能够调制出可口的鸡尾酒，还要求他能在消费者的注视下表演优雅的调酒动作，更好地展示调酒技巧。

1. 乐感

调酒师在表演中经常会伴随着各式各样的音乐，所以调酒师的花式动作要与音乐的节奏配合。一次完美的调酒表演经常可以在音乐中营造出良好的气氛。

2. 舞蹈

漂亮自如的动作能给客人满意的感觉和美的享受。舞蹈可以使调酒师身体的协调性保持良好状态，使花式调酒表演更加具有观赏性。

3. 动作

使人眼花缭乱的动作是花式调酒的重点所在，调酒师应为每一个动作编排出适合自己个性的花式动作。

4. 心理素质

在众多客人的注视下表演，必然要求花式调酒师具有良好的心理素质。花式调酒师在表演过程中，只能做自己有把握的动作，并且不要让偶尔的失手影响了后面的表演。

（四）调酒常用动作

1. 花式倒酒

右手握住瓶颈，与胸同高；将瓶子从身体的右侧抛起翻转1周，右手接住瓶颈部，酒嘴朝下，把酒液倒入另一只手拿的调酒壶中。

2. 手背立瓶

用右手的拇指、食指、中指捏住瓶颈，手指发力向上提酒瓶，再让瓶身在空中垂直落下，将手伸平、手背向上，让瓶底朝下直立停在手背上。

3. 后抛前接

右手握瓶向身后抛瓶，瓶子抛出的同时右手手腕向上钩瓶发力，使瓶从右肩上方飞向身前，右手迅速在身前接往瓶颈。

4. 右抛左接

右手握瓶颈，与胸同高，向左手抛瓶，瓶抛出后旋转两周，左手接住瓶颈。

（五）调酒动作要求

花式调酒通过表演动作串联调酒过程，难度远远大于英式调酒，因此在制作中应注意以下几点。

1. 速度

调酒师要在调酒过程中提高鸡尾酒制作的速度。

2. 组织

加强调酒与表演动作融为一体的组织能力。

3. 精确

确保用酒嘴倒酒的精确性。

（六）调酒的技法

1. 直调法

直调法就是将酒液直接倒入杯中混合。在英式调酒中直调法被称为兑和法。

2. 漂浮添加法

漂浮添加法就是将一种酒液加到已混合的酒液上，产生向上渗透的效果。在英式调酒中漂浮添加法被称为兑和法。

3. 果汁机搅拌法

果汁机搅拌法就是把所需酒液连同碎冰一起加入搅拌机中，按配方要求的速度搅拌。在英式调酒中果汁机搅拌法被称为搅和法。

4. 摇动和过滤法

摇动和过滤法就是将所需酒液连同冰块放入波士顿摇酒壶中快速摇动后滤入酒杯。在英式调酒中摇动和过滤法被称为摇和法。

5. 混合法

混合法就是把酒液按比例倒入波士顿摇酒壶，可根据配方加入冰块，把摇酒壶放在搅拌轴下，打开开关，搅拌 8~10 秒，再把混合好的饮料倒入酒杯。

6. 搅动和过滤法

搅动和过滤法就是将所需酒液连同冰块放入波士顿摇酒壶，搅动后滤入酒杯。搅动和过滤法在英式调酒中称为调和法。

7. 捣棒挤压法

捣棒挤压法就是在杯中用捣捧将水果粒通过挤压的方式压成糊状，然后将摇妥或搅拌好的酒液倒入其中。

8. 层加法

层加法就是按照各种酒品糖分比重不同，按配方顺序依次倒入杯中，使其层次分明。每种酒液是直接倒在另一种酒液上，不加搅动。在英式调酒中这种方法被称为兑和法。

（七）调酒注意事项

1. 安全性

注意在调酒过程中保护自己和怎样不去伤害到客人。

2. 表演性

在表演前使用专业的练习瓶练习要表演的动作，达到非常熟练的程度。同时，还要发挥想象力，用一些俏皮的语言和表情提高表演的观赏性。因为表演也是为客人提供的一种服务，但要注意的是，不要让花式表演影响到所要调制的鸡尾酒的质量。

第四节　鸡尾酒调制

一、鸡尾酒调制原则

鸡尾酒是一种自娱性很强的混合饮料，它不同于其他任何一种酒类的生产，可以由调制者根据自己的喜好和口味特征来尽情地想象、发挥。要使鸡尾酒成为商品，在饭店、酒吧中进行销售，就必须符合一定的规则，必须适应市场的需要，满足消费者的要求。因此，鸡尾酒的调制必须遵循一些基本原则。

（一）新颖性

任何一款新创鸡尾酒首先必须突出一个"新"字，即在众多流行的鸡尾酒中没有记载。此外，调制的鸡尾酒无论在表现手法、色彩、口味，以及酒品所表达的意境等方面都应该给人耳目一新的感觉，给品尝者以新意。

鸡尾酒的新颖，关键在于构思的奇巧。构思是人们根据需要而形成的设计导向，这是鸡尾酒设计制作的思想内涵和灵魂，鸡尾酒的新颖性原则，就是要求创造者能充分运用各种调酒材料和各种艺术手段，通过挖掘和思考，来体现鸡尾酒新颖的构思，创制出色、香、味、形俱佳的新酒品。

鸡尾酒融多种艺术特征为一体，形成自己的艺术特色，从而给消费者以视觉、味觉和触觉等艺术享受。因此，在调制鸡尾酒时，调酒师要将这些因素综合起来进行思考，以确保鸡尾酒的新颖和独特。

（二）易于推广

任何一款鸡尾酒的调制都有一定的目的性，要么是设计者自娱自乐，要么是在某一特定场合，为渲染或烘托气氛进行即兴调制，但更多的还是一些专业调酒师，为了饭店、酒吧经营的需要而进行的专门调制。调制的目的不同，决定了调制者的设计手法也不完全一样，作为经营所需而设计调制的鸡尾酒，在构思时必须遵循易于推广的原则，即将它当作商品来进行调制。

（1）鸡尾酒的调制不同于其他商品，它是一种饮品，首先必须满足消费者的口味需要，因此，调制者必须充分了解消费者的需求，使自己创作的酒品能适应市场的需要，易于被消费者接受。

（2）既然调制的鸡尾酒是一种商品，就必须考虑其营利性质，考虑其调制成本。鸡尾酒的成本由调制的主料、辅料、装饰品等直接成本和其他间接成本构成。成本的高低尤其是直接成本的高低，直接影响到酒品的销售价格，价格过高，消费者难以接受，会严重影响酒品的推广。因此，在进行鸡尾酒调制时，应当选择一些口味较好，价格又不是很昂贵的酒品作为基酒进行调配。

（3）配方简洁是鸡尾酒易于推广和流行的又一因素。从以往的鸡尾酒配方来看，绝大多数配方都很简洁，易于调制，即使之前比较复杂的配方，随着时代的发展、人们需求的变化也变得越来越简洁。如"新加坡司令"，当初发明的时候，调配材料有10多种，但由于其复杂的配方很难记忆，制作也比较麻烦，因此在推广过程中被人们逐步简化，变成了现在的配方。因此在设计和创新鸡尾酒时，必须使配方简洁，一般每款鸡尾酒的主要调配材料，控制在5种或5种以内，这既利于调配，又利于流行和推广。

（4）遵循基本调配法则，并有所创新。任何一款新调制的鸡尾酒，要能易于推广，易于流行，还必须易于调制，在调制方法的选择上不外乎摇和、搅和、兑和等方法。当然，创新鸡尾酒在调制方法上也是可以创新的，如将摇和法与漂浮法结合，将摇和法与兑和法结合调制酒品等。

（三）色彩鲜艳独特

色彩是表现鸡尾酒魅力的重要因素之一，任何一款鸡尾酒都可以通过赏心悦目的色彩来吸引消费者，并通过色彩来增加鸡尾酒自身的鉴赏价值。因此，鸡尾酒的创作者们在调制鸡尾酒时都特别注意酒品颜色的选用。

鸡尾酒中常用的色彩有红、蓝、绿、黄、褐等，在以往的鸡尾酒中，出现最多的颜色是红、蓝、绿以及少量黄色，而在鸡尾酒调制中，这几种颜色也是用得最多的，使得许多酒品在视觉效果上不再有新意，缺少独创性。因此，调制时应考虑到色彩的与众不同，以此增加酒品的视觉效果。

（四）口味卓绝

口味是评判一款鸡尾酒好坏以及能否流行的重要标志，因此，鸡尾酒的调制必须将口味作为一个重要因素加以认真考虑。

口味卓绝原则要求新调制的鸡尾酒在口味上，首先必须将诸味调和，酸、甜、苦、辣诸味必须相协调，过酸、过甜或过苦，都会掩盖饮酒者味蕾对味道的品尝能力，从而降低酒的品质。其次，新创鸡尾酒在口味上还需满足消费者的口味需求，虽然不同地区的消费者在口味上有所不同，但作为流行性和国际性很强的鸡尾酒，在设计时必须考虑其广泛性要求，在满足绝大多数消费者共同需求的同时再适当兼顾本地区消费者的口味需求。

此外，在口味方面还应注意突出基酒的口味，避免辅料"喧宾夺主"。基酒是任何一款酒品的根本和核心，无论采用何种辅料，最终形成何种口味特征，都不能掩盖基酒的味道，造成主次颠倒。

二、鸡尾酒调制程序

（一）选择主题

鸡尾酒调制内容非常广泛，调制者可根据自己的兴趣爱好、生活经历、艺术特长、思维特点来确定。通过观察思考、触景生情、联想发挥等方法去寻找调制的灵感。可以选择几个调制内容，再进行筛选，确定主题。主题明确后，关键是选择何种基酒和辅料来表现内容。原则上，基酒必须为创意和内容服务，辅料与基酒相辅相成。

（二）确定名称

鸡尾酒名称的确定可根据调制意图确定，也可根据调制内容或选定的主辅原料来确定，名称要简练、含蓄。

（三）选择载杯和装饰物

根据创意和内容选择载杯的形状和大小，酒品的分量与载杯的容量一致，装饰物与创意、内容相符合，酒品的口味与装饰物协调。

（四）配方制定

每一款鸡尾酒都有一个完整的配方，包括：酒品的中英文名称、原材料的中英文名称、分量、制作方法、载杯、装饰物等。特殊情况下还应增加创意说明、成本核算等。

（五）调制品尝

根据配方先进行调制试验，尤其是酒品的口感和味道，需要通过品尝才能确定。同时，基酒和辅料在混合过程中，有时颜色还会产生变化，达不到预期的效果。因此，必须进行试验调制以检验真实效果。为体现现场效果，装饰物需现制。在调制过程中，通过不断的修改和完善，调制出完美的作品。

三、鸡尾酒调制实例

（一）英式鸡尾酒

1. 以金酒为基酒

（1）马提尼（干）（Dry Martini）

基酒：42 毫升金酒。

辅料：4 滴干味美思酒。

制法：用调和滤冰法，把基酒和辅料倒入鸡尾酒杯中，用酒签穿橄榄装饰。

（2）马提尼（甜）（Sweet Martini）

基酒：42 毫升金酒。

辅料：14 毫升甜味美思酒。

制法：用调和滤冰法，把基酒和辅料倒入鸡尾酒杯中，用酒签穿红樱桃装饰。

（3）红粉佳人（Pink Lady）

基酒：28 毫升金酒。

辅料：14 毫升柠檬汁。

8.4 毫升红石榴糖浆。

8.4 毫升君度酒。

半个鸡蛋清。

制法：用调和滤冰法，把基酒和辅料倒入鸡尾酒杯中，用樱桃挂杯装饰。

（4）吉普生（Gibson）

基酒：42 毫升金酒

辅料：2 滴干味美思酒。

制法：用调和滤冰法，把基酒和辅料倒入鸡尾酒杯中，切一柠檬片，扭曲垂入酒中，酒签穿小洋葱装饰。

2. 以威士忌为基酒

（1）干曼哈顿（Dry Manhattan）

基酒：28 毫升美国威士忌。

辅料：21 毫升干味美思酒。

制法：用调和滤冰法，把基酒和辅料倒入鸡尾酒杯中，用酒签穿橄榄装饰。

（2）甜曼哈顿（Sweet Manhattan）

基酒：28 毫升美国威士忌。

辅料：21 毫升甜味美思酒。

3 滴安哥斯特拉比特酒。

制法：用调和滤冰法，把基酒和辅料倒入鸡尾酒杯中，用酒签穿樱桃装饰。

（3）酸威士忌（Whiskey Sour）

基酒：28 毫升美国威士忌。

辅料：28 毫升柠檬汁。

　　　　19.6 毫升白糖浆。

制法：用调和滤冰法，把基酒和辅料倒入鸡尾酒杯中，用樱桃挂杯装饰。

3. 以白兰地为基酒

白兰地奶露（Brandy Egg Nogg）

基酒：28 毫升白兰地。

辅料：112 毫升鲜牛奶。

　　　　14 毫升白糖浆。

　　　　一只鸡蛋。

制法：用搅和法，先将半杯碎冰加在搅拌机里，然后将白兰地和辅料放进去，搅拌 10 秒钟后倒入柯林杯中，在酒液面上撒豆蔻粉。

4. 以朗姆酒为基酒

自由古巴（Cuba Libre）

基酒：28 毫升白朗姆酒。

制法：用调和法，先倒入基酒，挤一片青柠檬角汁，并把青柠檬放入柯林杯中，斟满可口可乐，加吸管，不加其他装饰。

5. 以伏特加为基酒

（1）黑俄罗斯（Blark Russian）

基酒：28 毫升伏特加酒。

辅料：21 毫升甘露咖啡酒。

制法：用兑和法，先把冰块放入平底杯中，倒入基酒和辅料，然后装饰。（白俄罗斯鸡尾酒只在以上配方加 28 毫升淡奶。）

（2）血腥玛丽（Bloody Mary）

基酒：28 毫升伏特加酒。

辅料：112 毫升番茄汁。

制法：用调和法，先倒入基酒和辅料，挤一片柠檬角汁，并把柠檬角放入平底杯中（有的也用果汁杯），加盐、胡椒粉、几滴李派林唣汁和一滴辣椒油，面上撒西芹和盐，用西芹菜棒和柠檬角挂环装饰。

（3）螺丝批（Screwdriver）

基酒：28 毫升伏特加酒。

辅料：112 毫升橙汁。

制法：用调和法，把基酒和辅料倒入平底杯，加橙角、樱桃装饰。

6. 其他

（1）天使之吻（Angel Kiss）

基酒：21 毫升甘露酒。

辅料：5.6 毫升淡奶。

制法：用兑和法，把基酒倒入餐后甜酒杯中，再把淡奶轻轻倒入，不需搅拌，用酒签穿红樱桃放在杯沿装饰。

（2）雪球（Snow Ball）

基酒：42 毫升鸡蛋白兰地。

制法：用调和法，把基酒倒入柯林杯，再倒入 85% 的雪碧汽水，加樱桃装饰。

（3）红眼（Red Eyes）

基酒：224 毫升生啤酒。

辅料：56 毫升番茄汁。

制法：用调和法，将基酒和辅料倒入啤酒杯中，不加装饰。

（4）姗蒂（Shandy〈Tops〉）

基酒：140 毫升生啤酒。

辅料：140 毫升雪碧汽水。

制法：用兑和法，把基酒和辅料倒入啤酒杯中，不加装饰。

（5）枪手（Guner）

基酒：98 毫升羌啤。

辅料：3 滴安哥斯特拉比特酒、98 毫升干羌水。

制法：用调和法，先把 3 块冰放入柯林杯，滴 3 滴安哥斯特拉比特酒，然后放入基酒和干羌水，最后把扭曲的柠檬皮垂入酒液，橙角、樱桃卡在杯沿装饰。

（6）什锦果宾治（Fruit Punch）

材料：84 毫升橙汁

　　　84 毫升菠萝汁

　　　28 毫升柠檬汁

　　　14 毫升红石榴糖水

制法：用调和法，先把材料按分量倒入柯林杯中，加满雪碧汽水，把橙角、樱桃卡在杯沿装饰。

（7）薄荷宾治（Mint Punch）

基酒：28 毫升绿薄荷酒。

辅料：56 毫升橙汁。

　　　56 毫升菠萝汁。

制法：用调和法，把基酒、辅料倒入柯林杯中，最后把橙角、樱桃卡在杯沿，薄荷叶斜放杯中装饰。

（8）波斯猫（Pussy Foot）

材料：84 毫升橙汁。

56 毫升菠萝汁。

9 毫升红石榴糖水。

56 毫升雪碧汽水。

一只鸡蛋。

制法：用搅拌法，把材料加碎冰全部放入搅拌机搅拌，倒入柯林杯中，加橙角、樱桃装饰。

（二）美式鸡尾酒

1. 好莱坞之夜（Hollywood Night）

45 毫升椰味甜酒（Malibu）

15 毫升蜜瓜甜酒（Melon Liqueur）

15 毫升菠萝汁（Pineapple Juice）

1 片柠檬（Lemon）

1 个樱桃（Cherry）

调配：将上述材料（除柠檬、樱桃外）倒入加有冰块的摇酒壶内，摇妥后滤入鸡尾酒杯中，以柠檬片及樱桃装饰。

提示：口味甜，酒精度约为 15 度。

2. 海岸冰茶（Long Beach Ice Tea）

15 毫升金酒（Dry Gin）

15 毫升伏特加酒（Vodka）

15 毫升淡制朗姆酒（Light Rum）

15 毫升橙皮甜酒（Triple Sec）

60 毫升酸甜汁（Sweet & Sour Mix）

适量蔓越梅汁（Cranberry Juice）

少许橙片（Orange）

调配：将上述材料（除蔓越梅汁、橙片外）倒入加有冰块的摇酒壶内，摇妥后直接倒入飓风杯并注满蔓越梅汁配吸管，以橙片装饰。

提示：口味微甜，酒精度约为 23 度。

3. 柠檬滴（Lemon Drop）

30 毫升伏特加酒（Vodka）

15 毫升橙皮甜酒（Triple Sec）

10 毫升柠檬汁（Lemon Juice）

8 毫升糖水（Sugar Syrup）

调配：将上述材料倒入加有冰块的摇酒壶内，摇妥后滤入古典杯中。

提示：口味甜，酒精度约为 25 度。

4. 蜜瓜球（Melon Ball）

25 毫升伏特加酒（Vodka）

15 毫升蜜瓜甜酒（Melon Liqueur）

1 片柠檬（Lemon）

1 个樱桃（Cherry）

调配：将上述材料（除樱桃、柠檬外）倒入加有冰块的摇酒壶内，摇妥后滤入鸡尾酒杯中，以樱桃及柠檬片装饰。

提示：口味甜，酒精度约为 30 度。

5. 蓝色电波（Electric Lemonade）

30 毫升伏特加酒（Vodka）

15 毫升蓝色橙酒（Blue Curacao）

60 毫升酸甜汁（Sweet & Sour Mix）

适量雪碧（Sprite）

少许柠檬（Lemon）

调配：将上述材料（除雪碧、柠檬外）倒入加有冰块的摇酒壶内，摇妥后滤入加冰块的特饮杯中再注满雪碧，配吸管，以柠檬装饰。

提示：口味甜，酒精度约为 18 度。

6. 夏威夷火山（Hawaiian Volcano）

25 毫升金富丽娇（Southen Comfort）

25 毫升杏仁甜酒（Amaretto）

15 毫升伏特加酒（Vodka）

40 毫升菠萝汁（Pineapple Juice）

40 毫升橙汁（Orange Juice）

25 毫升柠檬汁（Lemon Juice）

25 毫升红石榴糖浆（Grenadine Syrup）

少许橙片（Orange）

1 个樱桃（Cherry）

调配：将上述材料（除橙片、樱桃外）倒入加有冰块的摇酒壶内，摇妥后滤入加冰块的海柏杯中，以橙片及樱桃装饰。

提示：口味甜，酒精度约为 25 度。

7. 水果总动员（June Bug）

30 毫升蜜瓜甜酒（Melon Liqueur）

15 毫升椰子甜酒（Coconut Liqueur）

60 毫升香蕉甜酒（Banana Liqueur）

60 毫升菠萝汁（Pineapple Juice）

调配：将上述材料倒入加有冰块的摇酒壶内，摇妥后滤入鸡尾酒杯中。

提示：口味甜，酒精度约为 17 度。

8. 海角天涯

45 毫升伏特加酒（Vodka）

90 毫升蔓越梅汁（Cranberry Juice）

适量苏打水（Soda Water）

1 片柠檬（Lemon）

调配：将伏特加酒、蔓越梅汁倒入加冰块的古典杯，注满苏打水，以柠檬片装饰。

提示：口味微甜，酒精度约为 16 度。

9. 媚态宾治（Mai Tai Punch）

15 毫升白朗姆酒（White Rum）

25 毫升橙皮甜酒（Triple Sec）

30 毫升青柠汁（Lime Jucie）

30 毫升菠萝汁（Pineapple Juice）

30 毫升红石榴糖浆（Grenadine Syrup）

15 毫升糖水（Sugar Syrup）

少许橙片（Orange）

1 个樱桃（Cherry）

调配：将上述材料（除橙片、樱桃外）倒入加冰块的摇酒壶内，摇妥后滤入加冰块的海柏杯中，配吸管以橙片及樱桃装饰。

提示：口味微甜，酒精度约为 28 度。

10. 夕照裸影（77 Sunset Strip）

15 毫升伏特加酒（Vodka）

15 毫升白朗姆酒（White Rum）

15 毫升金酒（Gin）

15 毫升橙皮甜酒（Triple Sec）

45 毫升菠萝汁（Pineapple Juice）

30 毫升雪碧（Sprite）

15 毫升红石榴糖浆（Grenadine Syrup）

1 片柠檬（Lemon）

调配：将伏特加酒、白朗姆酒、金酒、橙皮甜酒和菠萝汁倒入加冰的摇酒壶内，摇妥后倒入啤酒杯，然后先倒入雪碧，最后倒入红石榴糖浆，以柠檬片装饰。

提示：口味甜，酒精度约为 28 度。

11. 桃色缤纷（Peach Crush）

40 毫升蜜桃甜酒（Peach Liqueur）

60 毫升酸甜汁（Sweet & Sour Mix）

60 毫升蔓越梅汁（Cranberry Juice）

少许橙片（Orange）

1 个樱桃（Cherry）

调配：将上述材料（除橙片、樱桃外）倒入加有冰块的摇酒壶内，摇妥后滤入加冰块的海柏杯中，配吸管，以橙片及樱桃装饰。

提示：口味甜，酒精度约为 10 度。

12. 蓝色情调（Turquoise Blue）

30 毫升白朗姆酒（White Rum）

15 毫升蓝色橙酒（Blue Curacao）

15 毫升橙皮甜酒（Triple Sec）

60 毫升菠萝汁（Pineapple Juice）

少许橙片（Orange）

1 个樱桃（Cherry）

调配：将上述材料（除橙片、樱桃外）倒入加有冰块的摇酒壶内，摇妥后滤入飓风杯中，配吸管，以橙片及樱桃装饰。

提示：口味甜，酒精度约为 26 度。

13. 惊涛骇浪（Hurrican）

45 毫升白朗姆酒（White Rum）

15 毫升橙皮甜酒（Triple Sec）

60 毫升菠萝汁（Pineapple Juice）

30 毫升橙汁（Pineapple Juice）

15 毫升红石榴糖浆（Grenadine Syrup）

1 个樱桃（Cherry）

调配：将白朗姆酒、橙皮甜酒、菠萝汁倒入加有冰块的摇酒壶内，摇妥后倒入海柏杯，最后轻轻倒入橙汁漂浮在上面，放入樱桃装饰。

提示：口味甜，酒精度约为 20 度。

14. 哈瓦那之光（Lighs of Havana）

30 毫升马利宝（Malibu）

25 毫升蜜瓜甜酒（Melon Liqueur）

45 毫升橙汁（Orange Juice）

45 毫升菠萝汁（Pineapple Juice）

适量苏打水（Soda Water）

调配：将上述材料（除苏打水外）倒入加有冰块的摇酒壶内，摇妥后滤入海柏杯，最后注满苏打水。

提示：口味甜，酒精度约为 20 度。

15. 龙舌兰日出（Tequila Sunriste）

35 毫升特基拉酒（Tequila）

100 毫升橙汁（Orange Juice）

15 毫升红石榴糖浆（Grenadine Syrup）

调配：将特基拉酒与橙汁倒入加有冰块的摇酒壶内，摇妥后滤入特饮杯，最后加入红石榴糖浆，配搅拌棒即可。

提示：口味甜，酒精度约为 5 度，色彩由杯底的暗红逐渐过渡到橘黄，有如日出。

知识巩固

1. 鸡尾酒调制步骤及操作规范。

2. 鸡尾酒口味调制。

3. 鸡尾酒色彩调制。

4. 鸡尾酒情调调制。

5. 英式调酒和花式调酒的区别。

6. 常见鸡尾酒调制。

能力拓展

中华鸡尾酒的源流

我国古典文学名著《红楼梦》中记载了调制混合酒"合欢酒"的操作过程："琼浆满泛玻璃盏，玉液浓斟琥珀杯。"用酒"乃以百花之蕊、万木之英，加以麟髓之旨、凤乳之曲"。这说明我国很早就有了鸡尾酒的雏形，只是当时没有很快地流行发展起来。

请结合以上材料，思考如下问题：

中国最早的鸡尾酒叫什么名字？

第六章

茶

本章导读

茶，（学名：Camellia sinensis（L.）O. Ktze.），灌木或小乔木。中国是茶树的原产地。茶叶作为一种著名的保健饮品，是中国人民对世界饮食文化的贡献，不同的茶有不同的特点，同一类茶、不同季节，也有不同的特点。因而从茶叶的冲泡到茶具、茶叶的欣赏都有着不同的方法。

学习目标

1. 了解茶的起源。
2. 了解茶与茶树。
3. 了解茶的内质特征。
4. 掌握茶叶的分类及其特点。
5. 掌握茶叶的鉴定。
6. 掌握泡茶用水、泡茶水温、冲泡时间和次数。
7. 掌握冲泡程序。
8. 掌握中国名茶及其特点。

第一节　茶叶概述

一、茶的起源

茶起源于我国古代，距今已有 5000 多年的历史，后传播于世界，中国是茶的故乡。我国第一部诗歌总集《诗经》中已有"茶"的记载，"采茶薪樗，食我农夫""谁为茶苦，其甘如荠"。从晏子《春秋》等古籍考知，"茶""木贾""茗"都是指茶。唐代陆羽所著《茶经》为世界上第一部有关茶叶的专著，陆羽因此被人们推崇为研究茶叶的始祖。我国的茶叶产区辽阔，目前主要产区有浙江、安徽、湖南、四川、云南、福建、湖北、江西、贵州、广东、广西、江苏、陕西、河南、台湾等 10 多个省（区）。世界上主要的产茶国除我国以外还有印度、斯里兰卡、印度尼西亚、巴基斯坦、日本等。它们引种的茶树、茶树栽培的方法、茶叶加工的工艺和人们饮茶的习惯都是直接或间接地由我国传播去的。茶是中华民族的骄傲。

二、茶与茶树

茶树多生长在温暖、潮湿的亚热带气候区和热带的高纬度地区，主要分布在印度、中国、日本、印度尼西亚、斯里兰卡、土耳其、阿根廷以及肯尼亚等国家。

茶园中的茶树通常被栽培成树丛的形状以利采收，但野生茶树可长至约 3 米高。当茶树的初叶及芽苞形成时，就可将新叶摘取加工制作；虽说一年四季都有新叶长成，可供采收，但最理想的采收季节应该是 4~5 月。

三、茶叶的种类

茶叶按其加工制造方法和品质特色通常可分为六类。

（一）红茶

红茶是一种全发酵茶，经过萎凋、揉捻、发酵、干燥等工艺处理加工出的红茶，茶叶色泽乌黑，水色叶底红亮，有浓郁的水果香气和醇厚的滋味。它既可单独冲饮，也可加牛奶、糖等调饮。名贵红茶品种有祁红、滇红、英红、川红、苏红等。

（二）绿茶

绿茶是不发酵的茶叶，鲜茶叶通过高温杀青可以保持鲜叶原有的鲜绿色，冲泡后茶色碧绿清澈，香气清新芬芳，品味清香鲜醇。著名品种有：西湖龙井、太湖碧螺春、黄山玉峰、庐山云雾等。

（三）白茶

白茶是不发酵的茶叶，在加工过程中不揉捻，仅经过萎凋便将茶叶直接干燥。白茶茸毛多，色白如银，汤色素雅，初泡无色，毫香明显。著名品种有白毫银针、君山银针、白牡丹等。

（四）乌龙茶

乌龙茶是半发酵茶叶，又称青茶。乌龙茶的制作方法介于绿茶和红茶之间，制茶时，经轻度萎凋和局部发酵，然后采用绿茶的制作方法进行高温杀青，使茶叶形成七分绿，三分红，既保持了绿茶的清香，又有红茶的醇厚。叶片的中心为绿色，边缘为红色，故又称"绿叶红镶边"。乌龙茶以福建武夷岩茶为珍品，其次是铁观音、水仙。

（五）花茶

花茶又名片香，是以茉莉、珠兰、桂花、菊花等鲜花经干燥处理后，与不同种类的茶坯拌和窨制而成的再生茶。花茶使鲜花与嫩茶融在一起，相得益彰，香气扑鼻，回味无穷。

（六）紧压茶

紧压茶是用绿茶、红茶等作为原料，经过蒸软后压制成各种不同形状的再加工茶。如沱茶、砖茶、方茶、饼茶、圆茶、普洱茶等。

此外，还有各种品种的速溶茶、袋泡茶等新产品。

四、茶叶生产工艺

（一）不发酵茶

不发酵茶就是通常人们所说的绿茶。此类茶叶的生产，以保持大自然绿叶的鲜味为原则，自然、清香、鲜醇而不带苦涩味。不发酵茶的生产比较单纯，品质也较易控制，其生产过程大致分三个阶段。

1. 杀青

将刚采下的新鲜茶叶，放进杀青机内高温炒热，以破坏茶里的酵素活动，中止茶叶发酵。

2. 揉捻

杀青后送入揉捻机加压搓揉，使茶叶成型，破坏茶叶细胞组织，以便泡茶时容易出味。

3. 干燥

以回旋方式用热风吹拂反复翻转，使水分逐渐减少，直至茶叶完全干燥成为茶干。

（二）半发酵茶

半发酵茶的生产方法最繁复、最细腻，所生产出来的茶叶也是最高级的茶叶。

半发酵茶依其原料及发酵程度不同，而有许多的变化。半发酵茶在杀青之前，加入萎凋过程，使其进行发酵，待发酵至一定程度后再行杀青，而后再经干燥、焙火等工艺过程才能完成。

（三）全发酵茶

全发酵茶的代表性茶种为红茶，制造时将鲜茶叶直接放在温室槽架上进行氧化，不经过杀青过程，直接揉捻、发酵、干燥。经过制作，茶叶中有苦涩味的儿茶素已被氧化了90%左右，使红茶的滋味柔润而适口，极易配成加味茶，广受欧美人士欢迎。

五、茶叶内质特征

色、香、味、形是茶叶品质的综合反映。其中，色、香、味是以多种化学物质为基础而形成的，体现茶的内质特征。

（一）色

茶叶的色泽包括干茶颜色与茶汤颜色两部分。此外，在专业评审时，还包括泡茶后叶底的色泽。

绿茶的绿色主要是叶绿素决定的。鲜叶经过热处理后，其所含的活性物质被破坏，抑制了各种化学成分的催化作用，使叶绿素固定下来，形成绿茶的绿色。

绿茶的干茶色泽直接影响等级的确定，一般以润绿为标准。而绿茶茶汤的色泽，则以清澈的淡黄、微绿色为优。由于叶绿素不溶于水，因此，形成绿茶茶汤颜色的，主要是黄酮苷类物质。

红茶的茶汤颜色红艳明亮，这种红色来源于鲜叶中的茶多酚。红茶在制作过程中进行发酵时，鲜叶中的茶多酚被氧化，部分转化为茶红素、茶黄素和茶褐素，如发酵技术恰当，这三种成分比例协调，就可以获得优质红茶红艳明亮的汤色。而红茶干茶的颜色，一般为黑色，因此国际上通用的红茶称为"Black Tea"。

乌龙茶干茶色泽青褐，茶汤色呈黄红。由于它是半发酵，鲜叶中茶多酚被氧化的量多少不同，所表现出的颜色也有差别。

（二）香

茶叶的香气是由多种芳香物质组成的，不同芳香物质的组合，形成了不同的香气。目前，对于香气方面的研究只处于了解香气的组成成分、组成变化和茶叶品质的关系，至于代表某种茶类香气的芳香物质的组成关系，还在研究之中。

人们从茶叶中已经发现的组成香气的芳香物质，共有343种。鲜叶香气由53种芳香物质组成，而红茶香气的芳香物质达到289种。因此，芳香物质不同的量和种类的组合，是茶类香气的由来。

（三）味

茶叶的滋味是以茶叶的化学成分为基础，由味觉器官反应形成的。茶叶中对味觉起作用的物质有茶多酚、氨基酸、咖啡碱、原糖等。这些物质的物理和化学特性，使其在不同含量、不同组成比例时，表现出不同茶类的味觉特征。

绿茶茶汤中呈味物质的组合，感官上形成鲜醇的滋味。但在所有呈味物质中，没有一种显示"醇"的。醇是氨基酸与茶多酚含量比例协调的结果，鲜是氨基酸的反映，两者协调才会达到鲜醇的效果。

红茶的滋味以浓醇、鲜爽为主。在这里的鲜爽不像绿茶那样取决于氨基酸，而是取决于茶多酚及其氧化物——茶黄素。茶黄素是决定红茶的鲜爽味及茶汤亮度的主要成分。

（四）形

茶叶的外形有条形、针形、扁形、球形、片形等。这些都是在制茶过程中，通过一定的技术手段使茶叶成形后，再加以干燥，使形态固定下来。茶叶的外形主要是物理作用形成的。

六、茶叶的鉴定

（一）新茶与陈茶的鉴别

俗话说"饮茶要新，饮酒要陈"。大部分品种的茶，新茶总是比陈茶品质好。因为，茶叶在存放过程中，受环境中的温度、湿度、光照及其他气味的影响，其内含物质如酸类、醇类及维生素类，容易发生缓慢的氧化或缩合，从而使茶叶的有效成分含量增加或减少，进而导致茶叶的色、香、味、形失去原有的品质特色。

鉴别新茶与陈茶，可以从香气等几个方面来判断。

1. 香气

新茶气味清香、浓郁；陈茶香气低浊，甚至有霉味或无味。

2. 色泽

新茶看起来都较有光泽、清澈，而陈茶均较为晦暗。如绿茶新茶青翠嫩绿，陈茶则黄绿、枯灰；红茶新茶乌润，而陈茶灰褐。

3. 滋味

新茶滋味醇厚、鲜爽，陈茶滋味淡薄、滞沌。

（二）真茶与假茶的鉴别

假茶是指用外形与茶树叶片相似的其他植物的嫩叶做成茶叶的样子来冒充茶叶，如柳树叶、冬青树叶等。

真茶与假茶的判别，除专业机构可采用化学方法分析鉴定外，一般都依靠感官来辨识，方法如下。

1. 闻香

真茶具有茶类固有的清香；如果有青腥气或其他异味的是假茶。

2. 观色

真茶的干茶或茶汤颜色与茶名相符，如绿茶翠绿，汤色淡黄微绿。红茶乌黑，汤色红艳明亮。假茶则颜色杂乱不协调，或与茶叶本色不一致。

3. 看叶底

虽然茶树的叶片大小、厚度、色泽不尽相同，但茶叶具有某些独特的形态特点，是其他植物所没有的。如茶树叶片背部叶脉凸起，主脉明显，侧脉相连，呈闭锁的网状系统；茶树叶片边缘锯齿为 16~32 对，上密下疏，近叶柄处无锯齿；茶树叶片在茎上的分布，呈螺旋状互生；茶树叶片背部的茸毛，基部短，多呈 45~90 度弯曲。这些特点，都是茶树独有的。

根据以上几个方面的特点，真茶、假茶是可以鉴别出的，但真假原料混合加工的假茶，鉴别难度就较大，需专业的鉴别机构鉴别。

（三）春茶、夏茶、秋茶和冬茶的鉴别

春茶是指当年 5 月底之前采制的茶叶；夏茶是指 6 月初至 7 月底采制的茶叶；

而 8 月以后采制的为秋茶；10 月以后采制的为冬茶。

以绿茶为例，春茶由于茶树休养生息一个冬天，新梢芽叶肥壮，色泽翠绿，叶质柔嫩，毫毛多，叶片中有效营养物质含量丰富。所以，春茶滋味鲜爽，香气浓烈，是全年品质最好的时期。在夏季时，茶树生长迅速，叶片中可溶物质减少，咖啡碱、花青素、茶多酚等苦涩味物质增加。因此，夏茶滋味较苦涩，香气也不如春茶浓。秋季的茶树已经过两次以上采摘，叶片内所含营养物质相对减少，叶色泛黄，大小不一，滋味、香气都较平淡。

从干茶来看，春茶茶芽肥壮，毫毛多，香气鲜浓，条索紧结。春红茶乌润，春绿茶翠绿。夏茶条索松散，叶片宽大，香气较粗老。夏红茶红润，夏绿茶灰暗。秋茶则叶片轻薄，大小不一，香气平和。秋红茶暗红，秋绿茶黄绿。

从湿茶看，春茶冲泡时茶叶下沉快，香气浓烈持久，滋味鲜醇，叶底为柔软嫩芽。春绿茶汤色绿中透黄，春红茶汤色红艳。夏茶冲饮时茶叶下沉慢，香气欠高，滋味苦涩，叶底较粗硬。夏绿茶汤色青绿，夏红茶汤色红暗。秋茶则汤色暗淡，滋味淡薄，香气平和，叶底大小不等。

（四）窨花茶与拌花茶的鉴别

花茶是利用茶叶中的某些内含物质具有吸收异味的特点，使用茶原料和鲜花窨制而成的。只有经过这一程序的窨制，茶叶才能充分吸收花香，花茶的香气才能纯鲜持久。而一些投机商人，只是在劣等茶叶中象征性地拌一些花干，冒充花茶，通常称这种茶为拌花茶。

真正的窨花茶制作完成后，已经失去花香的花干要充分剔除，越是高级花茶越是不能留下花干，但是窨过的茶叶留有浓郁的花香，香气鲜醇，冲泡多次仍可闻到。而拌花茶常常会有意夹杂花干做点缀，闻起来只有茶味，没有花香，冲泡时也只是第一泡时有些低浊的香气。还有一些拌花茶会喷入化学香精，但这种香气有别于天然花香的清鲜，也只能维持很短时间。

（五）高山茶与平地茶的鉴别

高山由于生态环境适宜茶树生长，因此，高山茶芽叶肥壮，颜色绿，茸毛多，茶叶条索紧结，白毫显露，香气浓郁，滋味醇厚且耐冲泡。而平地茶芽叶较小，质地轻薄，叶色黄绿，茶叶香气略低，滋味略淡。

七、茶叶的保存方法

如果茶叶无法在几天之内用完，那么，茶叶的贮存方式就显得特别重要。

若想常有新鲜的好茶喝，使茶叶在贮存期间保持其固有的颜色、香味、形状，必须让茶叶处于充分干燥的状态下，绝对不能与带有异味的物品接触，并避免暴露与空气接触和受光线照射。此外，还要注意茶叶不要受到挤压、撞击，以保持茶叶的原形、本色和真味。

一般情况下，有以下几种方法可供选择。

（一）铁罐的储藏法

选用市场上供应的马口铁双盖彩色茶罐做盛器。储存前，检查罐身与罐盖是否密闭，不能漏气。储存时，将干燥的茶叶装罐，罐要装实装严。这种方法采用方便，但不宜长期储存。

（二）热水瓶的储藏法

选用保暖性良好的热水瓶作盛具。将干燥的茶叶装入瓶内，装实装足，尽量减少空气存留量，瓶口用软木塞盖紧，塞缘涂白蜡封口，再裹以胶布。由于瓶内空气少，温度稳定，这种方法保持效果也较好，且简便易行。

（三）陶瓷坛储存法

选用干燥无异味，密闭的陶瓷坛一个，用牛皮纸把茶叶包好，分置于坛的四周，中间嵌放石灰袋一只，上面再放茶叶包，装满坛后，用棉花包紧。石灰隔1~2个月更换一次。这种方法利用生石灰的吸湿性能，使茶叶不受潮，效果较好，能在较长时间内保持茶叶品质，特别是龙井、大红袍等一些名贵茶叶，采用此法尤为适宜。

（四）食品袋储藏法

先用洁净无异味白纸包好茶叶，再包上一张牛皮纸，然后装入一只无空隙的塑料食品袋内，轻轻挤压，将袋内空气挤出，随即用细软绳子扎紧袋口取一只塑料食品袋，反套在第一只袋外面，同样轻轻挤压，将袋内空气挤压再用绳子扎紧口袋，最后把它放进干燥无味的密闭的铁桶内。

（五）木炭密封的储藏法

利用木炭极能吸潮的特性来储藏茶叶。先将木炭烧燃，立即用火盆或铁锅覆盖，使其熄灭，待凉后用干净布将木炭包裹起来，放入盛茶叶的瓦缸中间。缸内木炭要根据潮湿情况，及时更换。

第二节　茶的制备

一杯好茶，除要求茶本身的品质外，还要考虑冲泡茶所用水的水质、茶具的选用、茶的用量、冲泡水温及冲泡的时间等因素。

一、茶具

茶具以瓷器最多。瓷器茶具传热不快，保温适中，对茶不会发生化学反应，沏茶能获得较好的色、香、味，而且造型美观、装饰精巧，具有一定的艺术欣赏价值。

玻璃茶具质地透明，晶莹光泽，形态各异，用途广泛。玻璃茶具冲泡茶，茶汤的鲜艳色泽，茶叶的细嫩翠软，茶叶在整个冲泡过程中的上下翻动，叶片的逐渐舒展等，一览无余，可说是一种动态的艺术欣赏。

陶器茶具中最好的当数紫砂茶具，它的造型雅致、色泽古朴，用来沏茶，香味醇和，汤色澄清，保温性能好，即使夏天茶汤也不易变质。

茶具种类繁多，各具特色，冲茶时要根据茶的种类和饮茶习惯来选用。

（一）茶壶

茶壶是茶具的主体，以不上釉的陶制品为上，瓷和玻璃次之。陶器上有许多肉眼看不见的细小气孔，不但能透气，还能吸收茶香，每回泡茶时，能将平日吸收的精华散发出来，更添香气。新壶常有土腥味，使用前宜先在壶中装满水，放到装有冷水的锅里用文火煮，等锅中水沸腾后将茶叶放到锅中，与壶一起煮半小时即可去味；另一种方法是在壶中泡浓茶，放一两天再倒掉，反复两三次后，用棉布擦干净。

（二）茶杯

茶杯有两种，一是闻香杯，二是饮用杯。闻香杯较瘦高，是用来品闻茶汤香气用的。闻香完毕后再倒入饮用杯。饮用杯宜浅不宜深，让饮茶者不须仰头即可将茶饮尽。对茶杯的要求是内部以素瓷为宜，浅色的杯底可以让饮用者清楚地判断茶汤色泽。大多数茶可用瓷壶泡、瓷杯饮。乌龙茶多用紫砂茶具。工夫红茶和红碎茶，一般用瓷壶或紫砂壶冲泡，然后倒入杯中饮用。

（三）茶盘

放茶杯用。奉茶时用茶盘端出，让客人有被重视的感觉。

（四）茶托

茶托放置在茶杯底下，每个茶杯配有一个茶托。

（五）茶船

茶船为装盛茶杯和茶壶的器皿，其主要功能是用来烫杯、烫壶，使其保持适当的温度。此外，它也可防止冲水时将水溅到桌上。

（六）茶巾

茶巾用来吸茶壶与茶杯外的水滴和茶水。另外，将茶壶从茶船上提取倒茶时，先要将壶底在茶巾上蘸一下，以吸干壶底水分，以避免将壶底水滴滴落客人身上或桌面上。

二、茶叶用量

茶叶用量是指每杯或每壶放适当分量的茶叶。茶叶用量的多少，关键是掌握茶与水的比例，一般要求茶与水的比例为 1:50 或 1:60，即每杯放 3 克干茶加沸水 150~180 毫升。乌龙茶的茶叶用量为壶容积的 1/2 以上。

三、泡茶用水

泡茶用水要求水质甘而洁、活而清鲜，一般都用天然水。天然水按来源可分为泉水、溪水、江水、湖水、井水、雨水、雪水等。在天然水中，泉水比较清澈，杂质少、透明度高、污染少，质洁味甘，用来泡茶最为适宜。

在选择泡茶用水时，我们必须掌握水的硬度与茶汤品质的关系。当水的 pH 值大于 5 时，汤色加深；pH 值达到 7 时，茶黄素就倾向于自动氧化而损失。硬水中含有较多的钙、镁离子和矿物质，茶叶有效成分的溶解度低，故茶味淡。软水有利于茶叶中有效成分的溶解，故茶味浓。泡茶用水应选择软水，这样冲泡出来的茶才会汤色清澈明亮，香气高雅馥郁，滋味醇正。

四、泡茶水温

泡茶水温的掌握，主要看泡饮什么茶而定。高级绿茶，特别是细嫩的名茶，茶叶愈嫩、愈绿，冲泡水温愈低，一般以 80℃ 左右为宜。这时泡出的茶嫩绿、明亮、滋味鲜美。泡饮各种花茶、红茶和普通的绿茶，则要用 95℃ 的沸水冲泡。如水温低，则渗透性差，茶味淡薄。

泡饮乌龙茶，每次用茶量较多，而且茶叶粗老，必须用 100℃ 的沸水冲泡。有时为了保持及提高水温，还要在冲泡前用开水烫热茶具，冲泡后还要在壶外淋热水。

泡茶烧水，不要文火慢煮，要大火急沸，以刚煮沸起泡为宜。用这样的水泡茶，茶汤香、味道佳。高级绿茶用水一般将水煮至 80℃ 即可。一般情况下，泡茶水温与茶叶中有效物质在水中的溶解度呈正比，水温愈高，溶解度愈大，茶汤就愈浓。

五、冲泡时间和次数

红茶、绿茶将茶叶放入杯中后，先倒入少量开水，以浸没茶叶为度，加盖 3 分钟左右，再加开水到七八成满，便可趁热饮用。当喝到杯中尚余 1/3 左右茶汤时，再加开水，这样可使前后茶的浓度比较均匀。

一般茶叶泡第一次时，其可溶性物质能浸出 50%~55%，泡第二次，能溶出 30% 左右，泡第三次能浸出 10% 左右，泡第四次就所剩无几了，所以通常以冲泡三次为宜。乌龙茶宜用小型紫砂壶。在用茶量较多的情况下，第一泡 1 分钟就要倒出，第二泡 1 分 15 秒，第三泡 1 分 40 秒，第四泡 2 分 15 秒。这样前后茶汤浓度才会比较均匀。

另外，泡茶水温的高低和用茶叶数量的多少，直接影响泡茶时间的长短。水温低、茶叶少，冲泡时间宜长；水温高、茶叶少，冲泡时间宜短。

六、冲泡程序

泡茶的程序和礼仪是茶艺形式很重要的一部分，也称"行茶法"。行茶法分为三个阶段，即准备、操作、结束阶段。

准备阶段要求在客人来临前完成所有准备工作；操作阶段是指整个泡茶过程；结束阶段是操作完成后的收拾工作。

不同的茶类有不同的冲泡方法和程序。在众多的茶叶花色品种中，每种茶的特点不同，或重香、或重味、或重形、或重色、或兼而有之，这就要求泡茶有不同的侧重点，并采取相应的方法，以发挥茶叶本身的特点。但不论泡茶技艺如何变化，泡茶程序是相同的。

（一）清具

用热水冲淋茶壶，包括壶嘴、壶盖，同时烫淋茶杯。随即将茶壶、茶杯沥干。其目的是提高茶具温度，使茶叶冲泡后温度相对稳定，不使温度过快下降，这对较粗老茶叶的冲泡尤为重要。

（二）置茶

按茶壶或茶杯的大小，将一定数量的茶叶放入壶（杯）中。如果用盖碗泡茶，那么，泡好后可直接饮用。

（三）冲泡

置茶入壶（杯）后，按照茶与水的比例，将开水冲入壶中，冲水时，除乌龙茶冲水须溢出壶口、壶嘴外，通常以冲水八分满为宜。冲水在民间常用"凤凰三点头"之法，即将水壶下倾上提三次，其意一是表示主人向宾客点头，欢迎致意；二是可使茶叶和茶水上下翻动，使茶汤浓度一致。

（四）奉茶

奉茶时要面带笑容，最好用茶盘托着送给客人。如果直接用茶杯奉茶，则放置客人处，手指并拢伸出，以示敬意。从客人侧面奉茶，若左侧奉茶，则用左手端杯，右手做请用茶姿势；若右侧奉茶，则用右手端杯，左手做请用茶姿势。这时，客人可用右手除拇指外其余四指并拢弯曲，轻轻敲打桌面，或微微点头，以表谢意。

七、品茶

我国饮茶，素有喝茶和品茶之分，对此，古人已经说得很清楚了。在《红楼梦》第四十一回"栊翠庵茶品梅花雪"中，写了宝玉、黛玉、宝钗到栊翠庵饮茶的情节，妙玉亲手泡茶待客，泡的是君山老君眉，煮的是陈年雨雪水，盛器是古代珍玩。这样冲泡出来的茶，自然是醇香可口，赏心悦目，非一般喝的茶所能比拟。在饮茶过程中，妙玉还借用当时流行的话说："一杯为品，二杯即是解渴的蠢物，三杯便是饮牛饮骡了。"妙玉的话，可谓一语中的，说明喝茶与品茶不仅有"量"的差别，而且还有"质"的区别。喝茶，主要是为了解渴，满足人体生理的需要，所以重在数量，往往是急饮快咽。品茶，重在意境，把饮茶看作是一种艺术欣赏，精神的享受。品茶大致有四个方面的内容。

第一，观茶。从茶叶色泽的红与绿、明与暗、老与嫩几方面观察茶叶的品质风格。

第二，闻香。欣赏茶叶随热气散发出来的清香，以及留在杯盖上的"盖面香"。

第三，冲泡。欣赏茶叶在热水中舒展的过程和最终茶叶的姿态形状。

第四，品味。欣赏茶汤色泽，体会茶汤滋味。

在观茶、闻香、冲泡、品味的过程中，获得美感，并引发联想是品茶的最高境界。人们往往根据品茶的不同感受，从不同的角度抒发自己的情感。从某种意义上来说，品茶乃是人们运用审美观对茶叶进行鉴评和欣赏，是中华民族高洁清雅风尚的一种体现，是人们对精神生活的一种追求。

八、茶的饮用与服务

不同茶类的饮用方法尽管有所不同，但可以相互通用，只是人们在品饮时，对各种茶的追求不一样，如对绿茶讲究清香，红茶讲求浓鲜，而总的来说，对各种茶都需要讲究一个"醇"字，这就是茶的固有本色。在茶的饮用服务过程中应注意以下几项。

第一，茶具在使用前，一定要洗净、擦干。

第二，添加茶叶，切勿用手抓，应用茶匙、不锈钢匙来取，忌用铁匙、羊角匙。

第三，添加茶叶时，逐步添加为宜，不要一次放入过多，如果茶叶过量，取回的茶叶千万不要再倒入茶罐，应丢弃或单独存放。

第四，选用茶类，应根据季节、时间、客人爱好而定。如春天喝新茶，显示雅致；夏天喝绿茶，碧绿清澈，清凉透心；秋天喝花茶，花香茶色，惹人喜爱；冬天喝红茶，色调温存，暖人胸怀。另外，年老的客人较喜欢条形茶，而年轻客人多喜欢碎茶。京津一带多喝花茶，江浙一带多喝绿茶，再往南，福建、广东等地多喜欢喝乌龙茶。东南亚及日本客人多喜欢绿茶或乌龙茶，而欧洲客人多喜欢喝红茶。

第五，茶叶冲泡时，八分满即可，当杯中茶水已去一半或2/3时，即应添水。

第三节　中国名茶

一、西湖龙井

（一）产地

西湖龙井，简称龙井。因"淡妆浓抹总相宜"的西子湖和"龙泓井"圣水而得名，是我国著名绿茶之一。龙井茶产于浙江省杭州市西湖西南龙井村四周的山区。茶园西北有白云山和天竺山为屏障，阻挡冬季寒风的侵袭，东南有九溪十八河，河谷深广。在春茶吐芽时节，这一地区常细雨蒙蒙，云雾缭绕，山坡溪间的茶园，常以云雾为伴，独享雨露滋润。《四时幽赏录》有"西湖之泉，以虎跑为最，两山之茶，以龙井为佳"的记载。历史上因产地和炒制技术的不同有狮（狮峰）、龙（龙井）、云（五云山）、虎（虎跑）、梅（梅家坞）等字号之别，其中以"狮峰龙井"为最佳。

（二）工艺

西湖龙井以细嫩的一芽一二叶为原料，经摊放、青锅、摊凉和辉锅制成。炒制手法有：抖、带、挤、甩、拓、扣、压、磨等八大手法，在操作过程中变化多端。龙井茶的外形扁平光滑，色泽翠绿，汤色碧绿明亮、清香、滋味甘醇，有四绝之美誉：一色翠，色泽翠绿；二香郁，香气浓郁；三味甘，甘醇爽口；四形美，形如雀舌。龙井茶现在分为 11 级，即特级、1 至 10 级，春茶在 4 月初至 5 月中旬采摘，全年中以春茶品质最好，特级和 1 级龙井茶多为春茶期采制，产量约占全年产量的 50%。

（三）特点

龙井茶的品质特点为色绿光润、形似碗钉、藏锋不露、匀直扁平、香高隽永、味爽鲜醇、汤澄碧翠、芽叶柔嫩。产品中，因产地之别，品质风格略有不同。狮峰所产色泽较黄绿，如糙米色，香高持久，味醇厚；梅家坞所产，形似碗钉，色泽较绿润，味鲜爽口。

龙井茶的维生素 C、氨基酸等成分含量多，营养丰富，有生津止渴、提神醒脑、消食化腻、消炎解毒的功效。

（四）荣誉

西湖种茶历史悠久，从宋代起龙井茶就为贡茶。清朝乾隆下江南巡查杭州时，曾在龙井泉赋诗，到狮峰山胡公庙饮龙井茶，并将庙前 18 棵茶树封为"御茶树"。

二、信阳毛尖

（一）产地

信阳毛尖是我国著名的绿茶之一，亦称"豫毛峰"，产于河南信阳西南山一带。历史上信阳毛尖以五云（车云、集云、云雾、天云、连云）、一寨（何家寨）、一寺（灵山寺）等名山头的茶叶最为驰名。信阳县古称为义阳，产茶历史悠久，唐代陆羽《茶经》中，把信阳划归淮南茶区。唐《地理志》载："义阳上贡品有茶。"北宋苏东坡赞道："淮南茶，信阳第一。"信阳毛尖在清代已被列为贡茶。

（二）工艺

采摘细嫩的一芽一二叶，经摊青、生锅、熟锅、初烘、摊凉、复烘制成。分特级、一至五级共 12 等。谷雨前的称"雪芽"，谷雨后的称"翠峰"，再后的称"翠绿"……

（三）特点

信阳毛尖外形细、圆、紧、直，多白毫，内质清香，汤绿味浓，色绿光润。

（四）荣誉

信阳毛尖历史悠久，1915 年在巴拿马万国博览会上，信阳毛尖荣获一等奖和金质奖章；1959 年被列为全国十大名茶之一；1985 年全国优质食品评比获国家银质奖。

三、黄山毛峰

（一）产地

黄山毛峰，属绿茶类，产于素以奇峰、劲松、云海、怪石四绝而闻名于世的安徽黄山市黄山风景区和毗邻的汤口、充川、岗村、芳村、杨村、长潭一带。这里气候温和，雨量充沛，山高谷深，丛林密布，云雾弥漫，湿度大。茶树多生长在高山坡上，山坞深谷之中，四周树林遮阳，溪涧纵横滋润，土层深厚，质地疏松，透水性好，保水力强，含有丰富的有机物，适宜茶树生长。

（二）工艺

黄山毛峰经杀青、揉捻、烘焙制成。分特级、一至三级。特级黄山毛峰又分为上、中、下三等。特级黄山毛峰堪称中国毛峰茶之极品，形似雀舌，匀齐壮实，峰显毫露。其中"鱼叶金黄"和"色如象芽"是特级黄山毛峰外形与其他毛峰不同的两大明显性。

（三）特点

黄山毛峰以香清高、味鲜醇、芽叶细嫩多毫、色泽黄绿光润、汤色明澈为特质。冲泡细嫩的毛峰茶，芽叶竖直悬浮汤中，继之徐徐下沉，芽挺叶嫩、黄绿鲜艳，颇有观赏之趣。

（四）荣誉

黄山毛峰早在新中国成立初期就被列为全国十大名茶之一；在 1982 年、1986 年、1990 年的全国名茶评比会上，连续三届被评为全国名茶。

四、碧螺春

（一）产地

碧螺春为绿茶中珍品。它历史悠久，清代康熙年间，即已成为宫廷贡茶。

碧螺春产于江苏省太湖附近，茶区气候温和，土质疏松肥沃。茶树与枇杷、杨梅、柑橘等果树相间种植。果树既可为茶树挡风雨，遮骄阳，又能使茶树、果树根脉相连，枝叶相袭，茶吸果香，花熏茶味，因此而形成了碧螺春独特的风味。

（二）工艺

碧螺春茶在春分、谷雨时节，采摘一芽一叶初展，此时叶的背面密生茸毛，肉眼可见，所采的鲜叶越幼嫩，制成干茶后白毫越多，品质越佳。碧螺春经摊青、杀青、炒揉、搓团、焙干制成。制茶工序全部由手工操作。一斤干茶约有 6 万余片嫩叶。

（三）特点

碧螺春茶极其细嫩，一公斤茶有茶芽 13 万个左右。"铜丝条、螺旋形、浑身毛、花香果味、鲜爽生津"是碧螺春茶的真实写照。

碧螺春冲泡时，要先将沸水倒入杯中，稍后再投茶叶，让茶叶徐徐下沉，饮茶者可在瞬息之间，领略杯中雪花飞舞、芽叶舒展、清香袭人的奇观神韵，真是赏心悦目，妙不可言。

（四）荣誉

碧螺春茶于 1982 年、1986 年、1990 年连续三届被评为全国优质名茶。

五、祁门红茶

（一）产地

祁门红茶，是红茶中的佼佼者，产于黄山西南的安徽省祁门、东至、贵池、石台等地。产品以祁门的利口、闪里、平里一带最优，故统称"祁红"。茶园多分布于山坡与丘陵地带，那里峰峦起伏，山势陡峻，林木丰茂，气候温和，无酷暑严寒，空气湿润，雨量充沛，土质肥厚，结构疏松、透水透气及保水性强，酸度适中，特别是春夏季节，雨雾弥漫，光照适度，非常适合茶树生长。

（二）工艺

采摘一芽一二叶至一芽二三叶，经萎凋、揉捻、发酵、烘焙、精制、毛筛、抖筛、分筛、紧门、撩筛、切断、风选、连剔、补火、清风、拼和制成。祁门红茶分一至七级。

（三）特点

条索紧细苗条，香气清新持久，滋味浓醇鲜爽。浓郁的玫瑰香是祁红特有的品质风格，被誉为"祁门香"。

祁门红茶加入牛奶、糖调饮也非常可口，汤茶呈粉红色，香味不减，含有多种营养成分。

（四）荣誉

祁门红茶从 1875 年面世以来，为我国传统出口珍品，久已享誉国际市场。祁门红茶 1915 年获巴拿马万国博览会金质奖章；1980 年、1985 年、1990 年连续三次获国家优质食品金质奖；1982 年获中国旅游新产品"天马金奖"；1993 年被国家旅游局评定为国家级指定产品。祁门红茶已出口英、北欧、德、美、加拿大、东南亚等 50 多个国家和地区。

六、安溪铁观音

（一）产地

安溪铁观音，属青茶（乌龙茶）之极品，有 200 余年历史，产于福建省安溪县。茶区群山环抱，峰峦绵延，常年云雾弥漫，属亚热带季风气候，土壤大部分为酸性红壤，土层深厚，有机化合物含量丰富。

（二）工艺

采摘无性系铁观音品种新芽二三叶，经晾青、晒青、做青、炒青、揉捻、初焙、包揉、复焙、复包揉、低温慢烤、簸拣、烘焙、摊凉制成。

（三）特点

铁观音茶香馥郁持久，味醇韵厚爽口，齿颊留香回甘，具有独特的香味。茶叶质厚坚实，有"沉重似铁"之誉。干茶外形枝叶连理，圆结成球状，色泽"沙绿翠润"，有"青蒂绿腹、红镶边、三节色"之称。汤色金黄澄鲜，以小壶泡饮工夫茶，香高味厚，耐泡。

（四）荣誉

铁观音茶驰名中外，饮誉世界，屡获名优称号，1950 年在泰国获得特奖；1981 年荣获国家优质产品金质奖；1990 年再次获得全国优质产品金质奖；1995 年在新加坡获一等金牌奖。

七、白毫银针

（一）产地

白毫银针简称白毫，又称银针，因单芽遍披白毫，色如白银，纤细如银针，所以得此高雅之名。白毫银针产于福建省福鼎市，地处中亚热带，境内丘陵起伏，常年气候温和湿润，土质肥沃。

（二）工艺

清嘉庆元年（1796 年）福鼎县首用当地有性群体茶树——菜茶壮芽创制。1885 年改用选育的"福鼎大白茶"品种。1889 年政和县开始选育"政和大白茶"品种壮芽制银针，以春茶头一二轮顶芽为原料，取嫩梢一芽一叶，将真叶与鱼叶轻轻剥离，将茶芽匀摊水筛上晒晾至八九成干，再以焙笼文火焙干，筛拣去杂制成，趁热装箱。

（三）特点

福鼎银针色白，富光泽，汤色浅杏黄，味清鲜爽口。政和银针汤味醇厚，香气清芬。

（四）荣誉

白毫银针在 1982 年全国名茶评比会上被评为全国名茶；1986 年又被商业部评为全国名茶。

八、君山银针

（一）产地

君山银针，为黄茶类珍品，产于湖南省岳阳市洞庭湖君山岛。君山位于西洞庭湖中，如一块晶莹的绿宝石，镶嵌在波光潋滟的碧湖之中。古往今来，洞庭君山就是一处令人神往的地方，许多名人雅士慕胜登临。古老而富有神奇色彩的君山物产丰富，最为人们所乐道的就是君山银针。从古至今，以其色、香、味、奇称绝，名闻遐迩，饮誉中外。总面积不到一平方公里的君山岛，土质肥沃，气候温和，温度适宜。茶树遍布楼台亭阁之间。君山产茶历史悠久，古时君山茶年产仅 1 千克多，"君不可一日无茶"的乾隆下江南时，品尝君山茶后，即下旨年贡 9 千克。君山银针，现在年产也只有 300 千克。

（二）工艺

君山银针每年清明前三四天开采鲜叶，用春茶的首摘单一茶尖制作。制 1 千克银针茶约需 5 万个茶芽。君山银针制作工艺精湛，对外形则不作修饰，以保持其原状，只从色、香、味三个方面下功夫。

（三）特点

香气清高，味醇甘爽，汤黄澄亮，芽壮多毫，条直匀齐，着淡黄色茸毫。

君山银针用玻璃杯冲泡，则有一番奇美景象。冲泡时，芽头开始冲向水面，悬空挂立，徐徐下降于杯底如金枪林立，又似群笋出土，中间或有芽头又从杯底升至水面，有起有落，十分悦目。有的芽头包芽之叶略有张口，其间夹有一晶莹气泡，恰似"雀舌含珠"。茶形与汤色交相辉映，茶香四溢，丽影飘然。饮者目视杯中奇观，品尝银针鲜香，赏心悦目，心旷神怡！

（四）荣誉

君山银针，以其高超品质，奇异风韵，赢得中外茶学界的高度评价。1956 年参加莱比锡博览会时获金质奖章；1982 年被商业部评为全国优质名茶；1983 年获外贸部颁发的优质产品证书。

九、太平猴魁

（一）产地

太平猴魁是我国著名的绿茶品种之一，产于安徽省黄山区（原太平县）新明、龙门一带。

太平猴魁分三类：猴魁、魁尖、尖茶。猴魁为上品，产于猴坑、猴岗及颜家一带。猴坑地处黄山，林木参天，云雾弥漫，空气湿润。茶园土壤肥沃，适宜培育出优良的茶树品种。芽嫩、叶肥、多毫，是形成猴魁独特外形和优质品质的主要因素。

（二）工艺

猴魁创制于新明香猴坑，采摘标准为一芽三叶初展，并严格做到"四拣"，即拣山、拣丛、拣枝和拣尖（即摘下一芽两叶的尖头）。要求肥壮匀齐整齐，叶缘背卷嫩绿，叶尖芽尖等长，以保证成茶"二叶抱牙"，最终经杀青、毛烘、足烘、复焙制成。

（三）特点

猴魁平直，二叶抱芽，自然舒展，白毫隐伏，有"猴魁两头尖，不散不翘不卷边"之称。叶色苍绿匀润，叶脉绿中隐红，俗称"红丝线"，花香高爽，滋润甘醇，香味独特有"猴韵"。

（四）荣誉

1915 年巴拿马万国博览会上获一等金质奖章及奖状；1928 年在长沙举行的全国名茶评选中，被评为我国名茶之一；1986 年在福建再次被评为我国名茶之一；1990 年在河南省第三次被评为全国名茶之一。

第四节　中国茶艺

一、茶人的仪容仪表

（一）化妆

茶人在表演茶艺时可以化淡妆，但要求妆容清新自然，以恬静素雅为基调，切忌浓妆艳抹，有失分寸。由于茶叶有很强的吸附能力，所以化妆时应选用无香的化妆品，以免影响茶的香气。

（二）服饰

茶人在表演茶艺时服饰要合体，便于泡茶。款式可选择富有中国特色的服装。如：旗袍式各类民族服装。在泡茶时，一般不佩戴饰物。因各民族风俗不同，有些民族服装配有本民族饰品也是可以的，但要以不影响泡茶为准。

（三）头发

茶人在表演茶艺时头发要求清洁整齐，色泽自然。男性头发不过耳，女性长发盘于脑后，不得披散（少数民族可尊重其习惯）。

（四）护手

茶人在表演茶艺时大家最注目的就是手，所以护手十分重要。不仅平时要清洁保护，而且在每次正式泡茶前还需用清水净手，去除手上沾染的气息。泡茶前手是不能涂有香气、油性大的护手霜的，且指甲要修剪整齐，不留长指甲，不涂有色彩的指甲油。

二、茶人的姿态

从中国传统的审美角度来讲，人们推崇姿态的美高于容貌之美。茶艺过程中的姿态也比容貌更重要。

（一）坐姿

坐姿必须端正，使身体重心居中，双腿膝盖至脚踝并拢，上身挺直，双肩放松，头上顶，下颌微敛。

女性双手搭放在双腿中间，男性双手可分搭于左右两腿侧上方。

全身放松，思想安定、集中，姿态自然、美观，切忌两腿分开或跷二郎腿、双手搓动或交叉放于胸前、弯腰弓背、低头等。

（二）站姿

女性站姿应该双脚并拢，身体挺直，头上顶，下颌微收，眼平视，双肩放松，小丁字步，双手虎口交叉，置于腰际。男性双脚呈外八字微分开，身体挺直，头上顶，下颌微收，眼平视，双手放松，自然下垂，手心向内，五指并拢。

（三）行姿

女性以站姿作为准备，走直线，转弯时要自然，上身不可扭动摇摆，保持平稳，双肩放松，头上顶，下颌微收，两眼平视，也可与客人交流。走路时速度均匀，给人以稳重大方的感觉。如果到达客人面前为侧身状态，须转身，正面与客人相对，跨前两步进行各种茶道动作。当要回身走时，应面对客人先退后两步，再侧转身，以示对客人尊敬。

男性以站姿为准备，行走时双臂随腿的移动可以在身体两侧自由摆动，其他姿势与女性相同。

（四）韵律

茶艺中的每一个动作都要自然、柔和、连贯，而动作之间又要有起伏、节奏，使观者深深体会其中的韵味。

三、茶人的礼仪

礼仪，应当始终贯穿于整个茶道活动中。

（一）鞠躬礼

茶道表演开始前和结束后，要行鞠躬礼。

鞠躬以站姿为预备，上半身由腰部起前倾，头、背与腿呈近150度的弓形略作停顿，表示对对方真诚的敬意，然后慢慢起身。鞠躬要与呼吸相配合，弯腰下倾时作吐气，身直起时作吸气。行礼的速度要尽量与别人保持一致。

（二）伸掌礼

伸掌礼是茶艺过程中用得最多的示意礼。

主人向客人敬奉各种物品时都用此礼，表示的意思为"请"和"谢谢"。当两人相对时，可伸右手掌对答表示，若侧对时，右侧方伸右掌，左侧方伸左掌对答表示。伸掌姿势是：四指并拢，大指内收，手掌略向内凹，倾斜之掌伸于敬奉的物品旁，同时欠身点头，动作要协调统一。

（三）寓意礼

茶道活动中，自古以来在民间逐步形成了不少带有寓意的礼节。

凤凰三点头：寓意是向客人三鞠躬以示欢迎。

茶壶放置时壶嘴不能正对客人，否则表示请客人离开。

斟水、斟茶、烫壶等动作，右手必须逆时针方向回转，左手则以顺时针方向回转，表示招手"来！来！来"的意思，否则表示挥手"去！去！去"的意思。茶具的图案面向客表示对客人的尊重。

四、茶艺

（一）茶艺准备

充分的准备工作是整个茶艺表演圆满成功的基础。准备阶段包括选择空间、整理环境、备妥道具、营造气氛等工作。

1. 茶桌的要求

立体式和坐体式的茶艺茶桌高度是 68~70 厘米，长度是 88 厘米，宽度是 60 厘米。

席地式茶艺茶桌高度是 48 厘米，长度是 88 厘米，宽度是 60 厘米。

2. 茶椅的要求

茶椅有靠背或无靠背两种，视情况需要而定。茶椅座面的高度是 40~42 厘米。

3. 茶巾的大小

一种茶巾是用来铺放在茶桌中间，上面摆放茶具用的。长 60 厘米，宽 48 厘米。另一种茶巾是擦拭茶具及茶汁的小方茶巾。

4. 茶具的摆放

茶桌可前后左右各三等分共计九格。从最左边到右边，从后到前，依序是第一格、第二格、第三格；二排为第四格、第五格、第六格；最前是第三排第七格、第八格、第九格。第一格置煮水器，第二格、第五格置主泡器，第三格置辅助器。

5. 器具的色彩、样式要与品茗环境搭配

品茗环境需要整体营造，随着季节、时序、场所、茶叶的不同，以及茶具的区别，各有不同的设计和营造，互相要协调，合理搭配。

6.个人仪容、仪表

茶艺人员个人仪容、仪表非常重要。要化淡妆，不可浓妆艳抹、涂指甲油、喷香水、佩戴饰物。注意手的卫生，要干净、整洁。头发如是长发要束到后面，服装以中式为宜，做到洁净。

（二）茶艺分类

1.表演型茶艺

表演型茶艺是指一个或多个茶艺师为众人演示泡茶技巧，其主要功能是聚焦传媒，吸引大众，宣传普及茶文化，推广茶知识。这种茶艺的特点是适用于大型聚会、节庆活动，与影视网络传媒结合，能起到宣传茶文化及祖国传统文化的良好效果。表演型茶艺重在视觉观赏价值，同时也注重听觉享受。它要求源于生活，高于生活，可借助舞台表现艺术的一切手段来提升茶艺的艺术感染力。

2.待客型茶艺

待客型茶艺是指由一名主泡茶艺师与客人围桌而坐，一同赏茶鉴水，闻香品茗。在场的每一个人都是茶艺的参与者，而非旁观者。都直接参与茶艺美的创作与体验，都能充分领略到茶的色香味韵，也都可以自由交流情感，切磋茶艺，以及探讨茶道精神和人生奥义。这种类型的茶艺最适用于茶艺馆、机关、企事业单位及普通家庭。修习这类茶艺时，切忌带上表演型茶艺的色彩。讲话和动作都不可矫揉造作，服饰化妆不可过浓过艳，表情最忌夸张，一定要像主人接待亲朋好友一样亲切自然。这类茶艺要求茶艺师能边泡茶，边讲解，客人可以自由发问，随意插话，所以要求茶艺师要具备比较丰富的茶艺知识，具备较好的与客人沟通的能力。

3.营销型茶艺

营销型茶艺是指通过茶艺来促销茶叶、茶具、茶文化。这类茶艺是最受茶厂、茶庄、茶馆欢迎的一种茶艺。演示这类茶艺，一般要选用审评杯或三才杯（盖碗），以便最直观地向客人展示茶性。这种茶艺没有固定的程序和解说词，而是要求茶艺师在充分了解茶性的基础上，因人而异，看人泡茶，看人讲茶。看人泡茶，是指根据客人的年龄、性别、生活地域冲泡出最适合客人口感的茶，展示出茶叶商品的保障因素（如茶的色香味韵）。根据客人的文化程度、兴趣爱好，巧妙地介绍好茶的魅力因素（如名贵度、知名度、珍稀度、保健功效及文化内涵等），以激发客人的购买欲望，产生"即兴购买"的冲动，甚至"惠顾购买"的心里。

营销型茶艺要求茶艺师诚恳自信，有亲和力，并具备丰富的茶叶商品知识和高明的营销技巧。

4.养生型茶艺

养生型茶艺包括传统养生茶艺和现代养生茶艺。

（1）传统养生茶艺

指在深刻理解中国茶道精神的基础上，结合中国佛教、道教的养生功法，如调身、调心、调息、调食、调睡眠、打坐、入静或气功导引等功法，使人们在修习这种茶艺时以茶养身，以道养心，修身养性，延年益寿。

（2）现代养身型茶艺

指根据现代中医学最新研究的成果，根据不同花、果、香料、草药的性味特点，调制出适合自己身体状况和口味的养生茶。养生型茶艺提倡自泡、自斟、自饮、自得其乐，深受越来越多茶人的欢迎。

（三）乌龙茶的行茶法

乌龙茶既具有绿茶的清香甘爽、红茶的浓重醇厚，又具有花茶的芬芳幽香，是中国茶叶百花园中的一枝奇葩。

1. 泡茶用具

（1）茶船（水方）：用来盛放茶杯和茶壶的器皿。

（2）壶承：用来摆放紫砂壶的器皿。

（3）紫砂壶：用来沏泡乌龙茶的容器。

（4）盖置：用来垫放壶盖的器皿。

（5）壶垫：放在壶承上，用来垫放紫砂壶。

（6）茶海：用来盛放泡好的茶汤的容器。

（7）闻香杯：用来闻茶汤的香气的容器。

（8）品茗杯：用来品尝茶汤味道的容器。

（9）杯托：用来摆放闻香杯、品茗杯的器皿。

2. 备水器（随手泡）

备水器是用来盛放泡茶用水的器皿。

3. 辅助用具

（1）茶则：用来盛茶叶的工具。

（2）茶匙：协助茶则将茶叶拨至壶中的工具。

（3）茶针：当壶嘴被茶叶堵住时，用来疏通的工具。

（4）茶漏：放在壶口处防止茶叶外溢的工具。

（5）茶夹：用来夹闻香杯的品茗杯的工具。

（6）茶巾：用来擦拭茶具的小毛巾。

（7）温度计：用来测量水的温度。

（8）计时器：用于计算时间。

（9）储茶器：平日用来储存茶叶的茶桶。

4. 行茶

乌龙茶的行茶法共分为18步，每一步由四个字概括。这四个字精确地体现了"行茶法"中每一步的具体操作。

第一步：丝竹合鸣。

操作：准备茶具，挂画、点香、演奏音乐，等待嘉宾。

表演者要注意清洁卫生，头发要梳理整齐，不要珠光宝气，不要浓妆艳抹，不擦香水，衣服袖子不宜太宽，不要穿无袖的衣服，并要注意双手的清洁。

在正式表演时，为了让客人更好地享受茶艺之美，除了准备茶具之外，还可增加插花等道具。

（1）插花

配合所喝的茶以及不同的季节，插不同的鲜花，一般插花要用单数。

（2）挂画

因为已有插花，所以挂画就不要以花为主题。

（3）点香

在泡茶前半个小时点香，使客人一进茶室便感觉到不同的气氛。

（4）演奏音乐

音乐既可以是现场表演，也可播放音乐。演奏人员使用民族乐器，奏出悠扬的曲调，创造一种和谐、舒心的氛围。

解释：茶会有"一期一会"之说。每一次的茶会，对客人来说都有可能是一生中仅有的一次，所以要以很度敬的心来做准备工作，以很喜悦的心等待嘉宾的来临。

第二步：恭迎嘉宾。

操作：迎宾入座、打开煮水器，置杯定位（将煮水器的开关按到开的位置，用右手将扣在品茗杯的闻香杯翻转，与品茗杯并列于杯托上，闻香杯在主人左边）。

解释：引嘉宾入座，待其依次坐定，点头问候，检查各项茶具是否齐备、定位。

第三步：临泉松风。

操作：煮水令沸（让煮水器中的水微滚，发出响声）。

解释：陆羽《茶经》有水三沸之说。静坐炉边听水声，初沸如鱼目，水声淙淙似鸣泉；二沸、三沸声渐奔腾澎湃，如秋风萧瑟扫过松林。

第四步：孟臣温暖。

操作：温壶。将煮沸的水倒入壶中，将壶烫热后，随即将壶中的水倒至水方中。

解释：先温壶，是因为稍后放入茶叶冲泡热水时，不致冷热悬殊。明朝工艺大师惠孟臣制有孟臣壶，乃工夫茶名壶。

第五步：精品鉴赏。

操作：赏茶。用茶则盛茶叶，请客人观赏。

解释：评茶四步骤，首先在赏干茶。以好茶饷客，当请客人先观赏茶叶。鲜亮美观的茶叶，还未冲泡，已令人神往（介绍茶叶名称）。

第六步：佳茗入宫。

操作：将茶置壶中。茶叶用量，要斟酌茶叶的紧结程度，约放壶的 1/3 到 1/2。

解释：宫者，室也。苏轼曾有诗言："戏作小诗君勿笑，从来佳茗似佳人。"将茶轻置壶中，如请佳人轻移莲步，登堂入室，满室生香。

第七步：润泽香茗。

操作：温润泡。将热水注入壶中，不要停留，立即倒茶海中。

解释：小壶泡所有的茶叶，多半是球形的半发酵茶，故先温润泡，将紧结的干茶泡松。这样可使未来每泡茶汤汤色维持同样的浓淡（不是所有的茶都需要温润泡）。

第八步：荷塘飘香。

操作：将温润泡的茶汤，倒入茶海中。

解释：朱熹有诗："半亩方塘一鉴开，天光云影共徘徊。问渠那得清如许，为有源头活水来。"渠池不在大，有源头活水注入则清；茶海虽然小，有茶汤注入则茶香拂面，能涤昏昧，清精神，破烦恼。

第九步：旋律高雅。

操作：第一泡茶冲水。冲水时，左手微微提起，缓缓以顺时针的方向画圆，注水。

解释：学茶艺的目的在于提升一个人的生活品质，所以泡茶要有顺序，动作要文雅。泡茶时两手的动线以内画圈（左手为顺时针，右手为逆时针）为原则，如音乐的旋律，画出高雅的弧线，表现有韵律的动感。

第十步：沐淋瓯杯。

操作：温杯。将茶海中的温润泡茶汤，平均倒入闻香杯中，再将闻香杯的茶水用右手倒入品茗杯中。再将品茗杯中的茶水倒入水方中。

解释：瓯杯是工夫茶四宝之一，即喝茶的小杯（等待第一泡茶的时候，介绍为客人沏泡的是什么茶）。

第十一步：茶熟香温。

操作：斟茶。第一泡茶的浸泡时间约为 45 秒，然后把茶汤斟入茶海中。

解释：浓淡适度的茶汤斟入茶海中，散发着暖暖的茶香。茶先斟入茶海中准备，分别为客人斟茶，可使每位客人杯中的茶汤浓度相同，故茶海又名公道杯。

第十二步：茶海慈航。

操作：分茶入杯。将茶海中的茶，平均斟入每位客人的闻香杯中。

解释：中国人说："斟茶七分满，斟酒八分满，盛饭九分满。"主人斟茶时无富贵贫贱之分，每位客人皆斟七分满，倒的是同一把壶中泡出的同样浓淡的茶汤，如观音普度，众生平等。

第十三步：热汤过桥。

操作：闻香杯的茶汤倒入品茗杯中，请客人一起用左手将闻香杯中的茶汤倒入品茗杯中。

解释：闻香杯中的茶汤均用左手斟入品茗杯中。

第十四步：幽谷芬芳。

操作：闻香。左手持净空的闻香杯，闻杯底之茶香。

解释：高口的闻香杯底，如同开满百合花的幽谷，随着温度的逐渐降低，散发出不同的芬芳，有高温香、中温香、冷香，值得细细体会。

第十五步：杯里观色。

操作：观赏汤色。欣赏杯中的茶汤颜色深浅、变化。

解释：好茶的茶汤清澈明亮，从翠绿、蜜绿到金黄，观之令人赏心悦目。

第十六步：听味品趣。

操作：品茶。左手放下闻香杯，右手举起品茗杯，啜下一小口茶。

解释：茶艺的美包含了意识层面和物质层面，即感官的享受和精神的满足。所以品茶时要专注，眼耳鼻舌身意，全方位地投入。

第十七步：品味再三。

操作：一杯茶分三口以上慢慢细品，饮尽杯中茶。

解释：品字三个口，所以要一小口、一小口、一小口地慢慢喝，用心体会茶的美。

第十八步：和敬清寂。

操作：静坐回味，品趣无穷。

解释：相聚品茶，是缘分，也是福分。以茶结缘，以福相托，进入和谐、宁静的氛围。

（四）绿茶的行茶法

绿茶品种繁多，外观形状、质量优劣各不相同，沏泡的方法也不相同。例如名优的细嫩绿茶可用玻璃杯冲泡，这样既可以品尝茶汤滋味，又可观察茶叶冲泡后的动人姿态；普通的绿茶则可用瓷壶进行冲泡。

1. 用玻璃杯冲泡

（1）泡茶用具

主泡器、备水器和辅助用具。

主泡器：主要有玻璃杯和茶船。玻璃杯是用来沏泡茶叶的容器。茶船（水方）是用来盛放用过后水的容器。

备水器：随手泡。

辅助用具：茶荷，是用来观察茶叶的器皿。

另外还有茶则、茶匙、茶针、茶漏、茶夹、茶巾、储茶器等。

（2）泡茶过程

用玻璃杯沏泡绿茶有三种方法，分别是上投法、中投法和下投法。上投法是先将杯冲水至七分满，然后投入适量的茶叶，待茶叶泡好后便可饮用；中投法是先冲水至杯的三分满，然后投入适量的茶叶，再冲水至杯的七分满，待茶叶泡好后便可饮用；下投法则采用下面的方法：

第一步：温杯。

操作：左手拿随手泡，将开水倒至杯中 1/3 处，右手拿杯旋转将温杯的水倒入茶船（水方）中。

解释：温杯的目的是因为稍后放入茶叶冲泡热水时不致冷热悬殊。

第二步：盛茶。

操作：用茶则盛茶叶拨至茶荷中。

解释：将茶叶先拨至茶荷中，可以使客人更好地欣赏干茶。

第三步：赏茶。

操作：双手拿起茶荷请客人观赏。

解释：请赏茶（介绍茶叶的名称）。

第四步：置茶。

操作：将茶荷中的茶拨至玻璃杯中。

解释：将茶叶拨至杯中，注意茶叶要均匀、适量。

第五步：冲水。

操作：冲水至七分满。

解释：冲水至杯的七分满。

第六步：介绍茶叶及用玻璃杯的冲泡方法。

第七步：奉茶。

第八步：静坐回味。

操作：点头向客人示意。

2. 用瓷壶冲泡

（1）泡茶用具

主泡器、品茗杯、盖置、杯托茶船（水方）、辅助用具。

（2）泡茶过程

第一步：温壶、温杯。

操作：左手拿随手泡，将开水倒至壶中 1/3 处，然后再将水倒入品茗杯中。

解释：先温壶是因为稍后放入茶叶冲泡热水时不致冷热悬殊。

第二步：赏茶。

操作：以好茶待客，首先请客人欣赏干茶（并介绍茶叶名称）。

第三步：置茶。

操作：将茶叶置于壶中。

解释：将茶叶拨置壶中，茶叶要适量。

第四步：冲水。

操作：将随手泡中的开水注入瓷壶中。

解释：冲水至瓷壶中。

第五步：温杯。

操作：右手拿杯将温杯的水倒入茶船（水方）中。

解释：将温杯的水倒入茶船（水方）中。

第六步：介绍茶叶的产地及特点。

第七步：斟茶。

操作：右手拿壶将茶汤斟入杯中至七分满。

解释：此时茶已泡好，茶汤正浓。将茶倒至杯中，请客人细品香茗。

第八步：奉茶。

第九步：静坐回味。

操作：做茶完毕，点头向客人示意。

（五）花茶行茶法

品花茶对于北方人来说是代表着一种文化，它融茶之清韵与花之幽香为一体，花香、茶味相得益彰。

1. 泡茶用具

（1）盖碗

用来沏泡花茶。

（2）茶船（水方）

用来盛放用过的水。

（3）备水器

随手泡。

（4）辅助用具

茶荷、茶则、茶匙、茶针、茶夹、茶巾、储茶器。

2. 泡茶过程

花茶的冲泡一般使用盖碗，盖碗适合冲泡香气浓重的茶。茶泡好后揭盖闻香，既可品尝茶汤，又可观看茶姿。花茶也可使用瓷壶冲泡，方法与沏泡绿茶相同。

第一步：温杯。

操作：左手拿随手泡，将开水倒至盖碗中 1/3 处，右手拿杯将温杯的水倒入茶船（水方）中。

解释：温杯是因为稍后放入茶叶冲泡热水时，不致冷热悬殊。

盖碗是一杯三件套，包括盖、杯身、杯托。杯为白瓷反边敞口细瓷碗。以江西景德镇出产的最为著名。用盖碗泡茶揭盖、闻香、尝味、观色都很方便。盖碗造型美观，题词配画都很别致。以盖碗泡茶奉客，人奉一杯，品饮随意。

第二步：盛茶。

操作：用茶则盛茶叶拨至茶荷中。

解释：将茶叶拨至茶荷中。

第三步：赏茶。

操作：双手拿起茶荷请客人观赏。

解释：评茶四步骤首先在赏干茶，油亮美观的茶叶还未冲泡便已令人神往（介绍茶叶名称）。

第四步：置茶。

操作：将茶叶拨至盖碗中。

解释：美其名曰佳茗入宫。茶叶用量要均匀适度。

第五步：冲水。

操作：冲水至杯的七分满。

解释：冲水后干茶充分吸收水分，初步伸展，茶香四溢。"清茶一盏也能醉人"，初见润茗，便全身心进入到澄淡闲逸的境界之中。

第六步：介绍茶叶的产地及特点。

第七步：敬奉香茗。

第八步：品饮演示。

（1）揭盖闻香

操作：右手将杯托端起交与左手，右手揭盖闻香。

（2）观察汤色

操作：右手用盖将茶末拨去，欣赏茶汤。

（3）细品香

操作：将盖碗端至口边慢慢细品。

解释：品饮花茶讲究的是轻柔静美，揭盖于胸前，旋转闻香，即可感到扑面而至的清香。拨去茶末，细品香茗。

第九步：静坐回味。

操作：点头向客人示意。

知识巩固

1. 区分和鉴别春茶、夏茶、秋茶。

2. 茶人礼仪规范。

3. 敬茶与品茶。

4. 茶的冲泡。

5. 茶的饮用和服务。

6. 茶艺。

能力拓展

鲁迅与茶

鲁迅爱喝茶，他的日记和文章中记述了不少饮茶之事、饮茶之道。他经常与朋友到北京的茶楼去交谈。如：1912 年 5 月 26 日，"下午，同季市、诗荃至观音街青云阁啜茗"；12 月 31 日，"午后同季市至观音街……又共啜茗于青云阁"；1917 年 11 月 18 日 "午，同二弟往观音街食饵，又至青云阁玉壶春饮茗"；1918 年 12 月 22 日，"刘半农邀饮于东安市场中兴茶楼"；1924 年 4 月 3 日，"上午至中山公园四宜轩，遇玄同，遂茗谈至晚归"；5 月 1 日 "往晨报馆方孙伏园……同往公园啜茗"，等等。鲁迅对喝茶与人生有着独特的理解，并且善于借喝茶来剖析社会和人生中的弊病。鲁迅有一篇名《喝茶》的文章，其中说道："有好茶喝，会喝好茶，是一种'清福'。不过要享这'清福'，首先就须有工夫，其次是练习出来的特别感觉"。"喝好茶，是要用盖碗的，于是用盖碗，泡了之后，色清百味甘，微香而小苦，确是好茶叶。但这是须在静坐无为的时候的"。后来，鲁迅把这种品茶的"工夫"和"特别感觉"喻为一种文人墨客的娇气和精神的脆弱，而加以辛辣的嘲讽。鲁迅的《喝茶》，犹如一把解剖刀，剖析着那些无病呻吟的文人。题为《喝茶》，而其茶却别有一番滋味。鲁迅心目中的茶，是一种追求真实自然的"粗茶淡饭"，而绝不是仅仅于百般细腻的所谓"工夫"。而这种"茶味"，恰恰是茶饮在最高层次的体验：崇尚自然和质朴。

请综合以上材料，思考如下问题：

鲁迅笔下的茶，是一种茶外之茶，他寓意什么？

第七章

咖啡和无咖啡因饮料

本章导读

"咖啡"一词源自希腊语"Kaweh",意为"力量与热情",咖啡是咖啡豆配合各种不同的烹煮器具制作出来的。咖啡豆因栽培环境的不同,风味也有所不同。咖啡现已成为新的消费时尚。

21世纪的主流色彩是绿色,既环保又健康的绿色食品已成为食品行业的主打食品,因此,无咖啡因饮料也越来越受到人们的欢迎。

学习目标

1. 了解咖啡的起源、品种。
2. 了解咖啡豆的种类及其烘焙。
3. 了解碳酸饮料的分类及其制作流程。
4. 掌握咖啡的储存。
5. 掌握咖啡的煮泡方法。
6. 掌握乳酸饮料储存方法。

第一节 咖啡

一、咖啡的起源

咖啡是热带的常绿灌木,可生产一种像草莓似的豆子,一年成熟三至四次。它的名字是由阿拉伯文中 Gah—wah 或 Kaffa 衍生而来。

咖啡的由来一直有着一个很有趣的传说。传说在6世纪时,一个阿拉伯人在埃塞俄比亚草原牧羊。有一天,羊儿在吃了一种野生的红色果实后,突然变得很兴奋,又蹦又跳的。这引起了阿拉伯人的注意,而这个红色的果实就是今天的咖啡果实。

历史上最早介绍并记载咖啡的文献,是在980—1038年间,由阿拉伯哲学家阿比沙纳所著。在1470—1475年间,由于麦加的当地居民都有喝咖啡的习惯,因此影响了前往朝圣的人。这些人将咖啡带回自己的国家，使得咖啡在土耳其、叙利亚、埃及等国逐渐流传开来。而全世界第一家咖啡专门店则于 1544 年在伊斯坦布尔诞生，这也是现代咖啡厅的鼻祖。之后，在 1617 年，咖啡传到了意大利，接着传入英国、法国、德国等国家。

二、咖啡的品种

咖啡是一种喜爱高温潮湿的热带性植物，适合栽种在南、北回归线之间的地区，因此我们又将这个区域称为"咖啡带"。一般来说，咖啡大多是栽种在山坡地上，而咖啡从播种、生长到结果，需要四五年的时间，而从开花到果实成熟则需要 6~8 个月的时间。由于咖啡果实成熟时的颜色是鲜红色，而且形状与樱桃相似，所以又被称为"咖啡樱桃"。咖啡常见的品种有以下几种：

（一）阿拉比卡

由于阿拉比卡品种的咖啡比较能够适应不同的土壤与气候，而且咖啡豆不论是在香味还是品质上都比其他品种优秀。阿拉比卡不但历史最悠久，而且也是栽培量最大的，产量占全球咖啡产量的 80%。主要的栽培地区有巴西、哥伦比亚、危地马拉、埃塞俄比亚、牙买加等。阿拉比卡咖啡豆的外形是较细长的椭圆形，味道偏酸。

（二）罗布斯塔

罗布斯塔大多产于印尼、爪哇岛等热带地区。罗布斯塔能耐干旱及虫害，但咖啡豆的品质较差，大多用来制造速溶咖啡。罗布斯塔咖啡豆的外形近乎圆形，味道偏苦。

（三）利比利卡

利比利卡因为很容易受病虫害的威胁，所以产量很少，而且豆子的口味也太酸，因此大多只供研究使用。

三、咖啡豆

（一）咖啡豆的种类

由于栽培环境的纬度、气候及土壤等因素的不同，咖啡豆的风味产生了不同的变化，一般常见的咖啡豆种类有以下几种。

1. 蓝山

蓝山咖啡豆是咖啡豆中的极品，所冲泡出的咖啡香郁醇厚，口感非常细致。主要生产在牙买加的高山上，由于产量有限，因此价格比其他咖啡豆珍贵。蓝山咖啡豆的主要特征是豆子比其他种类的咖啡豆要大。

2. 曼特宁

曼特宁咖啡豆的风味香浓，口感苦醇，但是不带酸味。由于口味很独特，所以很适合单品饮用，同时也是调配综合咖啡的理想种类。主要产于印度尼西亚的苏门答腊等地。

3. 摩卡

摩卡咖啡豆的风味独特，甘酸中带有巧克力的味道，适合单品饮用，也是调配综合咖啡的理想种类。目前以也门所生产的摩卡咖啡豆品质最好，其次则是埃塞俄比亚。

4. 牙买加

牙买加咖啡豆仅次于蓝山咖啡豆，风味清香优雅，口感醇厚，甘中带酸，味道独树一帜。

5. 哥伦比亚

哥伦比亚咖啡豆香醇厚实，带点微酸但是口感强烈，并有奇特的地瓜皮风味，品质与香味稳定，因此可用来调配综合咖啡或加强其他咖啡的香味。

6. 巴西圣多斯

巴西圣多斯咖啡豆香味温和，口感略微甘苦，属于中性咖啡豆，是调配综合咖啡不可缺少的咖啡豆种类。

7. 危地马拉

危地马拉咖啡豆芳香甘醇，口味微酸，属于中性咖啡豆。与哥伦比亚咖啡豆的风味极为相似，也是调配综合咖啡理想的咖啡豆种类。

8. 综合咖啡豆

综合咖啡豆是指两种以上的咖啡豆，依照一定的比例混合而成的咖啡豆。由于综合咖啡豆可撷取不同咖啡豆的特点于一身，因此，经过精心调配的咖啡豆也可以制作出品质极佳的咖啡。

（二）咖啡豆的鲜度及质量鉴别

（1）闻：新鲜的咖啡豆闻之有浓香，反之则无味或气味不佳。

（2）看：好的咖啡豆形状完整、个头丰硕。反之则形状残缺不一。

（3）压：新鲜的咖啡豆压之鲜脆，裂开时有香味飘出。

（4）色：深色带黑的咖啡豆，煮出来的咖啡具有苦味；颜色较黄的咖啡豆，煮出来的咖啡带酸味。

四、咖啡豆的烘焙

咖啡豆必须经过烘焙的过程才能够呈现出不同咖啡豆本身所具有的独特芳香、味道与色泽。烘焙咖啡豆简单地说就是炒生咖啡豆，而用来炒的生咖啡豆实际上只是咖啡果实中的种子部分，因此，我们必须先将果皮及果肉去除，才能得到我们想要的生咖啡豆。

生咖啡豆的颜色是淡绿色的，经过烘焙加热后，就可使豆子的颜色产生变化。烘焙的时间长，咖啡豆的颜色就会由浅褐色转变成深褐色，甚至变成黑褐色。咖啡豆烘焙的方式与中国"爆米花"的方法类似，首先必须将生咖啡豆完全加热，让豆子弹跳起来，当热度完全渗透到咖啡豆内部，咖啡豆充分膨胀后，便会开始散发出特有的香味。

咖啡豆的烘焙熟度大致可分为浅焙、中焙及深焙三种。至于要采用哪一种烘焙方式，则必须依据咖啡豆的种类、特性及用途来决定。一般来说，浅焙的咖啡豆，豆子的颜色较浅，味道较酸；而中焙的咖啡豆，豆子颜色比浅焙豆略深，但酸味与苦味适中，恰到好处；深焙的咖啡豆，由于烘焙时间较长，因此豆子的颜色最深，而味道则是以浓苦为主。

五、咖啡豆的储存

咖啡豆在储存时应注意以下几点。

第一，咖啡豆应放在密封罐或密封袋中，以保持新鲜。

第二，将咖啡豆储存在通风良好的储藏室中。

第三，咖啡豆的保存期限约为 3 个月，而咖啡粉只能保存 1~2 星期。

第四，如果是研磨好的咖啡，使用密闭或真空包装，以确保咖啡油（Coffee oil）不会消散，导致风味及强度的丧失。如果咖啡不是很快就要用到，可以保存在冰箱中。

第五，循环使用库存物，并核对袋子上的研磨日期。

第六，不要靠近有强烈味道的食物。

第七，尽可能只在需要时，才将咖啡豆研磨成咖啡粉。咖啡与胡椒一样，在研磨后很快即丧失其芳香。使用刚磨好的咖啡冲泡，永远都是最好的。

六、咖啡的煮泡法

一般餐厅或咖啡专卖店最常使用的咖啡煮泡法可分为虹吸式、过滤式及蒸汽加压式等三种煮泡方式。

（一）虹吸式

虹吸式煮泡法主要是利用蒸气压力造成虹吸作用来煮泡咖啡。由于它可以依据不同咖啡豆的熟度及研磨的粗细来控制煮咖啡的时间，还可以控制咖啡的口感与色泽，因此是三种冲泡方式中最需具备专业技巧的煮泡方式。

1. 煮泡器具

虹吸式煮泡设备包括过滤壶、蒸馏壶、过滤器、酒精灯及搅拌棒。

2. 操作程序

（1）先将过滤器装在过滤壶中，并将过滤器上的弹簧钩钩牢在过滤壶上。

（2）蒸馏壶中注入适量的水。

（3）点燃酒精灯开始煮水。

（4）将研磨好的咖啡粉倒入过滤壶中，再轻轻地插入蒸馏壶中，但不要扣紧。

（5）水煮沸后，将过滤壶与蒸馏壶相互扣紧，扣紧后就会产生虹吸作用，使蒸馏壶中的水往上升，升到过滤壶中与咖啡粉混合。

（6）适时使用搅拌棒轻轻地搅拌，让水与咖啡粉充分混合。

（7）四五十秒钟后，将酒精灯移开熄火。

（8）酒精灯移开后，蒸馏壶的压力降低，过滤壶中的咖啡液就会经过过滤器回流到蒸馏壶中。

3. 注意事项

由于咖啡豆的熟度与研磨的粗细都会影响咖啡煮泡的时间，因此必须掌握煮泡咖啡所需要的时间，以充分展现出不同咖啡的特色。

（二）过滤式

过滤式咖啡主要是利用滤纸或滤网来过滤咖啡液。而根据所使用的器具又可分为"日式过滤咖啡"与"美式过滤咖啡"两种。

1. 日式过滤咖啡

日式过滤咖啡是用水壶直接将水冲进咖啡粉中，经过滤纸过滤后所得到的咖啡，所以又称作冲泡式咖啡。器具包括漏斗形上杯座（座底有三个小洞）、咖啡壶、滤纸及水壶。所使用的滤纸有 101、102 及 103 三种型号，可配合不同大小的上杯座使用。日式过滤咖啡操作程序为：

（1）先将滤纸放入上杯座中固定好，并用水略微沾湿；

（2）将研磨好的咖啡粉倒入上杯座中；

（3）将上杯座与咖啡壶结合并摆放好；

（4）用水壶直接将沸水由外往内以画圈的方式浇入，务必让所有的咖啡粉都能与沸水接触；

（5）咖啡液经由滤纸由上杯座下的小洞滴入咖啡壶中，滴入完毕即可饮用。

2. 美式过滤咖啡

美式过滤咖啡主要是利用电动咖啡机自动冲泡过滤而成。美式过滤咖啡可以事先冲泡保温备用，操作简单方便，颇受大众的喜爱。

煮泡器具是电动咖啡机。咖啡机有自动煮水、自动冲泡过滤及保温等功能，并附有装盛咖啡液的咖啡壶。机器所使用的过滤装置大多是可以重复使用的滤网。

美式过滤咖啡操作程序为：

（1）在盛水器中注入适量的用水；

（2）将咖啡豆研磨成粉，倒入滤网中；

（3）将盖子盖上，开启电源，机器便开始煮水；

（4）当水沸腾后，会自动滴入滤网中，与咖啡粉混合后，再滴入咖啡壶内。

3. 注意事项

（1）煮好的咖啡由于处在保温的状态下，因此不宜放置太久，否则咖啡会变质、变酸。

（2）不宜使用深焙的咖啡豆，否则会使咖啡产生焦苦味。

（三）蒸汽加压式

蒸汽加压式咖啡主要是利用蒸汽加压的原理，让热水经过咖啡粉后再喷至壶中形成咖啡液。由于这种方式所煮出来的咖啡浓度较高，因此又被称为浓缩式咖啡，就是一般大众所熟知的 Expresso 咖啡。

1. 煮泡器具

蒸汽咖啡壶一套。主要包括上壶、下壶、漏斗杯等三大部分，此外还附有一个垫片，垫片用来压实咖啡粉。

2. 主要操作程序

（1）在下壶中注入适量的水。

（2）将研磨好的咖啡粉倒入漏斗杯中，并用垫片压紧，放进下壶中。

（3）将上、下二壶扣紧。

（4）整组咖啡壶移到热源上加热，当下壶的水煮沸时，蒸汽会先经过咖啡粉后再冲到上壶，并喷出咖啡液。

（5）当上壶开始有蒸汽溢出时，表示咖啡已煮泡完。

3. 注意事项

（1）咖啡粉一定要确实压紧，否则水蒸气经过咖啡粉的时间太短，会使煮出来的咖啡浓度不足。

（2）若煮泡一人份的浓缩咖啡时，因为咖啡粉不能放满漏斗杯，可将垫片放在咖啡粉上不取出，以确保咖啡粉的紧实。

（3）由于浓缩咖啡强调的是咖啡的浓厚风味，所以应该使用深焙的咖啡豆。

第二节　无咖啡因饮料

一、碳酸饮料

碳酸饮料是将二氧化碳气体与不同的香料、水分、糖浆及色素结合在一起所形成的气泡式饮料。

（一）碳酸饮料的种类

碳酸饮料是指含碳酸成分的饮料的总称，它的优点是在饮料中充入二氧化碳气体，当饮用时，泡沫多而细腻，外观舒服，饮后爽口清凉。碳酸饮料可分为苏打型等类别。

1. 苏打型

经由引水加工压入二氧化碳的饮料，饮料中不含有人工合成香料和不使用任何天然香料。常见的有苏打水、俱乐部苏打水以及矿泉水碳酸饮料。

2. 水果味型

水果味型碳酸饮料主要是依靠食用香精和着色剂，赋予一定水果香味和色泽的汽水。这类汽水通常色泽鲜艳、价格低廉，不含营养素，一般具有清凉解渴作用。其品种繁多，产量也很大。人们几乎可以用不同的食用香精和着色剂来模仿任何水果的香味和色泽，制造出各种果味汽水，如柠檬汽水、奎宁水（tonic）、姜汁汽水等。

3. 果汁型

果汁型碳酸饮料是在原料中添加了一定量的新鲜果汁而制成的碳酸汽水，它除了具有水果所特有的色、香、味之外，还含有一定的营养素，有利于身体健康。当前，在饮料向营养型发展的趋势中，果汁汽水的生产量也大为增加，越来越受到人们的欢迎。一般果汁汽水的果汁含量大于2.5%。

4. 可乐型

可乐型碳酸饮料由多种香料与天然果汁、焦糖色素混合后充气而成。如风靡全球的美国"可口可乐"，它的香味除来自古柯树树叶的浸提液外，还含有砂仁、丁香等多种混合香料，因而味道特殊，极受人们欢迎。美国是可乐饮料的发源地，其产品的产量在世界上处于垄断地位，可口可乐与百事可乐的行销范围遍及世界各地。美国可乐饮料的研究生产，始于第一次世界大战时期，为士兵作战的需要，添加具有兴奋提神作用的高剂量咖啡因的可乐豆提取物及其他具有特殊风味的物质，创造出可乐这种饮料。目前这两种可乐饮料，在世界各地均设立集团公司，推销可乐浓缩液，生产可乐饮料。

（二）碳酸饮料的主要原料

碳酸饮料的原料，大体上可分为水、二氧化碳和食品添加剂三大类。原料品质的优劣，将直接影响产品的品质。因此，必须掌握各种原料的成分、性能、用量和品质标准，并进行相应的处理，才能生产出合格的产品。

1. 饮料用水

碳酸饮料中水的含量在90%以上，所以水质的优劣对产品品质影响很大。饮料用水比一般饮用水对水质有更严格的要求，对水的硬度、浊度、色、味、臭、铁、有机物、微生物等各项指标的要求均比较高。即使经过严格处理的自来水，也要再经过合适的处理才能作为饮料用水。

一般说来，饮料用水应当无色，无异味，无悬浮物、沉淀物，清澈透明，总硬度在8度以下，pH值为7，重金属含量不得超过指标。

2. 二氧化碳

碳酸饮料中的"气"就是来自瓶中被充入的压缩二氧化碳气体。饮用碳酸饮料，实际是饮用一定浓度的碳酸。生产汽水所用的二氧化碳，一般都是用钢瓶包装、被压缩成液态的二氧化碳，通常要经过处理才能使用。

3. 食品添加剂

正确合理地选择、使用添加剂，可使碳酸饮料的色、香、味俱佳。碳酸饮料生产中常用的食品添加剂有甜味剂、酸味剂、香味剂、着色剂、防腐剂等。除砂糖外，所用的甜味剂主要是糖精；酸味剂主要是柠檬酸，还有苹果酸、酒石酸、磷酸等；香味剂一般都是果香型水溶性食用香精，目前使用较多的是橘子、柠檬、香蕉、菠萝、杨桃、苹果等果香型食用香精；着色剂多采用合成色素，它们是柠檬黄、胭脂红、靛蓝等。

（三）碳酸饮料的制作流程

1. 水处理

由水源来的水不能直接用于配制饮料，需要经过一系列的处理。一般要通过净化、软化、消毒后才能成为符合要求的饮料用水，再经降温后进入混合机变为碳酸水。

各种水源的水质差异很大。在处理前，需要对水源的水进行详细的了解和理化分析，以便进行有效的处理。

2. 二氧化碳处理

钢瓶中的二氧化碳往往含有杂质，有时还有异臭、异味，这会使汽水的品质不良。因此，必须经过氧化、脱臭等处理，以供给纯净的二氧化碳。

3. 配料

配料是汽水生产中最重要的环节。它包括溶糖、过滤、配料三道工序。

溶糖是将定量砂糖加入定量的水中，使其溶解制成糖液，有热溶法和冷溶法两种。

（四）碳酸饮料中的风味物质

碳酸饮料中的风味物质主要是二氧化碳。二氧化碳给人以清凉感，并刺激胃液分泌，促进消化，增强食欲。炎热天气饮用碳酸饮料，可降低体温，同时，碳酸饮料中含有碳酸盐、硫酸盐、氯化物盐类以及磷酸盐等。各种盐类在不同浓度下的味觉感不同，所以当某种盐类浓度过大时，味感必然明显地以此盐类的味感为主。另外，果汁和果味的碳酸饮料中含有各种氨基酸，氨基酸在一定程度上可起缓冲和调和口感的作用。

（五）碳酸饮料的服务

1. 碳酸饮料机的操作

酒吧大都安装碳酸饮料机（即可乐机），一般是将所购买品牌饮料的浓缩糖浆瓶与二氧化碳罐安装在一起。

每个饮料糖浆瓶由管道接出后流经冰冻箱底部冰冻板，并迅速变凉。二氧化碳通过管道在冰冻箱下的自动碳酸化器与过滤后的水混合成无杂质的充碳酸汽水；然后从碳酸化器流到冰冻板冷却；最后通过糖浆管和碳酸气的管流进喷头前的软管。当打开喷头时糖浆和碳酸气按 5∶1 比率混合后喷出。

目前市场上常见的糖浆品牌有可口可乐、雪碧、七喜、百事可乐等。

2. 碳酸饮料的鉴别

第一，一般瓶装汽水液面距瓶口应为 3~6 厘米。

第二，瓶口干净、无锈迹，塑料瓶或易拉罐装的用手捏不动。

第三，上下摇动，瓶中有大量气泡者，表明密封好。

第四，透明型汽水倒置后对光检查，不得有云雾状絮状物或颗粒；果肉型不得有分层或明显沉淀物。

第五，若甜味不足、异味有余，表明汽水变质。

第六，若二氧化碳的清爽刺激感不明显，表明饮料中二氧化碳含量低。

第七，选购时还应查看包装容器底部是否有絮状沉淀物，产品的外观，产品生产日期与最佳消费日期等。一般来说，品牌知名度大、信誉度高的产品质量较有保障。

3. 瓶装碳酸饮料服务

瓶装碳酸饮料是酒吧常用的饮品，不仅便于运输、储存，而且冰镇后的口感较好，保持碳酸气的时间较长。瓶装碳酸饮料服务时应注意以下几点。

第一，直接饮用碳酸饮料应事先冰镇，或者在饮用杯中加冰块。碳酸饮料只有在 4℃ 左右时才能发挥正常口味，增强口感。开瓶时不要摇动，避免饮料喷出溅洒到客人身上。

第二，碳酸饮料可加少量调料后饮用。大部分饮料可加入半片或一片柠檬挤汁或直接浸泡，以增加清新感，可乐中可添加少量盐以增加绵柔口感。

第三，碳酸饮料是混合酒不可缺少的辅料。碳酸饮料在配制混合酒时不能摇，而是在调制过程最后直接加入到饮用杯中搅拌。

第四，碳酸饮料在使用前要注意有效期限，不能使用过期商品。

二、矿泉水

1. 饮用矿泉水的特征

饮用天然矿泉水是一种矿产资源，来自地下水，含有一定量的矿物盐和微量元素，有些还含二氧化碳气体，在通常情况下其化学成分、流量、温度等动态指标相对稳定。

2.饮用矿泉水必备的条件

（1）口味良好、风格典型。

（2）含有对人体有益的成分。

（3）有害成分不得超过相关规定。

（4）瓶装后在保存期（一般为一年）内口味无变化。

（5）微生物学指标符合饮水卫生要求。

3.饮用矿泉水的分类

饮用矿泉水可分为不含气矿泉水、含气矿泉水和人工矿泉水。

（1）不含气矿泉水

原矿泉水中不含有二氧化碳气体，只需将矿泉水用泵抽出，经沉淀、过滤，加入适量稳定剂后就可装瓶，以保证矿泉水中的有益成分不致损失。如原矿泉水中含有二氧化碳等气体，脱除气体，即为无气矿泉水。不含气矿泉水是目前最为流行的矿泉水。

（2）含气矿泉水

含气矿泉水是将天然矿泉水及所含的碳酸气一起用泵抽出，通过管道进入分离器，使水气分离。气体进入气柜进行加压。矿泉水自分离器底部流出，经泵打入储罐进行消毒处理，然后进入沉淀池除去杂质，再过滤到另一储缸。经过滤处理后的矿泉水，须加入柠檬酸、抗坏血酸等稳定剂，以保留矿泉水中适量的有益元素。装瓶前将过滤后的矿泉水导入气液混合器中与二氧化碳气体混合，最后装瓶。

（3）人工矿泉水

人工矿泉水是用优质泉水、地下水或井水进行人工矿化。人工矿化有两种方法，其一是直接强化法，即将优质天然泉水、井水或其他地下水进行杀菌和活性炭吸附使之成为不含杂质、无菌、无异味的纯净水，然后加入含有特种成分的矿石和无机盐，经过一定时间的溶解矿化，然后进行过滤，装瓶前以紫外线杀菌，再行装瓶。其二是二氧化碳浸浊法，即在一定的压力下使含二氧化碳的原料水与一定浓度的碱土金属盐相接触，使碱土金属盐中有关成分与含二氧化碳的原料水反应，生成碳酸氢盐于水中，使原水矿化。待达到预期矿化度时，经过滤、杀菌后再行装瓶。

4.矿泉水真假鉴别

（1）透明度：在日光上无色透明，不含杂质，无混浊。

（2）折光度：矿泉水因富含矿物质，其折光率较自来水大。

（3）比重：矿泉水密度较自来水大，其表面张力也相应增大。

（4）热容量：在相同温度下吸热、放热速度均慢于自来水，真矿泉水在高温季节表面有冷凝小水珠出现。

（5）口感：真矿泉水口感甘甜无异味（碳酸型略有苦涩感）。

5.冰水服务的程序

（1）将玻璃水杯洗净擦干。

（2）用冰夹或冰勺将冰块盛入玻璃水杯中。不能用玻璃杯代替冰夹、冰勺到冰桶里取冰。

（3）将盛有冰块的水杯放在顾客面前后，再用装有冰块的水壶加满水。

（4）水壶中常保持有冰块和水，便于需要时取用。

（5）保持水杯外围的干净。

（6）冰水服务时可用柠檬、酸橙等装饰冰水杯。

（7）冰水应卫生，以确保客人健康。

三、乳品饮料

1851年，盖尔·鲍尔顿发明了一种可以从牛奶中取出部分水分的方法，牛奶的保存期才得以延长。4年之后，法国化学家和生物学家路易·巴斯德发明了低温灭菌法，牛奶经过杀菌处理，能更长时间地保存。从此，牛奶就成为一种十分普及的饮料。

（一）乳品饮料分类

1.新鲜牛奶

鲜奶在市面上销售量最大，其主要特征是经过杀菌消毒。鲜奶大多采用巴氏消毒法，即将牛奶加热至60℃~63℃，并维持此温度30分钟，既能杀死全部致病菌，又能保持牛奶的营养成分，杀菌效果可达99%。另外，还有一种高温短时消毒法，即将牛奶在加热至80℃~85℃，维持10~15秒，或加热至72℃~75℃，维持16~40秒钟。

新鲜牛奶分为全脂牛奶等类别。

（1）全脂牛奶。

（2）低脂牛奶（skim milk）。即把牛奶中的脂肪含量降低。

（3）调味牛奶。即在牛奶中增加有特殊风味的原料，改变普通牛奶的味道。最常见的是巧克力牛奶（chocolate milk）、可可牛奶（coca milk）以及各种果汁牛奶。

2.奶水

奶水是指含奶成分较高的饮品。常见的奶水有以下几种。

（1）鲜奶油。当作其他饮料的配料。

（2）餐桌乳饮（light Cream）。当作咖啡的伴饮。

（3）乳饮料。乳饮料的脂肪量为10%~12%。

3. 发酵乳饮料

牛乳经杀菌、降温，添加特定的乳酸菌发酵剂，再经均质或不均质恒温发酵、冷却、包装等工序制成的饮料，称为发酵乳饮料。常见的有酸乳和酸奶。

（1）酸乳

酸乳是脂肪含量在18%以上的饮料，是在牛奶中加入乳酸菌发酵后，再加入特定的甜味料，使其具有苹果、菠萝和特殊风味的酸乳饮料。

（2）酸奶

酸奶是一种有较高营养价值和特殊风味的饮料。它是以牛乳等为原料，经乳酸菌发酵而制成的产品。酸奶能增强食欲，刺激肠道蠕动，促进机体的物质代谢，从而增进人体健康。酸奶的种类很多，从组织状态可分为凝固型和搅拌型酸奶；从产品的化学成分可分为全脂、脱脂、半脱脂酸奶；根据加糖与否可分为甜酸奶和淡酸奶。

4. 奶粉

将鲜牛奶蒸去水分制成奶粉。奶粉经高温制备，消毒彻底，蛋白质易于消化。

5. 冰激凌

冰激凌是以牛乳或其制品为主要原料，加入糖类、蛋品、香料及稳定剂，经混合配制、杀菌冷冻成为松软的冷冻食品，具有色泽鲜艳、香味浓郁、组织细腻的特点，是一种营养价值很高的夏季食品。冰激凌种类很多，按颜色可分为单色、多色和变色冰激凌；按形状可分为杯状、蛋卷状和冰砖冰激凌；按风味可分为奶油、牛奶和水果冰激凌。

（二）乳品饮料储存方法

（1）乳品饮料在室温下容易腐烂变质，应冷藏在4℃的温度下。

（2）牛奶易吸收异味，冷藏时应包装严密，并与有刺激性气味的食品隔离。

（3）牛奶冷藏时间不宜太长，应每天采用新鲜牛奶。

（4）冰激凌应冷藏在 –18℃以下。

（三）乳品饮料的服务

1. 热奶服务

热奶在早餐和冬天很受欢迎。

将奶加热到77℃左右，用预热过的杯子服务。加热牛奶时，不宜使用铜器皿，因为铜会破坏牛奶中的维生素C，从而降低营养价值。牛奶加热过程中不宜放糖，否则牛奶和糖在高温下的结合物——果糖基赖氯酸，会严重破坏牛奶中蛋白质的营养价值。另外，早餐的牛奶宜和面包、饼干等食品搭配，应避免与含草酸的巧克力混食。

2. 冰奶服务

冰奶在夏天很受欢迎。服务中应注意保质、保鲜，应把消毒过的牛奶，放在4℃以下的冷藏柜中。

3. 酸奶服务

酸奶在低温下饮用风味最佳。酸奶应低温保存，而且存放时间不宜过长。

四、果蔬饮料

（一）果蔬饮料的特点

果蔬饮料之所以赢得越来越多的人们的喜爱，是因为它具有许多与众不同的特点。

1. 赏心悦目的色泽

不同品种的果实，在成熟后都会呈现出各种不同的鲜艳色泽。它既是果实成熟的标志，又是不同种类果实的特征，果实的色泽是由其色素物质来体现的。

2. 水果迷人的芳香

各种果实均有其固有的香气，特别是随着果实的成熟，香气日趋浓郁。这种香气也融入果汁，构成了不同果汁特有的典型风味。果汁的芳香是由芳香物质散发出来的。它们都是挥发性物质，其种类繁多，虽存在量甚微，但对香气和风味的表现却十分明显而典型。

果蔬饮料中的芳香物质包括各种醛类、醇类、酯类和有机酸类。这些芳香物质均具有强烈的挥发性，在加工处理过程中易于挥发，故应极力避免，以保持天然水果浓郁而迷人的芳香。

3. 怡人可口的味道

形成果蔬饮料味道的主要成分是糖分和酸性物质。糖分给人以甜味，果蔬饮料中形成甜味的主要成分是蔗糖、果糖和葡萄糖，其他甜味物品质微而不显。糖分是随着果实的成熟不断形成和积累的，故成熟的果实较甜。酸性物质主要是柠檬酸、苹果酸、酒石酸等有机酸，各种果实中含酸的种类和数量不同，故酸味也有差异。如苹果以苹果酸为主，柑橘类以柠檬酸为主，而葡萄则以酒石酸为主。

4. 含有丰富的营养

果蔬饮料中含有的营养成分极其丰富，除了糖分和酸性物质外，还有许多其他成分，包括蛋白质、氨基酸、磷脂等，都是人体所需的营养素。氨基酸能溶于果汁，而蛋白质、磷脂多与固体组织相结合，悬浮于浑浊果汁中，故浑浊型果汁营养价值较高。

维生素是体内能量转换所必须的物质，能产生控制和调节代谢的作用。人体对它的需要量虽少，但其作用异常重要。维生素在体内一般不能合成，多来自食物，而水果和蔬菜是维生素丰富的来源。但有些维生素受热时最易被破坏，在制取果汁时要加倍注意。

果蔬饮料中还含有许多人体需要的微量元素，如钙、磷、铁、镁、钾、钠、铜、锌等，它们以硫酸盐、磷酸盐、碳酸盐或与有机物结合的盐类存在，对构成人体组织与调节生理机能起着重要的作用。

正因为果汁具有悦目的色泽、迷人的芳香、怡人的味道和丰富的营养，故而成为深受人们欢迎的饮料。

（二）果蔬饮料常用的主要原料

制取果蔬饮料的原料，要求有美好的风味和香气，色泽鲜艳、稳定，多汁，酸度适中。常用的主要有草莓等原料。

1. 草莓

草莓果实呈球形或卵圆形，色鲜红，味酸甜，其汁液浓、色重、甜度高，不仅适宜制取草莓酱，而且常用于制取草莓汁。

2. 柳橙

柳橙汁的柑橘品种主要是甜橙类。它是目前世界上用以生产果汁最多的水果。其果汁色泽好、香味浓、糖分高、酸甜适度，极受人们欢迎。制果汁常用的品种主要有脐橙、晚生橙、菠萝橙等。

3. 梨

梨的含酸量低，果汁香气弱，梨汁多作为其他饮料的配料，也可单独使用。过熟的梨汁液大减，出汁率低，不宜用于制汁。

4. 苹果

苹果品种较多，各有特色，所含成分也有差异。除了早熟的伏苹果外，大多数中熟和晚熟品种都可制汁，尤以晚熟品种甜度适中，略带酸味，汁多且有香气，最适合取汁。在制取苹果汁时，应多采用几个品种混合进行。

5. 葡萄

葡萄出汁率达 65%~82%，在各种水果中居首位，其果汁的糖酸比率适宜，营养价值高，是最受欢迎的果汁之一。制葡萄汁一般选用酸分较高、糖分较低、不大适宜制葡萄酒的品种做原料。

6. 菠萝

菠萝品种不同，其化学成分差异也较大，菠萝汁的风味也因品种的不同而异。菠萝属于后熟型，只有用充分成熟的果实制汁才可获得优良的果汁。菠萝汁可利用菠萝罐头来制取，其品质也较好。

7. 杨桃

杨桃分甜杨桃和酸杨桃两类。酸杨桃汁色泽呈暗色，味道芳香，含糖量低，含酸量高，是生产果汁的良好原料；甜杨桃由于其汁液含糖量高，可以和其他果汁配用。

8. 西红柿

西红柿品种较多，营养丰富，含有丰富的维生素 C 及胡萝卜素，色泽呈红色或粉红色，味酸汁浓。西红柿是果蔬饮料中常用的原料。

9. 胡萝卜

胡萝卜中不仅含有丰富的维生素 C 和胡萝卜素，而且还含有丰富的铁和钙等微量元素。

（三）果蔬饮料的调制

1. 选料

果蔬汁的原料是新鲜水果。原料品质的优劣将直接影响饮料的品质，制取果汁的果实原料要求充分成熟；无腐烂现象；无病虫害；无外伤。

2. 清洗

在果汁的制作过程中，果汁被微生物污染的原因很多。但一般认为，果汁中的微生物主要来自原料。因此，对原料进行清洗是很关键的一环。此外，有些果实在生长过程中喷洒过农药，残留在果皮上的农药若在加工过程中进入果汁，将会危害人体，因此必须对这样的果实进行特殊处理。一般可用 0.5%~1.5% 的盐水或 2% 的高锰酸钾溶液浸泡数分钟，再用清水洗净。

3. 榨汁前的处理

果实的汁液存在于果实组织的细胞中，制取果汁需要将其分离出来。果实切割使果肉组织外露，为榨汁做好了充分的准备。

有些果实（如苹果、樱桃）含果胶量多，汁液黏稠，榨汁较困难。为使汁液易于制取，在切割后需要进行适当的热处理，即在 60℃~70℃ 水温中浸泡，时间为 15~30 分钟。

4. 混合蔬菜汁的搭配

因为几乎所有蔬菜都有它本身特殊的风味（如蔬菜汁的青涩口味），若不调味，常难以下咽。对付青涩味的传统办法就是通过品种搭配来调味。调味主要是用天然水果来调整果蔬汁中的酸甜味，这样可以保持饮料的天然风味，营养成分又不会受到破坏。比如增加甜味。天然柠檬汁含有丰富的维生素 C，它的强烈酸味可以压住菜汁中的青涩味，使其变得美味可口。另外，果蔬汁中加鸡蛋黄也能调节口味，还可增加营养、消除疲劳和增强体力。

知识巩固

1. 咖啡的制作。

2. 煮泡咖啡。

3. 碳酸饮料服务。

4. 乳酸饮料服务。

5. 冰水服务。

6. 果蔬汁饮料制作。

能力拓展

我国已成为咖啡的出口国

咖啡是一种经济价值很高的饮料作物，与可可、茶叶并称为世界三大饮料，其产量和消费量居三大饮料之首。由于咖啡含有丰富的蛋白质、脂肪、蔗糖以及淀粉、葡萄糖，咖啡碱等物质，香气浓郁、滋味可口。咖啡是茜草科咖啡属的多年生常绿灌木或小乔木，种类很多，被广泛种植的有小粒种、中粒种、大粒种和埃塞尔萨种，其中被称"香咖啡"的小粒咖啡种产量最多，约占咖啡总产量的80%以上。咖啡原产于非洲热带地区，从十五世纪以来，咖啡逐渐传播到世界各地。目前，世界上有70多个国家和地区种植咖啡。

中国咖啡种植集中在云南省和海南省，云南产量较大，近年年产2.6万吨左右，占全国产量的90%。云南咖啡据说是七八十年前由法国人传过来的。主产品种是阿拉比卡（Arabica），即所谓的小粒种咖啡，国内俗称云南小粒咖啡。云南优质的地理气候条件为咖啡生长提供了良好的条件，种植区为临沧、保山、思茅、西双版纳、德宏等地州。云南自然条件与哥伦比亚十分相似，即低纬度、高海拔、昼夜温差大，出产的小粒咖啡经杯品质量分析，属醇香型，其质量口感类似于哥伦比亚咖啡。

根据以上材料，思考如下问题：

1. 世界上哪种咖啡产量最多？

2. 我国并非咖啡的主产国，但为什么原料却被雀巢和麦氏、巴克、安利等著名品牌收购？

第八章

酒吧管理

本章导读

　　酒吧是酒水的经营单位，是为客人提供啤酒、葡萄酒、洋酒、鸡尾酒等酒精类饮料的消费场所。酒吧根据饭店的规模和类型，有不同的形式。不论什么形式的酒吧，都应具有各自鲜明的风格，或是优雅舒适、或是文艺气息浓厚、或是青春炫酷。而酒吧管理，是要打造独具特色的品牌文化，吸引有同样文化认同的客户群体。

学习目标

1. 了解酒吧分类。
2. 掌握酒吧设施、设备的使用和保养。
3. 掌握酒吧服务程序。
4. 掌握酒吧服务标准。
5. 掌握酒水推销技巧。
6. 掌握酒水成本控制。

第一节　酒吧概述

一、酒吧

　　酒吧（Bar, Bar Room, Barroom）是指提供各种酒水服务的消费场所。包括经营酒水的场所；酒吧中的吧台；提供酒水服务的设施等。

　　酒吧起源于美国西部大开发时期的西部酒馆，最初，在美国西部，牛仔和强盗们很喜欢聚在小酒馆里喝酒。由于他们都是骑马而来，所以酒馆老板就在馆子门前设了一根横木，用来拴马。

　　后来，汽车取代了马车，骑马的人逐渐减少，这些横木也多被拆除。有一位酒馆老板不愿意扔掉这根已成为酒馆象征的横木，便把它拆下来放在柜台下面，没想到却成了顾客们垫脚的好地方，受到了顾客的喜爱了。由于横木在英语里念

"bar"，所以人们索性就把酒馆翻译成"酒吧"。

酒吧最初源于欧洲大陆，但 bar 一词到了 16 世纪才有"卖饮料的柜台"这个词义项，后又经美洲进一步的变异、拓展，才于大约 2003 年进入我国。酒吧进入我国后，得到了迅猛的发展，尤其在北京、上海、广州等地，更是得到了淋漓的显现：北京的酒吧粗犷开阔，上海的酒吧细腻伤感，广州的酒吧热闹繁杂，深圳的酒吧最不乏激情。

随着改革开放在中国的进一步深化，咖啡酒吧产业在中国得到迅猛发展。国内几乎所有涉外旅游指定的星级宾馆、饭店都设有咖啡的专营场所，很多大中城市都相继开启咖啡酒吧一条街，大多数高级写字楼、大型商场等都专为咖啡开辟场地，国内许多大中城市都设有咖啡酒吧休闲服务场所。据国家有关统计数据表明，中国的咖啡馆、酒吧数量每年以 20% 左右的速度在增长。

全球各界的有识之士均看到了中国咖啡酒吧产业市场呈现出的巨大潜力，一些国际知名的咖啡连锁店纷纷落户中国。如美国星巴克公司连锁店已开遍中国的大中城市，其规模还在不断扩大。国外咖啡、酒类企业的进驻，抢滩中国市场的同时，也为中国引进咖啡酒吧先进的科技设备和现代经营理念。

二、酒吧分类

（一）根据服务内容分类

1. 纯饮品酒吧

此类酒吧主要提供各类饮品，也有一些佐酒小吃，如果脯、杏仁、果仁、花生等坚果类食品，因为据科学验证，人们喝酒之后流失最多的就是此类食品中所含物质，一般的娱乐中心酒吧、机场、码头、车站等酒吧属此类。

2. 供应食品的酒吧

此类酒吧还可进一步细分为：

（1）餐厅酒吧。绝大多数经营餐饮食品，酒吧仅作为吸引客人消费的一个手段，所以酒水利润相对于单纯的酒吧类型要低，品种也较少．但目前高级餐厅中，其品种及服务有增强趋势。

（2）小吃型酒吧。一般来讲，含有食品供应的酒吧其吸引力总是要大一些，客人消费也会多一些，所以建议有可能情况下尽量有食品供应，这样会使客人增加消费，小吃的品种往往是独特风味及易于制作的食品，如三明治、汉堡、炸肉排，或地方小吃如鸭舌等，在这种以酒水为主的酒吧中，小吃的利润高些，客人也会消费。

（3）夜宵式酒吧。往往是高档餐厅夜间经营场所。入夜，餐厅将环境布置成类似酒吧型，有酒吧特有的灯光及音响设备，产品上，酒水与食品并重，客人可单纯享用夜宵或其特色小吃，也可单纯用饮品，环境与经营方式对某些人也具有相当吸引力。

3. 娱乐型酒吧

这种酒吧环境布置及服务主要是为了满足寻求刺激、兴奋、发泄的客人，所以这种酒吧往往会设有乐队、舞池、卡拉 OK 等，有的甚至于以娱乐为主酒吧为辅，所以吧台在总体设计中所占空间较小，舞池较大。此类酒吧气氛活泼热烈，大多青年人较喜欢这类刺激豪放类酒吧。

4. 休闲型酒吧

此类酒吧通常我们称之为茶座，是客人松弛精神，怡情养性的场所，主要为满足寻求放松、约会的客人，所以座位会很舒适，灯光柔和，音响音量较小，环境温馨幽雅，除其他饮品外，供应的饮料以软饮为主，咖啡是其所售饮品中的一个大项。

5. 俱乐部、沙龙型酒吧

由具有相同兴趣爱好、职业背景、社会背景的人群组成的松散型社会团体，在某一特定酒吧定期聚会，谈论共同感兴趣的话题、交换意见及看法，同时有饮品供应，比如在城市中可看到的"企业家俱乐部""股票沙龙""艺术家俱乐部""单身俱乐部"等。

（二）根据经营形式分类

1. 附属经营酒吧

（1）娱乐中心酒吧。附属于某一大型娱乐中心，客人在娱乐之余为增兴，往往会到酒吧饮一杯酒，此类酒吧往往提供酒精含量低及不含酒精的饮品，属于增兴服务场所。

（2）购物中心酒吧。大型购物中心或商场也常设有酒吧，此类酒吧大多为人们购物休息及欣赏其所购置物品而设，主营不含酒精饮料。

（3）饭店酒吧。为旅游住店客人特设，也接纳当地客人。众所周知，酒吧的初级形式是在饭店—客栈中出现的，虽然现已有许多酒吧独立于饭店存在，但饭店中的酒吧仍是随饭店的发展而发展的，且饭店中的酒吧往往有可能是某一地方或城市中最好的酒吧，饭店中酒吧设施、商品、服务项目也较全面，客房中可有小酒吧，大厅有鸡尾酒廊，同时还可根据客人需求设歌舞厅等结合饭店特点及客人不同喜好的各种服务。

2. 独立经营酒吧

相对前面所介绍的几类而言，此类酒吧无明显附属关系，单独设立，经营品种较全面，服务设施等较好，间或有其他娱乐项目，交通方便，常吸引大量客人。

（1）市中心酒吧。顾名思义，地点在市中心，一般其设施和服务趋于全面，常年营业，客人逗留时间较长，消费也较多，因在市中心此类酒吧竞争压力很大。

（2）交通终点酒吧。设在机场、火车站港口等旅客中转地，纯是旅客消磨等候时间，休息放松的酒吧。此类消费客人一般逗留时间较短，消费量较少，但周转率很高，一般此类酒吧品种较少，服务设施比较简单。

（3）旅游地酒吧。设在海滨、森林、温泉、湖畔等风景旅游地，供游人在玩乐之后放松，一般都有舞池、卡拉OK等娱乐设施，但所经营的饮料品种较少。

（4）客房小酒吧。此类酒吧在酒店客房内，客人自行在房内随意饮用各类酒水或饮料，现已在各大高级宾馆普及。

（三）根据服务方式分类

1. 立式酒吧

立式酒吧是传统意义上的典型酒吧，即客人不需服务人员服务，一般自己直接到吧台上喝饮料。"立式"并非指宾客必须站立饮酒，也不是指调酒师或服务员站立服务而言，它只是一种传统习惯称呼。

在这种酒吧里，有相当一部分客人是坐在吧台前的高脚椅上饮酒，而调酒师则站在吧台里边，面对宾客进行操作。因调酒师始终处于与宾客直接接触中，所以也要求调酒师始终保持整洁的仪表、谦和有礼的态度，当然还必须掌握熟练的调酒技术来吸引客人。传统意义上立式酒吧的调酒师，一般都单独工作，因为不仅要负责酒类及饮料的调制，还要负责收款工作，同时必须掌握整个酒吧的营业情况，所以立式酒吧也是以调酒师为中心的酒吧。

2. 服务酒吧

服务酒吧多见于娱乐型酒吧、休闲型酒吧和餐饮酒吧，是指宾客不直接在吧台上享用饮料，而通常是通过服务员开票并提供饮料服务，调酒师在一般情况下不和客人接触。

服务酒吧为餐厅就餐宾客服务，因而佐餐酒的销售量比其他类型酒吧要大得多，不同类型服务酒吧供应的饮料略有差别，销售区别较大。同时服务酒吧布局一般为直线封闭型，区别于立式酒吧，调酒师必须与服务员合作，按开出的酒单配酒及提供各种酒类饮料，由服务员收款，所以它是以服务员为中心的酒吧。

此种酒吧与其他类型酒吧相比，对调酒师的技术要求相对较低，因为服务酒吧通常是一名调酒师的工作起点。

（1）鸡尾酒廊。属服务酒吧类，通常位于饭店门厅附近，或是门厅延伸或是利用门厅周围空间，一般设有墙壁将其与门厅隔断，同时鸡尾酒廊一般比立式酒吧宽敞，常有钢琴、竖琴或小乐队为宾客表演，有的还有小舞池，供宾客随兴起舞。

（2）宴会、冷餐会、酒会等提供饮料服务的酒吧。客人多采用站立式，不提供座位，其服务方式既可统一付款，客人也可为自己所喝的饮料单独付款。

宴会酒吧的业务特点是营业时间较短，宾客集中，营业量大，服务速度相对要求快，基本要求是酒吧服务员每小时能服务100人次左右的宾客，因而服务员必须头脑清醒，工作有条理，具有应付大批宾客的能力。由于宴会酒吧的特点，服务员事前必须做好充分的准备工作，各种酒类，原料、配料、酒杯、冰块、工具等必须有充足准备，以免影响服务。

三、酒吧结构

酒吧因客源市场、服务功能以及空间大小等的不同，结构千差万别。一般由以下几个部分组成：

（一）吧台

吧台是酒吧向客人提供酒水及饮用服务的工作区域，是酒吧的核心部分。通常由前吧（吧台）、后吧（酒柜）以及中心吧（操作台）组成：吧台的大小、组成形状也因具体条件的不同而有所不同。

（二）音控室（DJ台）

音控室是酒吧灯光音响的控制中心。音控室不仅为酒吧座位区或包厢的客人提供所点歌曲服务，而且还要对酒吧进行音量调节和灯光控制，以满足客人听觉上的需要，通过灯光控制来营造酒吧气氛。音控室一般设在舞池区，也有根据酒吧空间条件设在吧台附近。

（三）舞池区

舞池是一般酒吧不可缺少的空间，是客人活动的中心。根据酒吧功能的不同舞池的面积也不相等。小到50~60平方米，大到150平方米以上。通常舞池还附设有酒吧铁艺小舞台，供演奏或演唱人员专用。舞池还设衣物、物件寄放处。舞台的设置以客人能看到舞台上的节目表演为佳，避免前座客人遮住后座客人的视线，并与灯光、音响相协调。

（四）座位区

座位区是客人的休息消费区，也是客人聊天、交谈的主要场所。因酒吧的不同，座位区布置也各不相同，如有卡座式，也有圆桌围坐式。不管怎样，座位区都是围绕它的功能性而设立的，一般以台号来确定座席。酒吧的饮料很多都是向座位区的客人提供的。

（五）包厢

包厢，也叫卡包，是为一些不愿被人打扰的团体或友人聚会提供的场所。包厢有大有小，一般要求内设舞池，有隔音墙、高级沙发、高级环绕音响、大屏幕电视机、电子点歌台等。

（六）卫生间

卫生间是酒吧不可缺少的设施，卫生间设施档次的高低及卫生洁净程度反映了酒吧的档次。卫生间要求设施及通风状况要符合卫生防疫部门规定的标准。

（七）娱乐项目区

娱乐项目是酒吧吸引客源的主要要素之一，所以选择何种娱乐项目、规格多大、档次多高，都要符合经营目标。酒吧娱乐项目有保龄球、台球、飞标、室内游泳、桑拿、按摩、卡拉OK、迪厅及棋牌、游戏室等。

（八）厨房

厨房是酒吧为客人提供食品的地方，不同的酒吧都有自己的特色食物以之为客人提供食品服务。同时厨房还负责出品小吃、果盘、简餐等。

（九）衣帽间

衣帽间是为客人提供存衣物的地方，一般都设置在酒吧进门的区域。

四、酒吧设计

一个好的酒吧，一定要有好的设计，好的装修，好的灯光、气氛。酒吧的设计必须从顾客的透视角度和酒吧的范围来考虑。设计要高雅舒适，装饰要美观大方，氛围要亲切柔和，给客人一种"宾至如归"的感觉。家具要讲究适用。吧台最好用显示华贵沉着、典雅的高级大理石装饰。再用木料或金属做框架，外包深色的硬木。酒吧设计装饰要从设备、墙壁、地板、天花板、灯光照明及窗户和一些装饰物方面进行。

（一）酒吧设计的原则

1.空间布置合理

酒吧空间是一定的，怎样在有限的空间里让我们设计容纳的人数更多，这就要求合理地对空间进行布局设计。既要多容纳客人，又要使客人不感到拥挤和杂乱无章，同时还要满足客人对环境的要求。通道宽窄适度，既要便于行走，又不浪费。一般是按每股人流0.55平方米计算通道面积。

2.吧台位置显著

吧台的位置在酒吧中至关重要，它不仅是在为消费者提供酒水，还是一个酒吧形象的代表，因此在酒吧设计中要做好各方面的准备工作，选好位置，为消费者提供最舒心、最便捷的服务。

（1）以服务消费者为宗旨

吧台的设立本来就是为了服务消费者，方便消费者，所以在位置上要能够保证使消费者很便利地就能够得到服务。但要注意的是，吧台位置的选择不能使顾客感到拥挤、杂乱无章。

（2）地点要明显，使消费者很容易找得到

酒吧里的人流一般比较大，为了使消费者比较方便容易地得到服务，就要保证在位置上的显著。最好消费者在刚进入酒吧时就能看到吧台的位置，对它有一个印象，这样就可以方便以后的消费使用。一般来说，比较常见可用的位置是酒吧正对门或刚进入大门的位置。由于中国人的道路行走习惯，消费者在进入酒吧后都习惯从右侧行走，吧台位置可以选择在比较吸引人的入口右侧。需要注意的是，吧台的装修要保留一个空余的空间，以方便不时之需，也避免人流拥挤，给服务带来麻烦。

3. 风格定位准确

风格定位可以赋予一个酒吧独特的个性，为酒吧选择一个恰当的风格设计定位，会为商家带来良好的收益。

（二）酒吧设计要求

1. 门面设计

门面是第一印象，消费者会不会进来主要看门面。酒吧是什么风格、什么主题，可以从门面上了如指掌。

2. 吧台设计

吧台主要有三种办法：长形、马蹄形、小岛形，三者各有优点。长形吧台方便客人面临调酒师，调酒师在酒吧是一个灵魂人物，有些客人就由于同服务人员熟才会常常莅临；马蹄形吧台的好处可以令客人之间有眼神交流；小岛形吧台则会设在酒吧的中间，展现出一种氛围。酒吧就餐区设计装修分出很多的角落，让客人每次来坐在不同的地方，觉得会完全不一样。大部分的酒吧设计都是灵敏弹性的桌椅，无论两个人来或十个人来都可随意拼拆餐桌。

3. 后勤区设计

后勤区主要设厨房、员工效能柜台、收银台、办公室。这些功用强调动线流利，方便合用。

4. 卫生间设计

在酒吧中，卫生间设计很重要，可以显示出酒吧自身的特征。若开设在商场内的酒吧，自身没有卫生间。

五、酒吧设备

（一）果汁机

果汁机一般由盛水果的玻璃缸和装有电动机的底座两部分构成。当使用果汁机时，应将底座和玻璃缸切实套好，然后将水果等材料切成小块放入玻璃缸中，再将盖子确实盖好。开动开关时，应先以低速旋转，过两至三秒后再改用高速。

（二）洗涤槽

洗涤槽专供调酒工作人员用。

（三）冰杯柜

酒吧里的鸡尾酒、冷冻饮料、冰激凌等都需要用冰杯服务。冰杯柜的温度应控制在 4℃ ~6℃，使杯离开冰杯柜时即挂有一层雾霜。

（四）洗杯槽

洗杯槽一般为三格或四格。放置在两个服务区中心或便于调酒师操作的地方。三格的功用一是清洗，二是冲洗，三是消毒清洗。

（五）沥水槽

沥水槽便于洗过的杯子沥干水分。玻璃杯倒扣在沥水槽上，让杯里的水顺槽沟流入池内。

（六）葡萄酒陈放槽

葡萄酒陈放槽用来储存须冰镇的酒，如白葡萄酒、香槟等。

（七）酒架

酒架用来陈放常用酒瓶，一般用于烈酒，如威士忌、白兰地、琴酒、伏特加等。吧台操作要求常用酒放在便于操作的位置，其他酒陈放在吧台柜里。

（八）碳酸饮料喷头

碳酸饮料在酒吧都有配出装置，即喷头。这些喷头流出不同的碳酸饮料，原理同市面上的可乐机。不同的是喷头上集中了 6 种不同的饮料管，按不同数字就能打开其开关喷出不同的饮料，而市面上的可乐机是将每种饮料的喷头分开的。

（九）杯刷

杯刷一般放置在有洗涤剂的清洗槽中。调酒师将杯子扣放在杯刷上，向下压杯的底部，并旋转杯身。如用电动杯器，只要将杯倒扣后接住杯底，按一下电钮即可，这样就能清洗杯的里外和杯身。经刷洗过的杯子，放到冲洗槽中冲洗，然后放到消毒槽中消毒，最后放到沥水槽上沥干。

（十）垃圾箱

垃圾箱用来盛放各种废弃物。垃圾箱内放有垃圾袋，要经常清扫，至少每天一次。

（十一）空瓶储放架

空瓶储放架用来装空啤酒和苏打水瓶，然后放到垃圾箱中。其他的空酒瓶必须收集后到储存室换领新酒。

（十二）制冰机

每个酒吧都少不了制冰机。在选购制冰机时应事先确定所需要冰块的种类。因为每个制冰机只能制成某一形状或型号的冰块，如方冰块有大有小，另外还有菱形冰块。选择制冰机需要考虑四个条件：所用的杯的大小；杯中所需要的冰块的数量；预计每天饮料卖出的最多杯数；冰块的大小。

（十三）生啤酒设备

生啤酒设备是由啤酒柜、柜内的啤酒罐、二氧化碳罐和柜上的啤酒喷头，以及连接喷头和罐的输酒管组成。根据酒吧条件，生啤酒设备可放在吧台（前吧）下面，也可放在后吧。输酒管越短越好。如果吧台区域小，生啤酒柜可放在相邻的储存室内，用管线把喷头引到吧台内。生啤酒设备操作简单，只需要按压开关就会流出啤酒，最初几杯啤酒泡沫较多是正常现象。

（十四）储存设备

储存设备是酒吧不可缺少的设施。按要求一般设在后吧台区域，包含有酒瓶陈列柜台，主要是陈放一些烈性名贵酒，既能陈放又能展示，以此来增加酒吧气氛，吸引客人前来消费。另外，还有冷藏柜用于存放必须冷藏的酒品和饮料，如碳酸水、葡萄酒、香槟酒、水果，以及需要冷藏的食品，如鸡蛋、奶及其他易变质的食品等。另外还要有干储存柜，大多数用品如火柴、毛巾、餐巾、装饰签、吸管等都要在干储藏柜中存放。

六、吧台用具

（一）调酒和倒酒用具

1. 雪克杯（hand shaker）

雪克杯又称摇酒杯，不锈钢制品。将饮料和冰块放入摇酒杯后，便可摇混。不锈钢酒杯形状要符合标准，常见的有 250ml、350ml、530ml 三种型号。

2. 量杯（jigger）

量杯是调制鸡尾酒和其他混合饮料时，用来量取各种液体的工具。最常见使用的是两头呈漏斗形的不锈钢量杯，一头大而另一头小。最常用的量杯组合的型号有：1/2 盎司和 3/4 盎司、3/4 盎司和 1 盎司、1.5 盎司和 3/4 盎司等。量杯的选用与服务饮料的用杯容量有关。使用不锈钢量杯时，应把酒倒满至量杯的边沿。

3. 酒嘴（pourer）

酒嘴安装在酒瓶口上，用来控制倒出的酒量。在酒吧中，每个打开的烈性酒都要安装酒嘴。酒嘴由不锈钢或塑料制成，分为慢速、中速、快速三种型号。塑料酒嘴不宜带颜色，因为它常用来调配各种不同颜色和种类的酒。使用不锈钢酒嘴时要把软木塞塞进瓶颈中。

4. 调酒杯（mixing glass）

调酒杯是一种厚玻璃器皿，用来盛冰块及各种饮料。典型的调酒杯容量为16~17 盎司。调酒杯每用一次都必须冲洗，并要保持一定温度，以免破碎。

5. 过滤器（strainer）

过滤器能使冰块和水果等酱状物不至于倒进饮用杯中。

6. 调酒匙

调酒匙为不锈钢制品，匙浅、柄长、顶部有一很小的圆珠；调酒匙长 10~11英寸，用来搅拌饮用杯、调酒杯或摇酒杯里的饮料。

7. 冰勺（ice scoop）

不锈钢的冰勺容量 6~8 盎司，用来从冰箱中舀出各种标准大小的冰块。

8. 冰夹（ice tongs）

冰夹是用来取刀冰的不锈钢工具。

9. 水果挤压器（fruit squzzer）

水果挤压器是用来挤榨柠檬等果汁的工具。

10. 漏斗

漏斗是用来把酒和饮料从大容器（如酒桶、酒瓶）倒入方便适用的新容器（如酒瓶）中的一种常用的转移工具。

11. 冰桶（ice pail）

冰桶是装冰的容器。冰桶的底部加有底垫装置，可以吸附溶水。冰桶分为金属制、玻璃制、木制、塑料制及陶制等多种。另外，还有一种取冰用的冰夹可以与冰桶配合成一组使用。选购时必须注意容量、隔热等问题。

12. 碎冰机

碎冰机是可以迅速绞出碎冰的小型机器。

13. 冰锥（ice pick）

冰锥是将冰块敲出适当的大小，以供稀释、调制鸡尾酒或纯酒加冰块时使用的一种工具。

14. 水壶（water jup）

水壶是冲淡威士忌或白兰地时用的装水容器。

（二）装饰准备用具

1. 砧板

酒吧常用砧板为方形塑料板或木制板。

2. 酒吧刀（bar knife）

酒吧刀一般是不锈钢刀。

3. 装饰叉（bar forks）

装饰叉是长约 19 英寸、有两个叉齿的不锈钢制品。用它可以把洋葱和橄榄放进比较窄的瓶中。

4. 削皮刀（zester）

削皮刀是专门用来削水果皮的特殊刀具。

（三）饮料服务工具

服务工具主要包括启瓶罐器、开塞钻、服务托盘等。

1. 启瓶罐器

启瓶罐器一般为不锈钢制品，不易生锈，又容易擦干净。

2. 螺旋开酒器（corkscrew）

螺旋开酒器是用来开启葡萄酒酒瓶上的软木塞，一般为不锈钢制品。

3. 服务托盘（service trays）

服务托盘是圆形的，一般有 10 英寸和 14 英寸两种型号的防滑托盘。

4. 鸡尾酒纸巾（cocktail napkin）

鸡尾酒纸巾是垫在饮料杯下面供客人用的。

5. 吸管（straw）

吸管用于高杯饮料的服务中。

6. 装饰签（toothpicks）

装饰签用以穿上樱桃等点缀酒品。

（四）酒杯

酒吧用杯非常讲究，不仅型号（容量大小）要与饮料品种相配，材质和形状也有很高的要求。酒吧常用酒杯大多是玻璃杯和水晶玻璃杯，要求无杂色、无刻花，杯体厚重，无色透明，酒杯相碰能发出金属般清脆的响声。酒杯在形状上也有非常严格的要求，不同的酒用不同形状的杯来展示酒品的风格和情调。不同饮品用杯大小容量不同，这是由酒品的分量、特征及装饰要求来决定的。合理选择酒杯的质地、容量及形状，不仅展现出典雅和美观，而且能增加饮酒的氛围。

1. 酒杯的种类

（1）平底无脚杯

平底无脚杯酒杯底平而厚，没有杯脚，其形状有直筒形、由下至上呈喇叭展开形和曲线展开形。杯子大小、形状根据饮料的种类而定。常用的有老式杯、海柏杯、柯林杯、冷饮杯。

（2）矮脚杯

矮脚杯杯体和杯脚间有矮短的柄，其柄有一定的形状。传统的矮脚杯有白兰地杯和各种样式的啤酒杯。现在，一般矮脚杯可用来服务于各种酒类。

（3）高脚杯

高脚杯由杯体、脚和柄组成，有各种形状。按照形状和大小的不同，酒杯分别用于不同饮料的服务。

2. 酒杯的用途

（1）香槟酒杯（champagne glass）

目前常见的是浅碟形玛格丽特杯和郁金香香槟杯，容量为5~6盎司。

（2）葡萄酒杯（wine glass）

葡萄酒杯是目前最普遍使用的杯子，杯的容量为5~12盎司。红葡萄酒杯容量比白葡萄酒杯容量大。

（3）水杯（water glass）

水杯的形状类似葡萄酒杯，容量为10~16盎司。

（4）鸡尾酒杯

鸡尾酒杯有三角形和梯形两种。杯口宽、杯身浅，容量为3~4盎司。

（5）酸酒杯（sour glass）

酸酒杯杯口窄小，体壁为圆筒形，容量为 5 盎司左右，专门用来盛酸酒类饮料。

（6）雪利酒杯（sherry glass）

雪利酒杯杯口宽，杯壁呈 U 字形，容量为 2~3 盎司，专门用来饮用雪利酒和波特酒。

（7）大白兰地杯（brandy glass）

大白兰地杯形如灯泡，杯口小，容量为 5~8 盎司，能使白兰地酒的芳香保留在杯中。

（8）利口酒杯（liqueur glass）

利口酒杯杯脚短、杯口窄，容量为 1~2 盎司，专用于餐后饮用利口甜酒。

（9）海柏杯（high ball glass）

海柏杯是圆筒形的直身玻璃杯，容量为 6 盎司左右，专门用来盛混合饮料。

（10）柯林杯（collins glass）

柯林杯形状同海柏杯，容量为 8~10 盎司。

（11）库勒杯（cooler glass）

库勒杯形状同海柏杯，容量为 14~16 盎司，也就是我们常说的冷饮杯。

（12）老式杯（old fashioned）

老式杯底平而厚、圆筒形。有些杯口略宽于杯底，容量为 6~8 盎司。

（13）带柄啤酒杯（mug）

带柄啤酒杯容量从 16~32 盎司不等，也称为生啤酒杯。

3. 酒杯擦拭

酒吧擦拭酒杯的步骤为：

（1）将毛巾（约 70 厘米宽）摊开，两手握住一端，拇指放在毛巾内侧。

（2）让左手手掌朝上，右手放开毛巾。

（3）右手拿杯子，杯底置于左手手掌并轻轻地握住。

（4）右手抓住毛巾的对角部分，然后塞入杯子的底部。

（5）将右手的拇指伸入杯中，其余的四根指头放在毛巾的外侧，并贴着杯子左右来回擦拭。

（6）擦毕，用右手拿杯子的下部，将杯子收好。

七、吧台用具的清洗与消毒

（一）器皿的清洗与消毒

1. 清洗

器皿包括酒杯、碟、咖啡杯、咖啡匙、点心叉、烟灰缸等（烟灰缸只用自来水冲洗干净就行了）。清洗时通常分为四个程序：冲洗—浸泡—漂洗—消毒。

（1）冲洗

用自来水将用过的器皿上的污物冲掉。这道程序必须注意冲干净，不留任何点、块状的污物。

（2）浸泡

将冲洗干净的器皿放入洗洁精溶剂中浸泡，然后擦洗直到没有任何污物。

（3）漂洗

把浸泡后的器皿用自来水漂洗，使之不带有洗洁精的味道。

（4）消毒

用开水、高温蒸汽或化学消毒法（也称药物消毒法）消毒。

2. 消毒

（1）煮沸消毒法

煮沸消毒法是简单而又可靠的消毒方法。将器皿放入水中后，将水煮沸并持续 2~5 分钟就可以达到消毒的目的。注意要将器皿全部浸没水中，消毒时间从水沸腾后开始计算。水沸腾后中间不能降温。

（2）蒸汽消毒法

蒸汽消毒法是在消毒柜上插入蒸汽管。消毒时间为 10 分钟。消毒时要尽量避免消毒柜漏气。器皿之间要留有一定的空间，以利于蒸汽穿透畅通。

（3）远红外线消毒法

远红外线消毒法属于热消毒。使用远红外线消毒柜，在 120℃ ~150℃高温下持续 15 分钟，基本可达到消毒的目的。

一般情况下，不提倡化学消毒法，但在没有高温消毒的条件下，可考虑采用化学消毒法。常用的药物有氯制剂（种类很多，使用时用千分之一的溶液泡 3~5 分钟）和酸制剂（如过氧乙酸，使用时用 0.2%~0.5% 溶液浸泡器皿 3~5 分钟）。

（二）用具的清洗与消毒

用具指酒吧常用工具，如酒吧匙、量杯、摇酒器、电动搅拌机、水果刀等。用具通常只接触酒水，不接触客人，所以只需直接用自来水冲洗干净就行了。但要注意，酒吧匙、量杯不用时一定要浸泡在干净的水中，要经常换水。摇酒器、电动搅拌机每使用一次都要清洗。消毒方法也采用高温消毒法或化学消毒法。

常用的洗杯机是将浸泡、漂洗、消毒三个程序结合起来的，使用时先将器皿用自来水洗干净，然后放入洗杯机中，但要注意经常换洗杯机内部缸体中的水。旋转式洗杯机是由一个刷子和带喷嘴的电动机组成的。使用时把杯子倒扣在刷子上，一开机就有水冲洗。注意不要用力把杯子压在刷子上，只能轻轻接触，否则杯子就易被压破。

第二节　酒吧人员管理

一、酒吧的人员配备

（一）酒吧的组织结构

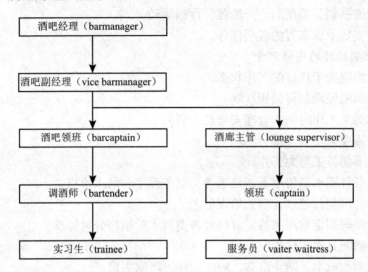

有些四星级或五星级大饭店内设酒水部，管辖范围包括舞厅、咖啡厅和大堂酒吧。

（二）酒吧人员配备

酒吧人员配备根据两项原则，一是酒吧工作时间，二是营业状况。酒吧的营业时间多为上午 11 点至凌晨 1 点，傍晚至午夜是营业高潮时间。营业状况主要看每天的营业额及供应酒水的杯数。一般的主酒吧（座位在 30 个左右）每天可配备调酒师 4~5 人。酒廊或服务酒吧可按每 50 个座位每天配备调酒师 2 人，如果营业时间短可相应减少人员配备。餐厅或咖啡厅每 30 个座位每天配备调酒师 1 人。营业状况繁忙时，可按每日供应 100 杯饮料配备调酒师 1 人的比例调整，如某酒吧每日供应饮料 680 杯，可配备调酒师 6 人。

（三）酒吧人员岗位职责

1. 酒吧经理的岗位职责

· 检查各酒吧每日工作情况，保证各酒吧处于良好的工作状态和营业状态。

· 负责制定酒吧对客服务规程并督导员工认真执行。

· 配合成本会计加强酒水成本控制，防止浪费，减少损耗。

· 根据需要调动和安排员工工作。

· 制订员工培训计划，加强员工培训，确保提供优质服务。

· 保持良好的客户关系，正确处理客人的投诉。

· 制定设备保养、酒水及物资管理制度，保证酒吧正常运行。

· 督导属下完成每月的酒水盘存工作。

· 按需要预备各种宴会酒水并安排酒吧设备工作。

· 审核、签署酒吧各类领货单、维修单、酒水调拨单等。

· 不断鼓励创新鸡尾酒，开展各种促销活动。

· 及时完成上级布置的各项任务。

2. 酒吧副经理的岗位职责

· 保证酒吧处于良好的工作状态。

· 协助酒吧经理制订销售计划。

· 编排员工工作时间，合理安排员工假期。

· 根据需要调动、安排员工。

· 督导下属员工努力工作。

· 负责各种酒水销售服务，熟悉各类服务程序和酒水价格。

· 协助经理制订培训计划，培训员工。

· 协助经理制定鸡尾酒的配方以及各类酒水的销售分量标准。

· 检查酒吧日常工作情况。

· 控制酒水成本，防止浪费，减少损耗，严防失窃。

· 根据员工表现做好评估工作，执行各项纪律。

· 处理客人投诉和其他部门投诉，调解员工纠纷。

· 负责各种宴会的酒水预备工作。

· 协助酒吧经理制定各类用具清单，并定期检查补充。

· 检查食品仓库酒水存货状况。

· 检查员工考勤，安排人力。

· 负责解决员工的各种实际问题，例如：制服、调班、加班、业余活动等。

· 监督酒吧员工完成每月盘点工作。

· 协助酒吧员工完成每月工作报告。

· 沟通上下级之间的联系。

· 酒吧经理缺席时代理酒吧经理行使各项职责。

3. 酒吧领班的岗位职责

· 在酒吧经理指导下，负责酒吧的日常运转工作。

· 贯彻落实已定的酒水控制政策与程序，确保各酒吧的服务水准。

· 与客人保持良好关系，协助营业推销。

· 负责酒水盘点和酒吧物品的管理工作。

· 保持酒吧内清洁卫生。

· 定期为员工进行业务培训。

· 完成上级布置的其他任务。

4. 调酒师的岗位职责

· 根据经营需要及时补充各类酒水及物品。

· 负责酒吧内的清洁卫生，保持良好的工作环境。

· 做好营业前的各项准备工作，确保酒吧正常营业。

· 及时准确地为客人调制各类酒水。

· 按标准和程序正确地向客人提供酒水服务。

· 负责酒吧日常酒水盘点工作，核对酒水数量并填写每日销售盘点表。

· 虚心学习新的鸡尾酒配方，提高业务水平。

5. 酒吧服务人员的岗位职责

· 负责营业前的各项准备工作，确保酒吧正常营业。

· 按规范和程序向客人提供酒水服务。

· 负责酒吧内清洁卫生。

· 协助调酒师进行销售盘点工作，做好销售记录。

· 负责酒吧内各类服务用品的请领和管理。

6. 酒吧实习生岗位职责

· 每天按照提货单到食品仓库提货、取冰块、更换棉织品、补充器具。

· 清理酒吧的设施（冰柜、制冰机、工作台），清洗盘、冰车和酒吧的工具（搅拌机、量杯等）。

· 经常清洁酒吧内的地板及所有用具。

· 做好营业前的准备工作，如：兑橙汁、将冰块装到冰盒里、切好柠檬片和橙角等。

· 协助调酒师放好陈列的酒水。

· 根据酒吧领班和调酒师的要求补充酒水。

· 用干净的烟灰缸换下用过的烟灰缸并清洗干净。

· 补充酒杯，工作空闲时用干布擦亮酒杯。

· 补充应冷冻的酒水到冰柜中，如啤酒、白葡萄酒、香槟。

· 保持酒吧的整洁、干净。

· 清理垃圾并将客人用过的杯、碟送到清洗间。

· 帮助调酒师清点存货。

· 熟悉各类酒水、各种杯子特点及酒水价格。

· 酒水入仓时，用干布或湿布抹干净所有的瓶子。

· 摆好货架上的瓶装酒，并分类存放整齐。

·在酒吧领班或调酒师的指导下制作一些简单的饮品或鸡尾酒。

·在营业繁忙时，帮助调酒师招呼客人。

二、酒吧工作安排

酒吧的工作安排是指按酒吧日工作量的多少来安排人员。通常上午时间，只是开吧和领货，可以少安排人员；晚上营业繁忙，所以多安排人员。在交接班时，上、下班的人员必须有半小时至1小时的交接时间，以清点酒水和办理交接班手续。酒吧采取轮休制。节假日可取消休息，在生意清闲时补休。工作量特别大或营业超计划时，可安排调酒员加班加点，同时给予足够的补偿。

（一）每日工作检查表

每日工作检查表用以检查酒吧每日工作状况及完成情况。可按酒吧每日工作的项目列成每日检查表（如表8-1所示）：

表8-1　每日工作检查表

项目	完成情况	备注	签名
领货			
酒吧清洁			
补充酒水			
更换布单			
冰冻酒水			
早班清点酒水			
酒吧摆设			
准备装饰物和配料			
稀释果汁			
领配酒小食			
摆台（酒水单、花瓶、烟灰缸）			
电气设备工作状态			
取冰块			

日期　　年　　月　　日

还可根据酒吧实际情况列入维修设备、服务质量、每日例会、收吧工作等内容。检查表由每日值班的调酒师根据工作完成情况填写签名。

（二）酒吧的服务、供应

酒吧是否能够经营成功，主要靠调酒师的服务质量和酒水的供应质量。服务要求礼貌周到，面带微笑；调酒师要求训练有素，对酒吧的工作、酒水牌的内容都要熟悉，操作熟练；要能回答客人提出的有关酒吧及酒水牌的问题。酒吧服务员在服务时要热情主动。

酒水供应质量是一个关键，所有酒水都要严格按照配方要求，绝不可以任意替换、减少分量，更不能使用过期或变质的酒水。特别是留意果汁的保鲜时间，保鲜期一过便不能使用。所有汽水类饮料在开瓶（罐）两小时后都不能用以调制饮料，凡是不合格的饮品均不能出售给客人。例如调制彩虹鸡尾酒，任何两层有相混情形时，都不能出售，要重新调制一杯。

（三）工作报告

调酒员要完成每日工作报告。每日工作报告可登记在一本记录簿上，每日一页。内容应有营业额、客人人数、平均消费、操作情况及特殊事件。营业额可以体现出酒吧当天的经营情况及盈亏情况；客人人数可看出酒吧座位的使用率与客人来源；平均消费可看出酒吧成本同营业额的关系以及营业人数的消费标准。酒吧里发生的特殊事件也很多，经常有许多意想不到的情况，要记录上报。处理好要登记，有些需要报告上级的，要及时上报。

三、酒吧员工培训

（一）酒吧员工培训的意义

1. 使酒吧员工较快地适应工作

酒吧员工通过培训，可以更快掌握工作要点，加快学习速度，减轻紧张的情绪，更快地适应酒吧工作。

2. 提高工作质量

酒吧培训就是要把工作实践当中好的方法教给员工，员工通过学习，掌握这些方法，在工作中避免出差错，走弯路，使工作质量得到提高。

3. 减少浪费

酒吧中的很多浪费是由于员工没有经过培训和缺乏经验造成的。如由于操作不熟练，打翻酒水或者由于没掌握正确的操作方法，损坏用具及玻璃器皿等。培训可以使员工掌握正确的操作方法，减少浪费。

4. 减少事故的发生

酒吧未经培训员工的事故发生率是经过培训员工的事故发生率的三倍，特别是操作有危险的机器，由于未经过培训的员工不知机器的操作方法，又不熟悉环境，更容易发生事故。培训员工安全工作意识和技能，可以减少许多事故的发生。

5. 提高工作效率

培训员工可使员工达到比较高的工作效率，比如一个调酒员本来可以照顾

50~100 座位的酒吧，假如同时有很多客人点了酒水，而且大多数是鸡尾酒，而调酒师没有经过培训，技术不熟练，就很难应对这种场面。如果经过培训，情况就不一样了。只要技术操作达到要求，按标准每杯鸡尾酒用 1 分钟，应对这种局面就会游刃有余。

（二）培训方式

随着餐饮业的迅速发展，经营理念和服务技术也在不断更新。餐饮业经营对职工提出更高、更新的要求，要求职工转变传统观念，重新调整自己的位置。管理人员也认识到酒水经营企业的培训工作必须成为管理的手段，通过培训使具有不同的价值观、不同的工作习惯的新职工统一企业文化和理念，统一服务标准，成为企业需要的实用人才。酒水经营企业培训工作必须理论联系实际，学用结合。管理人员对培训的目的、岗位特点、知识和能力结构要合理地计划，避免盲目和随意，同时要开展案例教学、演示教学、实际操作等。应特别注意职工在经营、营销、技巧、操作技能等方面的提高，使培训和企业经营紧密结合。通常企业培训工作包括若干层次和多种形式。

1. 岗前培训

一些企业采取岗前培训，对进入企业的新职工进行培训，目的是帮助他们熟悉新环境，了解有关规章制度，以便新职工从意识和行为方面实现顺利过渡，帮助他们了解本企业经营目标、经营任务和发展。

2. 在职培训

在职培训可使职工一边工作，一边学习，利用企业现有场所和设备，聘请有丰富经验的管理者和技师做指导教师。这种方法既经济又方便，培训对象不脱离岗位，不影响工作。但是，培训方法规范性和强化性差。

3. 脱产培训

脱产培训可以让新职工在专门场所、特定的环境下接受专职教师指导。这种培训方式有利于集中精力学习，但是需要资金、设备、环境、专职教师，成本较高。

四、酒吧员工考核

考核是针对某项指标而对员工进行的一种测验。

考核一般半年进行一次，有时为了特定的目的进行不定期的考核。由于考核需要时间，有的企业按照职务的分类，仅对一部分员工进行考核。考核的内容和方式有以下几种。

第一，计分考核。使用这种方法的关键在于是否给考核内容正确打分，标准能否用量来表示。需注意的是，某些考核内容是难以计分的。

第二，列出条款对员工进行考核。这种考核方式可以明确地显示员工的优缺点，但对员工的表现则不容易比较。

第三，偶发事件考核。这是针对员工在一般工作时间的表现以及处理偶发事件进行考核。

第四，抽样考核。对员工整体表现进行有选择的考核，如对工作能力、知识等进行考核。

第五，生产率考核。适用于可以计量的工作。

第六，技术知识和业务知识的考核。通过按工作实际出题目，着重从工作技术、技能的发挥上考核员工的水准，从而给他一个合适的评价。

第三节　酒吧服务管理

一、酒吧服务程序

酒吧服务程序包括：营业前准备、营业中服务、结束工作三个方面。

（一）营业前准备

酒吧营业前的准备工作俗称"开吧"，是酒吧从业人员一天工作的开始。其主要工作内容包括：班前例会、清洁卫生工作、领取当天营业所需物品、酒吧摆设（俗称"设吧"）和调酒准备工作等多项内容。

1. 班前例会

班前例会是酒吧全体工作人员到岗后，在酒吧营业前半个小时由酒吧经理或主管召开的营业前例会。其主要会议内容包括：

（1）根据当日班次表进行点名。

（2）检查全体人员的仪表、仪容是否符合酒吧的规范要求；特别留意员工个人卫生的细节，如指甲、头发、鞋袜等项目。

（3）根据当日情况对人员进行具体工作分工，向员工通告当日酒吧的特色活动以及推出的特价酒水品种、品牌等，使员工明确当日向宾客推介的重点。

（4）总结昨日营业情况，对表现好的员工进行表扬；对出现的问题提醒注意，尤其是宾客的投诉；强调本日营业期间应注意的工作事项等。

（5）班前例会结束后，各岗位人员应迅速进入工作岗位，并按照班前例会的具体分工和要求，做好开吧前的各项准备工作。

2. 清洁卫生工作

（1）清洁酒杯、调酒用具

酒杯和调酒用具的清洁与否直接关系到消费者的饮食健康与否。严格遵守清洁卫生管理制度，是酒吧调酒师职业道德规范的基本要求。作为调酒师每天都应严格地对酒杯和调酒用具进行清洁、消毒，即使对没有使用过的器具也不应例外。另外，在清洁酒杯、调酒用具的同时，认真检查酒杯有无破损，如有应立即剔除，并填写报损清单。

（2）清洁酒瓶、罐装水果和听装饮料的表面

瓶装酒、罐装水果和听装饮料在运输、摆放过程中，容器表面会残留一些尘埃，在使用过程中瓶口或瓶身也会残留部分液体，所以要注意及时擦拭，以保证酒瓶、罐装水果和听装饮料表面的清洁卫生。擦拭时应使用专用消毒湿巾将酒瓶、罐装水果和听装饮料的表面擦拭干净。

（3）清洁冷藏柜和展示冷柜

酒吧冷藏柜和展示冷柜由于经常堆放酒瓶、罐装水果和听装饮料，很容易在隔架层上形成污渍，所以必须坚持每天使用湿抹布擦拭，以保证其清洁卫生。

（4）清洁吧台和工作台

由于吧台在营业期间，调酒师就应不断清洁整理，因此，污渍和污迹相对较少。所以每天营业前，调酒师一般使用抹布擦拭后，喷上上光蜡，再使用干毛巾擦拭光亮即可。工作台，由于多数酒吧以不锈钢作为台面，可直接以清洁剂擦拭，清洁干净后用干毛巾擦干。

（5）清洁地面

酒吧内的地面常用石质材料或地板砖铺砌而成，营业前应使用拖把将地面擦洗干净。

（6）其他区域的清洁

酒吧其他营业区域主要包括吧台外的宾客座位和卫生间以及酒吧门厅等场所，这些区域的卫生一般由酒吧接待服务人员按照酒吧清洁卫生制度标准来完成。其清洁工作主要包括环境清扫和整理两大部分。注意在整理过程中将台面上的烟灰缸、花瓶和酒牌按酒吧指定位置摆放整齐。

3. 领取当天营业所需物品

（1）领取酒水、小食品

每天依据酒吧营业所需领用的酒水数量及上班缺货记录单填写酒水领料单（如表 8-2 所示），送交酒吧经理签名，持签过名的酒水领料单到库房保管员处领取酒水。注意在领取酒水时应依据酒水领料单，认真核对酒水名称和清点酒水数量，以免产生差错。在核对正确无误后，领货人在酒水领料单上"收货人"一栏签名，以备日后核查。

（2）领取酒杯和器具

由于酒杯和一些器具容易破损并有一定的正常损耗，对其及时补充和领用是日常要做的工作。在需要领用时，应严格按照用量和规格填写领料单，再送交酒吧经理签名，持签过名的领料单到库房保管员处领取。酒杯和器具领回酒吧后要先清洗、消毒才能使用。

表 8-2 酒水领料单

领料部门： 年 月 日 金额单位：元

品名	规格	单位	单价	申请数		实发数		备注
				数量	金额	数量	金额	

（3）领取易耗品

酒吧易耗品是指杯垫、吸管、鸡尾酒签、餐巾纸、原子笔、各种表格等物品。一般每周领取1~2次，领用时也需酒吧经理签名后才能到库房保管员处领取。

4.填写酒水、物品记录

一般每个酒吧为方便成本核算和防止丢窃现象的发生，都会设立一本酒水、物品台账。上面应清楚地记录酒吧每日的存货、领用物品的数量、售出的数量以及结存的具体数量。每个当值的调酒师只要取出"酒水记录簿"（如表8-3所示），便可一目了然，掌握酒吧各种酒水的数量。因此，当值调酒师到岗后，在核对上班酒水数量以后应将情况记录下来。在本班酒水、物品领取完毕后，也应将领取数量、品名等情况登录在册，以备核查。

表 8-3 酒水记录簿

日期： 经手人：

项目	规格	存货	领用	售出	结存	签名
可乐	罐					
雪碧	罐					
苏打	罐					
橙汁	罐					
菠萝汁	罐					
柠檬汁	瓶					
汤力水	瓶					
金酒	瓶					
威士忌	瓶					
白兰地	瓶					

5. 酒吧摆设

（1）酒水、小食品的摆设

调酒师将领回的酒水、小食品分类并按其饮用要求放置在合理的位置，对于白葡萄酒、起泡酒、碳酸饮料、瓶装或听装果汁以及啤酒应按酒吧规定的数量配制标准提前放入冷藏柜冰镇。补充酒水时一定要遵循"先进先出"的原则，即先领用的酒水先销售，先存放于冷藏柜中的酒水先销售给客人，以免因酒水存放过期而造成不必要的浪费。特别是果汁、碳酸饮料和一些水果类食品更应注意。在酒水补充完毕后，将酒吧内的制冰机启动，以保障在营业期间内冰块的正常供应。

（2）瓶装酒的摆设

瓶装酒摆设的原则是美观大方、方便取用、搭配合理、富有吸引力并且具有一定的专业水准。其摆放方法主要有以下几种：

第一，按酒的类别摆放。即依照酒水分类的原则，将不同品种的酒水（如威士忌、白兰地、利口酒等）分展柜依次摆放。

第二，按酒的价值摆放。即将价值昂贵的酒同便宜的酒分开摆放。在酒吧会发现同一类酒水之间的价格差异是很大的。例如白兰地类酒水，便宜的几十元一瓶，贵重的需一万多元一瓶。如果两者摆在一起，显然是不太相称的。

第三，按酒水的生产销售公司摆放。在酒吧，有时会有酒水的生产销售公司买断某个或某几个展柜，用以陈列该公司的酒水，在酒吧起到宣传推广的作用。因此，酒吧在每日"设吧"时，一定要注意按照该公司的要求进行摆放。

在摆放瓶装酒时，还应注意瓶与瓶之间应有一定的间隙，这样既方便调酒师取拿，又可以在瓶与瓶之间摆放一些诸如酒杯、鲜花、水果之类的装饰品，以烘托酒吧的气氛。另外，在瓶装酒的摆放过程中，应将常用酒与陈列酒分开，一般常用酒要放在操作台前触手可及的位置，以方便日常工作，而陈列酒则放在展柜的高处。

（3）酒杯的摆设

酒吧内酒杯的摆设采用悬挂与摆放两种方式。悬挂式摆设是指将酒杯悬挂于吧台面上部的杯架内，一般这类酒杯不使用（因为取拿不方便），只起到装饰作用。摆放式摆设是指将酒杯分类整齐地码放在操作台上，这样可以方便调酒师工作时取拿。

酒杯摆放时还应注意：那些习惯添加冰块的酒杯（如柯林斯杯、古典杯等）应放在靠近制冰机的位置，而啤酒杯、鸡尾酒杯则应放在冷藏柜内冷藏备用，那些不需要加冰块的酒杯放于工作台其他空位上。

酒杯是酒吧最主要的服务器皿，其清洁卫生状况的好坏直接影响到宾客的健康和饮用情绪。酒吧应严格遵循酒杯的清洁、消毒程序，为宾客提供晶莹剔透、清洁卫生的杯具。

（4）辅助性原材料的准备

在酒吧正式营业前，应将各种酒水供应所需要的辅助性原材料提前制作妥当，并按照要求整齐地摆放在工作台上。这样，可以有效地提高服务效率，缩短宾客等候时间，增加宾客的满意程度。酒吧酒水供应所需要的辅助性原材料主要包括：装饰性配料、调味类配料、热水、冰水、冰块、各种糖浆等。

6. 调酒准备

（1）取放冰块

用桶从制冰机中取出冰块放进工作台上的冰块池中，把冰块放满；没有冰块池的可用保温冰桶装满冰块盖上盖子放在工作台上。

（2）备料

配料放在工作台前面，以备调制时取用；鲜牛奶、淡奶、菠萝汁、番茄汁等，存放在冰箱中；橙汁、柠檬汁要先稀释后倒入瓶中备用（存放在冰箱中）。

（3）装饰物

橙角预先切好与樱桃穿在一起摆放在碟子里备用，面上封保鲜纸。从瓶中取出少量咸橄榄放在杯中备用，红樱桃取出用清水冲洗后放入杯中备用。柠檬片、柠檬角也要切好摆放在碟子里用保鲜纸封好备用。

（4）酒杯

用餐巾垫底，将酒杯摆放在工作台上，量杯、酒吧匙、冰夹要浸泡在干净水中。杯垫、吸管、调酒棒和鸡尾酒签也放在工作台前（吸管、调酒棒和鸡尾酒签可用杯子盛放）。

7. 更换棉织品

酒吧使用的棉织品有两种：餐巾和毛巾。毛巾是用来清洁台面的，要湿水用；餐巾（镜布、口布）主要用于擦杯，要干用，不能弄湿。棉织品使用一次要清洗一次。

8. 工程维修

在营业前要仔细检查各类电器，如灯光、空调、音响、冰箱、制冰机、咖啡机等；所有家具、酒吧台、椅、墙纸及装修有无损坏。如有任何不符合标准要求的地方，要马上填写工程维修单交酒吧经理签名后送工程部，由工程部派人维修。

9. 单据表格

检查所使用的单据表格是否齐全够用，特别是酒水供应单与调拨单一定要准备好，以免影响营业。

（二）营业中服务

1. 迎接客人

客人来到酒吧时，要主动地打招呼，面带微笑向客人问好（"您好""晚上好""请进""欢迎"），并用优美的手势请客人进入酒吧。若是熟悉的客人，可以直接称呼客人的姓氏，使客人觉得有亲切感。如客人存放衣物，应提醒客人将贵重物品和现金钱包拿回，然后将记号牌交客人保管。

2. 递酒水单

客人入座后可立即递上酒水单（先递给女士们）。如果几批客人同时到达，要先一一招呼客人坐下后再递酒水单。酒水单要直接递到客人手中，不要放在台面上。如果客人在互相谈话，可以稍等几秒钟，或者说："对不起，先生／小姐，请看酒水单。"然后递给客人。要特别留意酒水单是否干净平整，千万不要把肮脏的或模糊不清的酒水单递给客人。

3. 客人点酒水

递上酒水单后稍等一会儿，可微笑地问客人："对不起，先生／女士，我能为您写单吗？""您喜欢喝杯饮料吗？""请问您要喝点什么呢？"如果客人还没有做出决定，服务员（调酒员）可以为客人提建议或解释酒水单。如果客人在谈话或仔细看酒水单，那也不必着急，可以再等一会儿。在有客人请调酒师介绍饮品时，要先问客人喜欢喝什么味道的饮料再给予介绍。

4. 写酒水供应单

拿好酒水单和笔，等客人点了酒水后要重复说一次酒水名称，客人确认了再写酒水供应单。为了减少差错，供应单上要写清楚座号、台号、服务员姓名、酒水饮料品种、数量及特别要求。未写完的行格要用笔划掉，并要记清楚每种酒水的价格，以回答客人询问。

5. 酒水供应服务

调制好酒水后可先将饮品、纸巾、杯垫和小食（酒吧常免费为客人提供一些花生、薯片等小食）放在托盘中，用左手端起走近客人并说："这是您要的饮料。"上完酒水后可说"请用""请您品尝"等。对在酒吧椅上坐的客人可直接将酒水、杯垫、纸巾拿到酒吧台上而不必用托盘。使用托盘时要注意将大杯的饮料放在靠近身体的位置。先看看托盘是否肮脏有水迹，如有，要擦干净后再使用。上酒水给客人时从客人的右手边端上。几个客人同坐一台时，如果记不清哪一位客人要什么酒水，要问清楚每位所点的饮料后再端上去。

6. 更换烟灰缸

取干净的烟灰缸放在托盘上，拿到客人的台前，用右手拿起一个干净的烟灰缸，盖在台面上有烟头的烟灰缸上，两个烟灰缸一起拿到托盘上，再把干净的烟灰缸拿到客人的桌子上。在酒吧台，可以直接用手拿干净的烟灰缸盖在有烟头的烟灰缸上，两个烟灰缸一齐拿到工作台下，再把干净的烟灰缸放到酒吧台上。绝对不可以直接拿走有烟灰的烟灰缸，再摆下干净的烟灰缸，这种操作有可能会使飞扬起来的烟灰掉进客人的饮料里或者落到客人的身上，造成意想不到的麻烦。有时，客人把没抽完的香烟或雪茄烟架在烟灰缸上，可以先摆上一个干净的烟灰缸并摆在用过的烟灰缸旁边，把架在烟灰缸上的香烟移到干净的烟灰缸上，然后再取另一个干净的烟灰缸盖在用过的烟灰缸上，一齐取走。

7. 为客人斟酒水

当客人喝了大约半杯饮料时，要为客人斟酒水。右手拿起酒水瓶或罐，为客人斟满酒水，注意不要满到杯口。一般斟至85%就可以了。台面上的空瓶或罐要及时撤下来。有时客人把倒空酒水的易拉罐捏扁，就是暗示这个罐的酒水已经倒空，服务员或调酒员应马上把空罐撤掉。

8. 撤空杯或空瓶罐

经常注意观察客人的饮料是不是快要喝完了。如有杯子只剩一点点饮料，而台上已经没有饮料瓶罐，就可以走到客人身边，问客人是否再来一杯。如果客人要点的下一杯饮料同杯子里的饮料相同，可以不换杯；如果不同就另上一个杯子给客人。当杯子喝空后，可以拿着托盘走到客人身边问："我可以收去您的空杯子吗?"客人点头允许后再把杯子撤到托盘上收走。客人台面上的空瓶、罐可以随时撤走。

9. 结账

客人要求结账时，要立即到收款台取账单，拿到账单后要检查一遍，台号、酒水的品种、数量是否准确，再用账单夹放好，拿到客人面前，并有礼貌地说："这是您的账单，多谢! ××元××角。"切记不可以大声地读出账单上的消费额。有些做东的客人不希望他的朋友知道账单上的金额数目。如果客人认为账单有误，绝对不能同客人争辩，应立即到收款员那里重新把供应单和账单核对一遍，有错马上改，并向客人致歉；没错时可以向客人解释清楚每一项目的价格，取得客人的谅解。

10. 送客

客人结账后，可以帮助客人移开椅子让客人容易移步。如客人有存放衣物，根据客人交回的记号牌，帮客人取回衣物，记住问客人有没有拿错和少拿了。然后送客人到门口，说"多谢光临""再见"等。

11. 清理台面

客人离开后，用托盘将台面上所有的杯、瓶、烟灰缸等都收掉。再用湿毛巾将台面擦干净，重新摆上干净用具。

（三）结束工作

营业后工作包括清理酒吧、完成每日工作报告、清点酒水、检查火灾隐患、关闭电器开关等。

1. 清理酒吧

客人全部离开后，才能动手收拾酒吧。把脏酒杯全部收起送清洗间。把所有陈列的酒水小心取下放入柜中，散卖和调酒用过的酒要用湿毛巾把瓶口擦干净再放入柜中。水果原料要放回冰箱中保存并用保鲜纸封好。凡是开了罐的汽水、啤酒和其他易拉罐饮料（果汁除外）要全部处理掉，不能放到第二天再用。酒吧台、工作台用湿毛巾擦抹，水池用清洁剂洗，单据表格夹好后放入柜中。最后清理垃圾桶。

2. 每日工作报告

要求详细记录当日营业额、客人人数、平均消费、特别事件和客人投诉。每日工作报告主要供经营者掌握各酒吧的营业详细状况和服务情况。

3. 清点酒水

把当天所销售出的酒水按供应单数目及酒吧现存的酒水确实数字填写到酒水记录簿上。

4. 检查火灾隐患

全部清理、清点工作完成后要把整个酒吧检查一遍，特别是掉落在地毯上的烟头。

5. 关闭电器开关

除冰箱外，所有的电器开关都要关闭。包括照明、咖啡机、咖啡炉、生啤酒机、电动搅拌机、空调和音响。

最后，留意把所有的门窗锁好，再将当日的供应单与工作报告、酒水调拨单送到酒吧经理处。

二、酒吧服务标准

（一）调酒服务标准

在酒吧，客人与调酒员只隔着吧台，调酒员的任何动作都在客人的目光之下。因此，调酒服务不但要注意方法、步骤，还要留意操作姿势及卫生标准。

1. 姿势、动作

调酒时要注意姿势端正，不要弯腰或蹲下调制。对客人要大方，不要掩饰，任何不雅的姿势都直接影响到客人的情绪。调酒师动作要潇洒、轻松、自然、准确，不要紧张；用手拿杯时要握杯子的底部，不要握杯子的上部，更不能用手指碰杯口；调制过程中尽可能使用各种工具，不要用手，特别是不准用手来代替冰夹抓冰块放进杯中；不要做摸头发、揉眼、擦脸等小动作；也不准在酒吧中梳头、照镜子、化妆等。

2. 先后顺序与时间

调酒师要注意客人到来的先后顺序，要先为早到的客人调制酒水。对于同来的客人，要先为女士们和老人、小孩配制饮料。调制任何酒水的时间都不能太长，以免使客人不耐烦，这就要求调酒师平时多练习。调制时动作要快捷熟练。一般的果汁、汽水、矿泉水、啤酒可在一分钟时间内完成；混合饮料可用 1 分钟至 2 分钟完成；鸡尾酒可用 2 分钟至 4 分钟完成。有时五六个客人同时点酒水，也不必慌张忙乱，可先一一答应下来，再按次序调制。一定要答应客人，不能不理睬客人只顾自己做。

3. 卫生标准

在酒吧调酒一定要注意卫生标准。稀释果汁和调制饮料用的水都要干净、卫生，不能直接用自来水。调酒师要经常洗手，保持手部清洁。凡是过期、变质的酒水不准使用，腐烂变质的水果及食品也禁止使用。要特别留意新鲜果汁、鲜牛奶和稀释后果汁的保鲜期，天气热更容易变质。其他卫生标准可参看《中华人民共和国食品卫生法》。

4. 观察、询问与良好服务

观察酒吧台面，看到客人的酒水快喝完时要询问客人是否再加一杯；客人使用的烟灰缸是否需要更换；酒吧台表面有无酒水残迹，经常用干净湿毛巾擦抹；要经常为客人斟酒水；客人抽烟时要为他点火。让客人在不知不觉中获得各项服务。总而言之，优良的服务在于留心观察加上必要而及时的行动。在调酒服务中，因各国客人的口味、饮用方法不尽相同，有时会提出一些特别要求与特别配方，调酒员甚至酒吧经理也不一定会做，这时可以询问、请教客人怎样配制，也会得到满意的结果。

5. 清理工作台

工作台是配制供应酒水的地方，要注意经常清理。每次调制完酒水后一定要把用过的酒水放回原来位置，不要堆放在工作台上，以免影响操作。斟酒时滴下或不小心倒在工作台上的酒水要及时抹掉。用于清洁的湿毛巾要叠成整齐的方形，不要随手抓成一团。

（二）对客服务标准

1. 礼节、礼貌

讲究礼节、礼貌，是每个酒吧从业人员所必须具备的最重要的职业基本功之一。礼节、礼貌体现了酒吧对待宾客友好的基本态度，同时也反映了酒吧从业人员自身的文化涵养和职业素质。礼节、礼貌就是酒吧从业人员通过自身的语言、行为向来酒吧消费的宾客表示欢迎、尊重、热情和感谢的形式。酒吧服务人员的礼节、礼貌程度直接影响酒吧的服务质量，影响宾客的消费活动，最终影响整个酒吧的经济效益。

（1）礼节、礼貌体现在外表上就是酒吧从业人员要衣冠整洁，注重服饰发型，讲究仪容仪表，在外观形象上要给宾客以稳重、大方、美观、和谐、诚信的感受，显现出干净利落、精神焕发的面貌。切忌浓妆艳抹，与宾客争艳斗俏。

（2）礼节、礼貌体现在语言上就是酒吧从业人员要注意在服务过程中讲究语言艺术，谈吐文雅、委婉谦虚，注意语气语调，应答自然得体。服务语言是酒吧从业人员完成服务工作，提供最佳服务的基本条件。它标志着一个酒吧的服务水平，也反映了酒吧从业人员的精神状态和文明程度，是酒吧向宾客提供优质服务和感情服务的最佳媒介。

（3）礼节、礼貌体现在行为上就是酒吧从业人员要做到和蔼可亲、彬彬有礼、举止文明，在对客服务的过程中站、立、行、走都要保持正确的姿态，整个服务动作要做到轻盈和谐，并注意行为举止应符合服务规范。

2. 服务态度

每家酒吧的工作，都是为宾客提供酒水服务。从外观上看，似乎是一样的，并没有什么太大的区分。然而，不同的服务态度，却会使宾客对酒吧产生截然不同的感受和评价。真诚地面对每一位宾客，是服务性行业从业人员最重要的职业素质。在服务过程中对宾客保持热诚的态度，是不应以任何先决条件为前提的。良好的服务态度，会使宾客产生真诚感、亲切感和宾至如归的感受，会让宾客真正找到"上帝"的感觉。具体来讲，对宾客服务就要将"主动、热情、耐心、细致周到"的服务"十字方针"具体落实到行动中去，在整个服务过程中，始终以笑脸相迎宾客、以真诚感染宾客，力戒矫揉造作。

3. 服务效率

服务效率是指酒吧从业人员向宾客提供某项程序服务时所能等待的满意时间限制。如宾客落座后，要等待多长时间才能饮用自己所要的酒水；当宾客需要某款鸡尾酒时，调酒师需要多长时间才能将该款酒水调制完毕等。服务效率在酒吧服务质量评判标准中占有重要的地位，日常经营告诉人们，酒吧服务工作中最容易引起宾客投诉的因素有两个：一是服务态度；二是服务效率。当酒吧能够解决好这两个方面的问题后，即使酒吧还存在其他不尽完善的地方，也同样会赢得宾客的好感，从而弥补了其他方面的不足。在这里需要指出的是，酒吧在强调从业人员讲究服务效率之前，必须将本酒吧的各项服务程序质量化、标准化、数量化，也就是说，将无形的服务有形化。酒吧的经营者一定要向员工提供一整套本酒吧服务程序的时间参数作为提高服务效率的依据，以便管理人员及时对员工的服务效率情况进行有效的测评。

4. 服务项目

酒吧服务项目的设置，在符合国家政策和法律的范围之内，一定要尽可能满足、适应宾客的消费与享乐需要。只要宾客的需求正当，酒吧就必须予以满足，就要设立相应的服务项目。当然，酒吧服务项目的设立必须以讲究实效为基础，不要无需而设、以博其名。凡是酒吧设立的服务项目，就要无条件地保证提供，并做到名副其实。酒吧在设置服务项目时，必须考虑两方面的因素：一是要考虑宾客的便利；二是要考虑是否细致、周到。在设立满足宾客基本需求的服务项目的同时，还要尽可能设立能够满足宾客特殊需求的服务项目，为宾客的消费提供更加便利的服务。

5. 服务环境

环境和气氛是酒吧优质服务的组成部分，酒吧一定要以环境和气氛赢得客源市场的青睐。对于酒吧来讲，环境和气氛更是有利的推销手段，它可以影响宾客的消费心情以及消费行为，从而加速或延缓宾客在酒吧的消费时间，对酒吧的收入有着最为直接的影响。一家酒吧的气氛是在多种因素的相互制约与协调下形成的，它包括酒吧的装潢、座位的摆设与形式、酒吧的面积与形状、酒吧的清洁卫生、音响、光线、客流量以及服务人员、其他宾客阶层构成等多种因素。

6. 服务技能

酒吧服务人员娴熟的服务技能是服务质量水平的最佳体现，服务技能由服务技术和服务技巧两部分组成。

酒吧服务技术包括操作技术、制作技术和专业技术三个方面。操作技术是指接待操作的能力和经验以及各种直接服务行为的具体操作，如酒吧迎宾的操作（问候、引领、介绍等）。制作技术是指酒吧内有形产品的制作技术，如酒吧调酒师的操作（鸡尾酒的调制、水果拼盘的制作等）。专业技术是指其他行业的专门技术，如酒吧调音师的操作等。作为各种酒吧的服务技术，都要有一定的数量标准、质量标准和效率标准，并应设立相对应的服务操作规范程序，以便酒吧管理人员调控。

酒吧服务技巧是指酒吧从业人员为达到良好的服务效果，针对不同的服务对象而灵活掌握的服务接待能力。这种能力的具备在酒吧的服务工作中有着极其重要的现实意义，酒吧服务的对象是人，而人是世界上最为复杂的，来酒吧消费的人具有不同的心理特征，如果单纯地依靠服务规程，很难满足每一位消费者的消费需求，更谈不上优质的服务。因此灵活应对消费者就显得尤为重要，不管酒吧从业人员采用何种方法、手段和方式，只要能够令宾客满意，使酒吧获益，就是成功的。

7. 酒水质量

酒水是酒吧向宾客提供优质服务的依托。宾客来酒吧进行消费，除了感受酒吧良好的环境氛围以外，更多的还在于品味美酒琼浆的因素。酒水质量的好坏在很大程度上与酒吧向宾客展示诚信经营的态度和酒吧调酒师技术能力的展现有关。酒吧酒水的品种应视酒吧产品组合的特点，尽可能做到品种口味的多样化。调酒师还要善于根据客源的构成，宾客的口味和喜好，按照不同的季节，提供多样化的饮品，做到色、香、味、形、器俱佳。

8. 安全保障

保证消费者的人身与财产安全是酒吧经营服务的重要环节。在酒吧，由于宾客构成的复杂性以及酒水消费的特点，加强安全保障工作就显得尤为重要。酒吧必须建立、健全严格的安全保障制度，配备符合国家消防安全规定的消防设施设备，增强防火、防盗以及防止聚众斗殴事件发生的意识，使宾客在酒吧消费期间切实获得安全感。

9. 服务过程规范化、业务管理科学化

服务质量的优劣是酒吧管理水平的综合反映，而管理水平又是服务质量得以顺利实施的有效保证。服务的规范化是指酒吧应制定并有效地执行一整套有关酒吧服务和质量的规格、程序和标准。业务管理的科学化是指科学地组织和协调酒吧的经营活动和服务工作。坚持规范化的服务和科学化的业务管理，有利于形成酒吧良好的店风和经营传统与经营理念。

10. 服务设施

酒吧服务设施、设备是保证酒吧正常运转的必需物质条件。服务设施、设备的质量直接影响酒吧的服务规格和宾客的消费需求，是酒吧服务质量的重要直接体现。所以，制定酒吧服务设施、设备标准要坚持以技术上先进、经济上合理、适应酒吧的等级规格、满足宾客的消费需求为原则。它的设计、制作和应用必须能够给宾客带来舒适的感受。只有这样才能给宾客带来愉悦的消费心情。

（三）服务操作标准

1. 示瓶

在酒吧中，顾客常点用整瓶酒。凡顾客点用的酒品，在开启之前都应让顾客首先过目，一是显示对顾客的尊重，二是核实一下有无误差，三是证明酒品的可靠。

基本操作方法是：服务员站立于主宾（大多数为点酒人或是男主人）的右侧，左手托瓶底，右手扶瓶颈，酒标面向客人，让其辨认。当客人认可时，方能进行下一步的工作。示瓶往往标志着服务操作的开始，是具有重要意义的服务环节。

2. 冰镇

许多酒品的饮用温度大大低于室温，这就要求对酒液进行降温处理。比较名贵的瓶装酒大多采用冰镇的方法进行处理。冰镇瓶装酒要放在冰桶里，上桌时要用托盘托住桶底，以防凝结水滴在台布上。桶中放入冰块（不宜过大或过碎），将酒瓶插入冰块内，酒标向上，之后，再用一块毛巾搭在瓶身上，连桶送至客人的餐桌上。从冰桶取酒时，应以一块折叠的餐巾护住瓶身，可以防止冰水滴落弄脏台布或弄脏客人的衣服。

3. 溜杯

溜杯是另一种降温方法。服务员手持杯脚，杯中放一块冰，然后摇杯，使冰块产生离心力，在杯壁上溜滑，以降低杯子的温度。有些酒品对溜杯要求很严，直到杯壁溜滑凝附一层薄霜为止。也有冰箱冷藏杯具的处理方法，但不适用于高雅场合。

4. 温烫

温烫饮酒不仅用于中国的某些酒品，有的洋酒也需要温烫以后才饮用。温烫

有水烫等四种常见的方法。

（1）水烫。把即将饮用的酒倒入烫酒器，然后置入热水中升温。

（2）火烤。把即将饮用的酒装入耐热器皿，置于火上升温。

（3）燃烧。把即将饮用的酒倒入杯内，点燃酒液升温。

（4）冲泡。把滚沸的饮料（水、茶、咖啡）冲入即将饮用的酒，或将酒液注入热饮料中。

水烫和燃烧常须即席操作。

5. 开瓶

酒的包装方式多种多样，以瓶装酒和罐装酒最为常见。开启瓶塞瓶盖、打开罐口时应注意动作的正确和优美。

（1）正确使用开瓶器。开瓶器有两种，一种是专开葡萄酒瓶塞的螺丝钻刀，另一种是专开啤酒、汽水等瓶盖的启子。螺丝钻刀的螺旋部分要长（有的软木塞长达 8~9 厘米），头部要尖，另外，螺丝钻刀上最好装有一个起拔杠杆，以利于瓶塞拔起。

（2）开瓶时尽量减少瓶体的晃动。可避免汽酒冲冒和陈酒发生沉淀物升腾。一般将酒瓶放在桌上开启，动作要准确、敏捷、果断。万一软木塞有断裂危险，可将酒瓶倒置，用内部酒液的压力顶住断塞，然后再旋进螺丝钻刀。

（3）开拔声越轻越好。开任何瓶罐都应如此，其中包括香槟酒。在高雅严肃的场合中，呼呼作响的嘈杂声与环境显然是不协调的。

（4）检查酒品质量。拔出的瓶塞后要进行检查，原汁酒的开瓶检查尤为重要。检查的方法主要是嗅辨。

（5）开启瓶塞（盖）以后，要仔细擦拭瓶口，将积垢脏物擦去。擦拭时，切忌使污垢落入瓶内。

（6）开启的酒瓶、罐原则上应留在客人的餐桌上。一般放在主要客人的右手一侧，底下垫瓶垫，以防弄脏台布；或是放在客人右后侧茶几的冰桶里。使用酒篮的陈酒，连同篮子一起放在餐桌上，但须注意酒瓶颈背下应衬垫一块餐巾或纸巾，以防斟酒时酒液滴出。空瓶空罐一律撤离餐桌。

（7）开启后的封皮、木塞、盖子等物不要直接放在桌上，一般用小盆把它们收集在一起，在离开餐桌时一并带走，切不可留在客人面前。

（8）开启带汽或冷藏过的酒罐封口，常会有水汽喷射出来。因此，当着客人面开启，应将开口一方对着自己，并用手握遮，以示礼貌。

6. 滤酒

许多远年陈酒有少量沉淀物，为了避免斟酒时产生浑浊现象，须事先剔除沉淀物以确保酒液的纯净。应使用滤酒方法去渣。

滤好的酒可直接用于服务。

7. 斟酒

在非正式场合中，斟酒由客人自己去做；在正式场合中，斟酒则是服务人员必须进行的服务工作。斟酒有桌斟和捧斟之分。

（1）桌斟

将杯具留在桌上，服务员站立在客人的右边，侧身用右手把握酒瓶向杯内倾倒酒液。瓶口与杯沿保持一定的距离，切忌将瓶口搁在杯沿上或高溅注酒。服务员每斟一杯，都要换一下位置，站到下一位客人的右侧。左右开弓、手臂横越客人的视线等，都是不礼貌的方法。

桌斟时，还要掌握好满斟的程度，有些酒要少斟，有些酒要多斟，过多过少都不好。斟毕，持酒瓶的手应向内旋转90度，同时离开杯具上方，使最后一滴挂在酒瓶上而不落在桌上或客人身上。然后，左手用餐巾拭一下瓶颈和瓶口，再给下一位客人斟酒。

（2）捧斟

捧斟时，服务员一手握瓶，一手则将酒杯捧在手中，站立在客人的右方，向杯内斟酒，斟酒动作应在台面以外的空间进行，然后将斟毕的酒杯放在客人的右手处。捧斟主要适用于非冰镇处理的酒品。

8. 添酒

正式饮宴上，服务员要不断向客人杯内添加酒液，直至客人示意不要为止。在斟酒时，有些客人以手掩杯、倒扣酒杯或横置酒杯，都是谢绝斟酒的表示，服务员切忌强行劝酒，使客人难以下台。

凡增添新的饮品，服务员应主动更换用过的杯具，连用同一杯具显然是不合适的。至于散卖酒，每当客人添酒时，一定要换用另一杯具，切不可斟入原杯具中。在这种情况下，各种杯具应留在客人餐桌上，直至饮宴结束为止。当着客人的面撤收空杯是不礼貌的行为，如果客人示意收去一部分空杯，另当别论。

第四节　酒单设计

酒单是酒吧为客人提供酒水产品和酒水价格的一览表。酒单在酒吧经营中起着极其重要的作用，它是酒吧一切业务活动的总纲，是所有酒吧经营计划的中心，是酒吧经营计划的具体实施。

一、酒单分类

（一）酒单的分类

随着餐饮市场的需求多样化，各饭店、餐厅和酒吧都根据自己的经营特色策划酒单。因此，按照酒吧的经营特色，酒单可分为主酒吧酒单、西餐厅酒单、大堂酒吧酒单、中餐厅酒单、客房小酒吧酒单等。

（二）酒单式样

一个好的酒单式样设计，要给人秀外慧中的感觉，酒单形式、颜色等都要和酒吧的水准、气氛相适应，所以，酒吧酒单的形式应不拘一格。酒吧酒单的形式可采用桌单、手单及悬挂式酒单式样 3 种。从样式看，可采用长方形、圆形，或类似圆形的心形、椭圆形等酒单样式。

1. 桌单

酒吧桌单是将具有画面、照片等的酒单折成三角或立体形，立于桌面，每桌固定一份，客人一坐下便可自由阅览，这种酒单多用于以娱乐为主及吧台小、品种少的酒吧，简明扼要，立意突出。

2. 手单

酒吧手单最常见，常用于经营品种多、大吧台的酒吧。客人入座后再递上印制精美的酒单。手单中，活页式酒单也是可采用的，便于更换。如果要调整品种、价格，撤换活页等，用活页酒单就方便多了，也可将季节性品种采用活页，定活结合，给人以方便灵活的感觉。

3. 悬挂式酒单

悬挂式酒单一般在门厅处吊挂或张贴，配以醒目的彩色线条、花边，具有美化及广告宣传的双重效果。

（三）酒单实例

1. 主酒吧酒单

主酒吧是饭店提供酒水服务的主要场所，因而酒品的品种全，数量多。

表 8-4　某星级酒店主酒吧酒单

干邑	COGNAC	单价（元）/瓶
百事吉 X.O	Bisquit X.O.	1380.00
黄牌百事吉	Bisquit Prestige	800.00
百事吉 V.S.O.P	Bisquit V.S.O.P.	800.00
人头马路易十三	Remy Martin Louis XIII	12800.00
轩尼诗 X.O	Hennessy X.O.	1380.00
人头马 X.O	Remy Martin X.O	1380.00
拿破仑 X.O	Courvoisiier X.O.	1380.00
威士忌	WHISKY	单价（元）/瓶
黑牌威士忌	Black Label	600.00
红牌威士忌	Red LabeL	500.00
香槟	CHAMPAGNE	单价（元）/瓶
武当香槟	Moe't & Chandon	600.00

续表

餐酒	WINES	单价（元）/瓶
武当红	Mouton Cadet Red	260.00
皇朝白	Dynasty Dry White Wine	130.00
薏丝琳干白	Huadong Winery	130.00
餐前开胃酒	APERITIES	单价（元）/杯
金巴利	Campari	32.00
杜本内	Dubonnet	32.00
潘诺	Pernod	32.00
仙山露	Cinzano	34.00
金酒	GIN	单价（元）/杯
来利	LariOs	78.00
必发达	Beefeater	30.00
餐后甜酒	LIQUEURS	单价（元）/杯
绿薄荷	Peppemint	36.00
君度	Cointreau	36.00
甘露咖啡	Kahlua	36.00
杜林标	Drambuie	36.00
啤酒	BEER	单价（元）/瓶
青岛啤	Tsing Tao	39.00
生力啤	San Miguel	39.00
嘉士伯	Carlsberg	39.00
卢云堡	Lowenbrau	39.00
健力士	Guinness	39.00
喜力啤	Heineken	39.00
果汁及什饮	FRUIT JUICE & SQUASNKS	单价（元）/份
什果宾治	Fruit Punch	39.00
薄荷宾治	Menthe Punch	39.00
新鲜果汁	Fresh Fruit Juice	35.00
柠檬什饮	Lemon Squash	35.00
橙汁什饮	Orange Squash	35.00
橙汁	Orange Juice	35.00
番茄汁	Tomato Juice	35.00
西柚汁	Grapefruit Juice	35.00
椰子汁	Coconut Juice	35.00
软饮料	SOFT DRINKS	单价（元）/瓶
可口可乐	Coca Cola	35.00
七喜	7 Up	35.00
汤力水	Tonic Water	35.00
依云矿泉水	Eviam Mineral Water	35.00
苏打水	Soda Water	35.00
崂山矿泉水	Lao shan Mineral Water	35.00

续表

鸡尾酒及长饮	COCKTAILS & LONG DRINKS	单价（元）/ 杯
红粉佳人	Pink Lady（gin，lemon julce，grenadine）	42.00
黑俄罗斯	Black Russian（vodka，cacao）	42.00
雪球	Snow Ball（Advocaat，7 up）	42.00
天使之吻	Angel Kiss（kuhlua，cream）	39.00
精美小食 Snack		单价（元）/ 份
芝士条（半打）	Cheese（half dozen）	25.00
大虾多士	Prawn Toast	40.00
丹麦脆皮卷（4 条）	Denmark Style Roll	25.00
烤美国杏仁	Almond	25.00
炸薯片	Deep Fried Potato	15.00
三文治 Sandwich		单价（元）/ 份
吞拿鱼三文治	Tuna Sandwich	35.00
芝士火腿三文治	Cheese & Ham Sandwich	35.00
公司三明治	Club Sandwich	35.00

2. 西餐厅的餐酒单

西餐厅酒单所列酒品多为葡萄酒，并以产地或酒水特征分类。

表 8-5　某星级酒店西餐厅酒单

COCKTAILS & LONG DRINKS		RMB 50.00
Dry Martini（Gin，Martini Dry）		
Whisky Sour（Whisky，Fresh Lemon Juice，Syrup）		
Grasshopper（Peppermint，Creme De Cacao，Milk）		
Brandy Alexander（Brandy，Creme De Cacao，Cream）		
Snow Ball（Adoccat，7-Up）		
Manhattan（Bourbon，Martini Sweet，Bitters）		
Screwdriver（Vodka，Orange Juice）		
Bloody Mary（Vodka，Tomato Juice）		
Margarita（Tequila，Frech Lemon Juice，Cointreau）		
Piram's No.1（Pimm's，7-Up）		
Mai Tai（Light Rum，Dark Rnm，Orange Cuarcao，Orange Juice，Pineapple Juice）		
Tom Collins（Gin，Fresh Lemon Juice，Soda Water，Syrup）		
Subject to 15% Service Charge		
HOUSE WINE		RMB
House Red	Per Bottle	130.00
	Per Glass	29.00
House White	Per Bottle	130.00
	Per Glass	29.00

续表

CHAMPAGNE		RMB
Champagne Dom Perignon	Per Bottle	1630.00
Mumm	Per Bottle	798.00
PREMIUM BRANDS		RMB
Royal Salute 21 Yrs		90.00
Chivas Regal 12 Yrs Armagnac		52.00
Johnnie Walker Black Labe		149.00
Remy Martin，Martell V.S.O.P.		52.00
PREMIUM BEERS		RMB
San miguel		36.00
Carlsberg		36.00
Lowenbrau		36.00
SOFT DRINKS		RMB
Ginger Ale		20.00
Tonic Water		20.00
Soda Water		20.00
WATER		RMB
Evian Water		39.00
Perrier Water		39.00
Subject to 15%Service Charge		

3. 餐厅酒单

餐厅酒单可以反映客人用酒水的顺序，餐厅客人一般在餐前、餐间和餐后喝不同的酒水。

餐前酒：

·鸡尾酒（马丁尼、曼哈顿、各类酸酒等）

·开胃酒

·啤酒和葡萄酒

佐餐酒：

·葡萄酒

·啤酒和软饮料

餐后酒：

·葡萄酒

·利口酒

·干邑白兰地

·热饮料

二、酒单的作用

（一）酒单是酒吧经营计划的执行中心

任何酒吧，不论其类型、规模、档次如何，一般都存在着酒单设计、原料采购、原料验收、原料储藏、原料领发、服务、结账收款等业务环节。这些环节紧紧围绕着酒吧经营计划。如果缺少其中某一环节或某一环节运转失灵，那么，整个系统就会失去平衡甚至陷入瘫痪。酒吧服务营业循环的起点是酒单设计。酒单不仅规定了采购的内容，而且还支配着酒吧服务的其他业务环节，影响着整个服务系统。酒单是酒吧经营计划的执行中心。

（二）酒单是酒吧经营计划的实施基础

酒单是酒吧经营计划实施的基础，是酒吧服务活动和销售活动的依据，它在很多方面，以多种形式支配和影响着酒吧企业的服务系统。

1. 酒单支配着酒吧原料采购及储存工作

首先，从品种方面来看，酒单上所列品种及其所需配料，直接是原料采购的对象；从数量方面看，酒单中价格较低、易于推销和销售的项目，便是需大量采购的项目，反之则是仅需小批量采购的品种。

2. 酒单决定酒吧厨房的设备、用品的规格及数量的购置

有无食品供应，决定了是否需求厨房设备；不同的饮品，也同样有其所需用具及载杯的要求。

3. 酒单决定调酒师及服务员的选用及培训方向

酒单的内容和形式同时也标志着餐饮服务的规格水平和风格特色，当然，它还必须通过调酒师和服务员的调制及服务来体现。酒单设计再好，若调酒师无力调制或服务人员不懂如何去服务，也会使酒单黯然失色。所以，酒吧在配备调酒师和服务人员时，应根据饮品及其所要求服务的情况，招聘具有相应水平的人员，并进行方向性培训，以使其工作与酒吧的总体经营设计相协调。

4. 酒单反映了企业经营计划中的目标利润

酒单根据市场竞争状况及客人的承受能力列出了各式的饮品及其价格，不同饮品的利润率也有所不同，即不同成本率及利润率的饮品在酒单中应有一定比例。这一比例分布及酒单饮品价格的制定是否合理，直接影响到酒吧的盈利能力。所以，确定各饮品的成本及酒单中不同饮品品种的数量比例，是酒吧成本控制的重要环节。也就是说，酒吧的成本控制是从酒单开始的。

5. 酒单决定酒吧的情调设计

从经营角度讲，酒吧装饰的目的是要形成酒吧产品的理想销售环境。因此，装饰的主题立意、风格情调及装饰物的陈设、灯光色彩等，都应根据酒单的内容及其特点来精心设计，以使其装饰环境体现酒吧的风格，并达到烘托其产品特色

的效果。

（三）酒单标志着酒吧经营的特色和水准

酒吧的经营管理即从原料采购、储存配制到饮品的服务，都是以酒单为基础进行的，一份合适的酒单，是根据酒吧的经营方针，经过认真分析目标客人及市场的需求制定出来的。所以，酒单都有各自的特色，酒单上饮品的品种、价格和质量可以体现酒吧产品的特色和水准。有的酒单上还对某些饮品进行了原料及配制方法的简单描述，甚至还附加了图片，以此来表现及加深其特点。因此说，酒单一旦制成，该酒吧的经营方针及其特色和水准也就确定了。

（四）酒单是沟通消费者与经营者之间关系的桥梁

经营者通过酒单向宾客展示所消费产品的种类、价格，消费者根据酒单选购所需要的饮料品种。所以，酒单是沟通卖方和买方关系的渠道，是连接酒吧和宾客的纽带。消费者和经营者通过酒单开始交谈，消费者会将其喜好及意见、建议谈出来或表现出来，而通过酒单向客人推荐饮品则是接待者的服务内容之一。这种"推荐"和"接受"的结果，使买卖双方得以成立。同时，酒单又是饮品研究的资料，酒单可以揭示本酒吧客人的嗜好。酒品研究人员根据客人消费的情况，了解客人的口味、爱好，以及客人对本酒吧饮品的欢迎程度等，从而不断改进饮品和服务质量，使酒吧盈利。

（五）酒单是酒吧的广告宣传品

酒单无疑是酒吧的主要广告宣传途径，一份装潢精美的酒单可以提高消费气氛，能够反映酒吧的格调，可以使客人对所列的饮品、食品及水果拼盘留下深刻的印象，并将之作为一种艺术欣赏品予以欣赏。

三、酒单的策划

酒单是沟通客人和酒吧经营者的桥梁，是酒吧无声的推销员，是酒吧管理的重要工具。酒单在酒吧经营和管理中起着非常重要的作用。一份合格的酒单应反映酒吧的经营特色，衬托酒吧的气氛，为酒吧带来经济效益。同时，酒单作为一种艺术品，能给客人留下美好的印象。因此，酒单的策划绝不仅仅是把一些酒名简单地罗列在几张纸上，而是调酒师、酒吧管理人员、艺术家们经过集思广益、群策群力，才将客人喜爱的而又能反映酒吧经营特色的酒水产品印制在酒单上。酒单策划一般通过以下几个方面来完成：

（1）明确酒吧的经营策略，确认酒吧的经营方针；

（2）明确市场需求、客人饮酒水的习惯及对酒水价格的接受能力；

（3）明确酒水的采购途径、费用、品种和价格；

（4）明确酒水的品名、特点、级别、产地、年限及制作工艺；

（5）明确酒水的成本、售价及企业合理的利润；

（6）选择优良的纸张，认真地对酒单进行设计和筹划，写出酒水的名称、价格、销售单位等内容；

（7）做好销售记录，定时评估、改进，将客人购买率低的酒水品种去掉，重新筹划出客人喜爱的酒水产品。

四、酒单策划的内容

酒单策划的内容包括酒水品种、酒水名称、酒水价格、销售单位（瓶、杯、盎司）、酒品介绍等。目前，有许多饭店在各种酒吧中都使用同一种酒单，其目的是利于管理和节省开支。

（一）酒水品种

酒单中的各种酒水应按照它们的特点进行分类，然后再以类别排列各种酒品，比如分烈性酒、葡萄酒、利口酒、鸡尾酒、饮料等类别。一些酒吧按照人们用餐时饮用酒水的习惯，将酒水按开胃酒、餐酒、烈性酒、鸡尾酒、利口酒和软饮料等进行分类，然后在每一类酒水中再筹划适当数量有特色的酒水。每个类别的酒水列出的品种不要太多，数量太多会影响客人的选择，也会使酒单失去特色。酒单中的酒水最多分为20类，每类约4~10个品种，并尽量使它们数量平衡。越是星级较高饭店的酒吧，其酒单分类越详细，如可将威士忌酒分为4类：普通威士忌酒、优质威士忌酒、波旁威士忌酒和加拿大威士忌酒；将白兰地酒分为两类：普通科涅克和高级科涅克等；将鸡尾酒分为两大类：短饮类鸡尾酒和长饮类鸡尾酒；将无酒精饮品分为茶、咖啡、果汁、汽水及混合饮料5大类等，再加上其他酒水产品共计约有20种酒水类别。这种详细分类方法的优点是便于客人选择酒水，使每一类酒水的品种数量减少到3~4个，客人可以一目了然。同时，使得各种酒水的品种数量平衡，使酒单显得规范、整齐并容易阅读。此外，选择酒水时，应注意到它们的味道、特点、产地、级别、年限及价格的互补性，使酒单上的每一种酒水产品都具有自己的特色。

（二）酒水名称

酒水名称是酒单的中心内容，酒水名称直接影响客人对酒水的选择。因此，酒水名称首先要真实（尤其是鸡尾酒的名称要真实），这样才是名副其实的酒水产品。酒水产品必须与酒品名称相符，夸张的酒水名称、不符合质量的酒水产品必然导致经营失败。鸡尾酒的质量一定要符合其名称的投料标准。酒单上的英文名称及翻译后的中文名称的正确性都是酒单上的重要部分，不得忽视，否则，客人对酒单会失去信任。

（三）酒水价格

酒单上应该明确地注明酒水的价格。如果在酒吧服务中加收服务费，则必须在酒单上加以注明；若有价格变动应立即更改酒单，否则，酒单将失去推销工具的功能。

（四）销售单位

所谓销售单位是指酒单上在价格右侧注明的计量单位，如瓶、杯、盎司（OZ）等。销售单位是酒单上不可缺少的内容之一。但是，在传统的酒单上，客人和酒吧工作人员一般都知道，凡是在价格后不注明销售单位的酒水都是以杯为单位的。至目前，许多优秀的企业已经对一些酒水产品的销售单位进行更详细的注明。如对白兰地酒、威士忌酒等烈性酒注明销售单位为 1 盎司（OZ），对葡萄酒的销售单位注明为杯（Cup）（一般是 2 盎司）、1/4 瓶（Quarter）、半瓶（Half）、整瓶（Bottle）等。

（五）酒品介绍

酒品介绍是酒单上对某些酒水产品的解释或介绍，尤其是对鸡尾酒的介绍。酒品介绍以精练的语言帮助客人认识酒水产品的主要原料、特色及用途，使客人可以在短时间内完成对酒水产品的选择，从而提高服务效率。为了避免客人对某些酒水产品不熟悉而不敢问津，怕闹出笑话的消费心理，在酒水产品名称后应加一些文字说明。

（六）葡萄酒名称代码

在葡萄酒单上的葡萄酒名称的左边常有数字，这些数字是酒吧管理人员为方便客人选择葡萄酒而设计的代码。由于葡萄酒来自许多国家，其名称很难识别和阅读，以代码代替酒水，方便了客人和服务员，增加了葡萄酒的销售量。

（七）广告信息

一些酒吧在酒单上注明该酒吧的名称、地址和联系电话，这样，酒单又起着广告的作用，使酒单成为客人和酒吧的联系纽带。

五、酒单设计

酒单设计是酒吧管理人员、调酒师及艺术家们对酒单的形状、颜色、字体等内容进行设计的过程。酒单有吸引力、美观并体现酒吧或餐厅的形象，不但会便于客人选择酒水，也会提高酒水的销售量。一个设计优秀的酒单必须注意酒品的排列顺序、酒单的尺寸、酒单的色彩、字体的选择、酒单的外观及照片的应用等。

（一）酒单的色彩

色彩对于酒单有着多种作用，使用色彩可使酒单更动人、更有趣味。制作彩色酒品照片，会使酒吧经营的酒品更具吸引力。

利用色彩设计酒单，方法也比较简便。可以用一种色彩加黑色，也可以将七色全部用上。还有一种方法就是利用色纸。

色彩用以设计，究竟以几色为宜，这要视成本和经营者所希望产生的效果如何而定。颜色种类越多，印制的成本就越高。色纸上套上一色，成本最低。如套上四色，那就用上了色谱中所有七色，其成本就会较高。色彩会使酒单产生经营所需的某种效果。如果酒单的折页、类别标题、酒品实例照用上了许多鲜艳色，便体现了娱乐型酒吧的特点；采用柔和清淡的色彩，如淡棕色、浅黄色、象牙色、灰色或蓝色加黑色和金色，尽量少用鲜艳色，酒单就会显得典雅，这是一些高档酒吧的典型用色。酒单设计中如使用两色，最简便的方法是将类别标题印成彩色，如红色、蓝色、棕色、绿色或金色，具体菜肴名称用黑色印刷。

各种彩色纸几乎是应有尽有，其中也包括金色、银色、铜色等色彩。如果酒单上文字多，为增加酒单的易读性，色纸的底色不宜太深。为酒单增添色彩，还有一个简单且便宜的办法，就是采用宽色带，不论是纵向粘贴在封面上还是横向包在封面上，都能增加酒单的色彩。

但要注意，运用色彩于酒单上一般的原则是只能让少量文字印成彩色，因为让大量的文字印成彩色，读起来既不容易又伤眼睛。

（二）酒单用纸

酒单的印刷从耐久性和美观性考虑应使用重磅的涂膜纸。这种纸通常就是封面纸或板纸，经过特殊处理。由于涂膜，它耐水耐污，使用时间也较长。

选择恰当的酒单用纸，其复杂程度并不亚于选择恰当的碟盘。这里涉及纸张的物理性能和美学问题，如纸张的强度、折叠后形状的稳定性、不透光度、油墨吸收性、光洁度和白晰度等。此外，纸张还存在着质地差异，有表面粗糙的，也有表面十分细洁光滑的。由于酒单总是拿在手里读，所以纸张的质地或"手感"也是个重要的问题。

纸色有纯白、柔和素淡、浓艳重彩之分，通过采用不同色纸，便会给酒单增添不同色彩。此外，纸可以用不同种方法折叠成不同的形状，除了可切割成最常见的正方形或长方形外，还可以制作成各种特殊的形状。

（三）酒单的尺寸

酒单的尺寸和大小是酒单设计的重要内容之一，酒单的尺寸太大，客人拿着不方便；尺寸太小，又会造成文字太小或文字过密，妨碍客人的阅读而影响酒水的推销。通过实践，比较理想的酒单尺寸约为 20 厘米 × 12 厘米。

（四）酒品的排列

许多酒单酒品的排列方法都是根据客人眼光集中点的推销效应，将重点推销的酒水排列在酒单的第一页或最后一页以增加客人的注意力。但是，许多餐厅酒吧经营者认为，按照人们的用餐习惯顺序排列酒水产品更有推销力度。

（五）酒单的字体

酒单的字体应方便客人阅读，并给客人留卜深刻印象。酒单上各类品种一般用中英文对照，以阿拉伯数字排列编号和标明价格。字体要印刷端正，使客人在酒吧的光线下容易看清。各类品种的标题字体应与其他字体有所区别，一般为大写英文字母，而且采用较深色或彩色字体，既美观又突出。所用外文都要根据标准词典的拼写法统一规范，慎用草体字。

（六）酒单的页数

酒单一般是 4~8 页。许多酒单只有 4 页内容，外部则以朴素而典雅的封皮装饰。一些酒单只是一张结实的纸张，被折成三折，共为 6 页，其中外部 3 页是各种鸡尾酒的介绍并带有彩色图片，内部 3 页是各种酒品的目录和价格。有些酒单共 8 页，在这 8 页中，印制各种酒品目录。

（七）酒单的更换

酒单的品名、数量、价格等需要更换时，严禁随意涂去原来的项目或价格换成新的项目或价格。如随意涂改，一方面会破坏酒单的整体美，另一方面会给客人造成错觉，认为酒吧在经营管理上不稳定、太随意，从而影响酒吧的信誉。所以，如需更换，宁可更换整体酒单或重新制作，对某类可能会更换的项目采用活页。

（八）酒单的广告和推销效果

酒单不仅是酒吧与客人间进行沟通的工具，还应具有宣传广告效果，满意的客人不仅是酒吧的服务对象，也是义务推销员。有的酒吧在其酒单扉页上除印制精美的色彩及图案外，还配以词语优美的小诗或特殊的祝福语，给人以文化享受；同时加深了酒吧的经营立意，拉近了与客人的距离。

同时，酒单上也应印有本酒吧的简况、地址、电话号码、服务内容、营业时间、业务联系人等，以增加客人对本酒吧的了解，起到广告宣传作用，并便利信息传递，广泛招徕更多的客人。

六、酒单定价

酒单的定价是酒单设计的重要环节。酒单上每种经营项目的价格是否适当，往往影响酒吧的销售状况，影响酒吧的竞争力和竞争地位。因此，在定价时要遵照价格反映产品的价值、适应市场供求规律、综合考虑酒吧内外因素及灵活机动的原则，合理地定价。

（一）酒单定价观念

1. 酒单定价的整体观念

价格不是一个独立的因素，它是酒单计划的一部分，与酒吧营销的其他因素互相影响，相辅相成。一方面酒吧既定的营销目标、促销手段都要求相应的价格与之相协调；另一方面，酒吧的上述决策、方案又以一定的价格水平作为条件。价格方案的变化及其实施，对整个营销方案产生深刻的影响，引起其组合的变动。因此，酒单定价必须从整体出发，既要适应企业外部环境因素，特别是消费者需求和市场竞争因素的要求，又要服从酒吧制定的经营目标。也就是说，酒吧定价决策，必须纵观全局，在整体营销观念的指导下进行。

2. 酒单定价的策略观念

酒吧在定价时，首先必须明确目标市场，即选定为哪一类顾客服务。确定了具体的服务对象，才能根据其实际情况和要求制定价格策略。其次是产品定位，即提供何种饮品及该饮品在同类酒吧市场所处的地位。当明确了酒吧及市场位置后，可以采用相应的定价策略。酒吧常用的定价策略有：市场暴利价格策略、市场渗透价格策略及短期优惠价格策略。

（1）市场暴利价格策略

当酒吧开发新产品时，将价格定得很高，以牟取暴利。当别的酒吧也推出同样产品而顾客开始拒绝高价时再降价。市场暴利价格策略往往在经历一段时间后要逐步降价。这项策略运用于酒吧开发的新产品，产品独特性大，竞争者难以模仿，产品的目标顾客一般对价格敏感度小。采取这种策略能在短期内获取尽可能大的利润，尽快回收投资资本。但是，由于这种价格政策能使酒吧获取暴利，因而会很快吸引竞争者，引起激烈的竞争，从而导致价格下降。

（2）市场渗透价格策略

市场有同类饮品的情况下可将产品价格定得很低，目的是为使产品迅速地被消费者接受，使酒吧能迅速打开和扩大市场，尽早在市场上取得领先地位。酒吧由于获利低而能有效地防止竞争者挤入市场，使自己能长期占领市场。市场渗透政策用于产品竞争性大、容易模仿且目标顾客需求的价格弹性较大的新产品。

（3）短期优惠价格策略

许多酒吧在新开张期内或开发新产品时，暂时降低价格使酒吧或新产品迅速进入市场，为顾客所了解。短期优惠价格与上述市场渗透价格策略不同，在产品的引进阶段完成后就可提高价格。

3. 酒单定价的目标观念

酒吧定价必须选择一定的目标为定价的出发点。

（1）以取得满意的投资报酬率为目标

即主要考虑酒吧的投资回收及期望利润来制定价格。

（2）以保持或扩大市场占有率为目标

即以价格手段来调节酒吧产品在市场中的销售量。一般来说，价格较低容易吸引更多顾客，使酒吧市场占有率上升。

（3）以应付或避免竞争为目标

价格是竞争的重要手段之一。在酒吧业迅速发展的今天，酒单定价必须考虑竞争因素。

（4）以追求最佳利润为目标

立足酒吧的长期最大利润来定价。实现这一目标，不能只顾眼前利益，盲目地以高价追求短期最高利润，而应根据不同的市场情况和营销组合因素，灵活定价，使其总体上长远发展并达到利润最大。

（二）影响酒单定价的因素

在市场经济的条件下，为使酒吧在竞争中立于不败之地，在制定价格时，要仔细地研究影响定价的多方面因素。在众多的因素中，成本和费用为最根本的因素。酒吧确定产品的价格时首先要确保酒吧能够保本并且能获得一定的利润，同时还要考虑顾客的需求状况，产品的竞争状况以及对产品价格有影响的其他因素。

1. 成本和费用因素

成本和费用是确定价格的重要因素。制定酒单价格的管理人员要掌握饮料成本和费用的特点，密切注视影响成本费用变动的因素，采取相应的价格措施降低成本和费用，使酒单价格具有竞争力。

（1）酒水成本和费用的构成

①酒水成本。饮料原料成本是酒吧产品价格的最主要组成之一，主要指酒水的购进价，占价格的比例很大。一般而言，档次越高的酒吧原材料成本率越低，通常是售价的30%。低档次的酒吧原料成本占售价比例较高，有的超过60%~70%。饮料中零杯酒和混合饮料成本率要低于整瓶酒。掌握酒吧产品中原材料的成本以及各类产品的成本应占售价比例的大小，是酒单产品定价的最主要的基础之一。

②营业费用。在酒单产品定价时需要考虑的第二项重大开支就是营业费用。营业费用是酒吧经营所需要的一切费用，它包括人工费、折旧费、水电燃料费、维修费、经营用品费，等等。

（2）饮料成本和费用的特点

特点之一是变动成本较高，固定成本较低。变动成本是其总额随着产品销售数量的增加而按正比例增加的成本。饮料的原料成本以及费用中的燃料、经营用品（如餐巾纸、火柴等）、水电、人工费用等中有一部分随销售数量变动而变动；而固定成本是不随产品销售数量的变动而变动的。在饮料产品中，折旧费、大修费、大部分人工费等随销售数量的变动而保持不变。低档酒吧变动成本比例高，而高档酒吧固定成本比例略高些。掌握饮品中哪些是变动成本、哪些是固定成本及各自所占比例，对于价格的优惠政策的确定具有十分重要的意义。如果饮料及其他变动成本占价格的70%，那么价格折扣率最大不能超过30%，否则，每多销售一份饮料会减少一份酒吧的利润。

特点之二是可控制成本高，不可控制成本低。除了企业不能完全控制市场进价之外，饮料成本的高低还取决于对采购、加工、调制和销售各个环节的控制。在营业费用中除了折旧和大修费用之外，其他各项费用均可以通过严格的管理来控制并设法减少它。在定价时要掌握哪些成本费用是可以控制的，并通过控制对其进行影响，它有利于价格水平的确定。

（3）影响成本费用变动的市场因素

在成本和费用中有好多因素是管理人员无法控制的，如原料成本和营业费用中大部分受物价指数和通货膨胀率变动的影响。当物价上涨，各种饮料的原料价格、水电费、燃料费、经营用品、职工的工资都相应提高；同时，人们口味变化也会导致饮料原料价格的变动。近年来，人们开始喜欢天然的果汁和矿泉水，致使其价格上升；而人们对高度数酒的冷淡也造成了高度数酒价格的下降。管理人员要注意这些影响因素，摸清市场行情，并制定相应的价格政策，以灵活的价格来适应这些变化，使企业不受损失。

2. 顾客因素

仅考虑成本和费用因素的价格属于卖方价格，这种价格往往不一定能被顾客接受，酒吧产品的定价还要考虑顾客因素。

（1）顾客对产品价值的评估

酒吧产品的成本和费用高并不说明顾客认为它的价格就高。酒吧产品的价格也取决于顾客对产品价值的评估。管理人员对顾客认为价值高的产品，价格可以定得高一些；反之，应定得低一些。一般来说，顾客对酒吧产品的价值是根据以下几点评估的：

①饮品的质量。饮品的质量是指饮品的色、香、味、形等。一杯精心调制和装饰的饮品，给客人在色、香、味、形上感觉好，或者是名品酒，如人头马 X.O 等，顾客就认为其价值高，就愿意多花钱。

②服务质量。对需要较复杂服务的饮品，如彩虹鸡尾酒，顾客认为其价值高，愿意付高一点的价钱。

③环境和气氛。酒吧设施高档，气氛高雅，酒吧饮品被认为价值高。

④酒吧地理位置。酒吧位于优越的地点，其产品被认为价值高。

（2）考虑顾客对产品的支付能力

不同类别的顾客对饮品的支付能力不同，要研究酒吧不同目标顾客群体对产品的支付能力。例如，收入高、经济条件好的顾客，支付能力强；学生及经济条件差的人其支付能力就差。管理人员应制定相应的价格政策来适应顾客的支付能力。

（3）研究顾客光顾酒吧的目的

顾客光顾酒吧的目的不同，愿意支付的饮品价格也各不同。顾客光顾酒吧动机主要有：同朋友叙旧，为娱乐消遣，为发泄放松，慕名光顾，感受环境，品尝饮品等。

管理人员研究顾客光顾酒吧不同动机的价格心理，采取不同的产品和价格对策去迎合顾客的需要，这样的产品和价格政策就会成功。

（4）其他因素

还有许多其他因素影响顾客对价格的承受程度。例如：顾客光顾酒吧频率、结账方式、酒吧竞争对手、同种饮品价格等。

总之，管理人员要研究各种顾客因素对价格的影响，以采取相应的价格对策。

3. 竞争因素

酒吧业的市场竞争非常激烈，而价格往往是影响竞争能力的重要因素。认真地研究酒单的竞争状况和相对的竞争地位，采取相应的价格政策，才能使酒吧的饮品在竞争中生存下去并战胜竞争对手。

（1）研究酒单产品的竞争形势

管理人员要分析本酒吧酒单产品所处的竞争形势，竞争程度越激烈，价格的需求弹性越大。只要价格稍有变动，需求量就变化很大。酒单产品若处于十分激烈的竞争形势下，企业通常只能接受市场的价格。

（2）分析酒单产品所处的竞争地位

酒吧产品的竞争来自两个方面：

①同一地区同类酒吧产品间的竞争。酒吧经营项目越相似，档次越接近，竞争就越激烈。在这种情况下，只依照成本费用定价是不适宜的，应把竞争状况考虑进去，既可以采用略低一点的价格竞争原则争取顾客，也可以在保持原来价格不变的基础上提高服务质量，提高声誉，吸引顾客。

②同一地区内不同类酒吧的竞争。顾客一般会受新的娱乐方式的吸引，追求新的享受和乐趣。这就有必要对价格做全面的调整，稳住原来的老顾客，争取新顾客。

（3）分析竞争对手对本酒吧价格政策的反映

在制定价格政策、调整价格之前要分析竞争对手对本企业酒单价格的反映。如果企业为增加销售数量而想降低饮品价格的话，先要研究和注意竞争对手采取什么对应措施，分析他们是否也会降价而引起价格之战。如果原料进价上涨，企业拟对酒单价格做一大调整的话，也要分析竞争对手会采取什么措施。如果他们保持原价格不变，对本店销售会有什么影响？因此，酒吧产品的竞争状况是影响价格制定的重要因素。

（三）酒单定价方法

1. 以成本为基础的定价方法

以成本为基础的定价方法是酒吧在酒单定价时常用的方法，在具体使用中又可分为 4 种方法：

（1）原料成本系数定价法

原料成本系数定价法，首先要算出每份饮品的原料成本，然后根据成本率计算售价。

$$售价 = 原料成本额 / 成本率$$

成本系数是成本率的倒数。国内外很多餐饮企业运用成本系数法定价。因为乘法比除法容易运算。如果经营者计划自己的成本率是40%，那么定价系数即为1∶0.4，即2.5。

原料成本系数定价法是：

$$售价 = 原料成本额 × 成本系数$$

以该法定价需要两个关键数据：一是原料成本额，二是饮品成本率，通过成本率便可以算出成本系数。原料成本额数据取自于饮品实际调制过程中使用情况汇总得出，它在标准酒谱上以每份饮料的标准成本列出。

例1：已知一杯啤酒的成本为4元，计划成本率40%，即定价系数为2.5，则其售价应为

$$4元 × 2.5 = 10元$$

另外，确定鸡尾酒售价时，首先根据配方算出每种成分的标准成本，然后加总之后再除以成本率。

为方便计算，酒吧常常对每杯或按盎司出售的同类酒水定以相同的价格。具体的方法是（以软饮料为例）将雪碧、可乐等软饮料的购进价汇总，除以成本率，再除以软饮料的种类即可得到售价。

例2：酒吧常用的果汁有5种，橙汁、柠檬汁、菠萝汁、西柚汁和番茄汁，在确定成本率为25%以后，进价与售价如下：

项目（每杯）	进价（元）	售价（元）
橙汁	1.20	6.00
柠檬汁	1.20	6.00
菠萝汁	1.50	6.00
西柚汁	2.00	6.00
番茄汁	1.60	6.00
合计	7.50	30.00

每杯果汁的售价 = 成本 / 成本率 ÷ 5 = 7.5/25% ÷ 5 = 6元/杯

（2）毛利率法

$$销售价格 = 成本 / （1- 毛利率）$$

毛利率是根据经验或经营要求确定的，故亦称计划毛利率。

例：一盎司的威士忌成本为6元，如计划毛利率为80%，则其销售价为：6/（1-80%）= 30（元）

这种方法一般只考虑饮品的原料成本，不考虑其他成本因素。

（3）全部成本定价法

销售价格 =（每份饮品的原料成本 + 每份饮品的人工费 + 每份饮品其他经营

费用）/（1- 要达到的利润率）

每份饮品的原料成本可直接根据饮用量计算；人工费用（服务人员费用）可由人工总费用除以饮品份数得出，也可由此办法计算出每份的经营费用。

例：某鸡尾酒原料成本为 5 元，每份人工费为 0.8 元，其他经营费用均为 1.2元，计划经营利润为 30%，营业税率为 5%，则：

鸡尾酒售价 =（5 + 0.8 + 1.2）/（1-30%-5%）= 10.77 元

（4）量、本、利综合分析定价法

量、本、利综合分析定价法是根据饮品的成本、销售情况和盈利要求综合定价。其方法是将酒单上所有的饮品根据销售量及其成本分类，每一饮品总能被列入下面 4 类中的一类：①高销售量，高成本；②高销售量，低成本；③低销售量，高成本；④低销售量，低成本。虽然②类饮品是最容易使酒吧得益的，但实际上，酒吧出售的饮品 4 类都有。这样，在考虑毛利的时候，把①、④类的毛利定适中一些，而把③类加较高的毛利，第②类加较低的毛利，然后根据毛利率法计算酒单上的酒品价格。

这一方法综合考虑了客人的需求（表现为销售量）和酒吧成本、利润之间的关系，并根据成本越大，毛利率应该越大；销售量越大，毛利率可越小这一规则定价的。

酒单价格还取决于市场均衡价格，你的价格高于市场价格，你就把客人推给了别人；但若大大低于市场价格，酒吧盈利就会减少，甚至会亏损。因此，在定价时，可以经过调查分析或估计，综合以上各因素，把酒单上的酒品分类，加上适当的毛利。有的取较低的毛利率，如 20%；有的取较高的毛利率，如 80%；还有的取适中的毛利率。这种高、低毛利率也不是固定不变的，在经营中可随机适当调整。

量、本、利综合分析定价法看上去比较复杂，有一定难度，但经过经营者的一些调查分析，综合考虑多种因素之后给饮品的定价必定是比较合理并能使酒吧经营得益的；而且，这些市场调查分析的结果，能使酒吧经营服务得到不断改进。

2. 以竞争为中心的定价方法

价格是酒吧增强竞争能力、扩大市场销售率的有效手段，以竞争为中心的定价方法就是密切注视和追随竞争对手的价格，以达到维持和扩大酒吧市场占有率和扩大销售量的目的。

（1）随行就市法

这是一种最简单的定价方法，即把同行的酒单价格为己所用。使用这种方法要注意以成功的酒单为依据，避免把别人不成功的定价搬为己用。这种定价方法有很多优点，如定价简单，容易被一部分顾客接受；方法稳妥风险小；易于与同行协调关系等。

（2）竞争定价法

这是以竞争对手的售价为定价依据制定的酒单价格。

①最高价格法。最高价格法是在同行业的竞争对手当中，同类产品总是高出竞争对手的价格。该定价法要求酒吧具有一定的实力，即尽可能地提供良好的酒吧环境氛围，提供一流的服务和一流的饮品，以质量取胜。

②同质低价法。对同样质量的同类饮品和服务定出低于竞争者的价格。该方法一方面用低价争取竞争对手的客源，来扩大和占领市场；另一方面加强成本控制，尽可能降低成本，提高经营效率，实行薄利多销，既最大限度地满足消费者的需要，又使企业有利可图。

3.考虑需求特征的定价方法

在一般情况下，市场对酒吧产品的需求量同价格高低成反比，即价格高则需求量小，价格低则需求量大。然而，酒吧类型与产品的不同使其具有的需求特征也不相同。下面是不同需求特征的几种定价方法。

（1）声誉定价法

这种定价方法是以注重社会地位、身份的目标客人的需求特征为基础。这类顾客要求酒吧的环境好、档次高、服务质量好、饮料品牌好。酒单的价格是反映饮品质量和个人地位的一种标志。针对这类服务，酒单价格应定得高一些。这种定价方法常用于高档酒吧。

（2）抑制需求定价法

酒吧中某些大众饮品成本低，需求大。如果对它的定价会影响到其他饮品的消费，那么，对这类饮品一般采用抑制需求的方法，即把价格定得非常高。如酒单上一壶茶有定价200元左右的。

（3）诱饵定价法

酒吧对一些对其他饮品能起连带需求作用的饮品和小吃，采用低价定价法来吸引顾客光顾，起到诱饵作用。

（4）需求—反向定价法

许多酒吧在饮品定价时，首先调查顾客愿意接受的价格。采取顾客愿意支付的价格作为出发点，然后反过来调节饮品的配料数量和品种，调节成本，使酒吧获利。

第五节　酒水成本管理

酒水成本指酒水经营所发生的各项费用和支出。根据成本的构成因素，酒水成本可以分为原料成本、人工成本和经营费用。根据成本性质分类，酒水成本可以分为固定成本和实际成本。

酒水成本管理包括酒水采购、验收、贮存、发放、生产等环节的管理。

一、酒水成本构成

1. 原料成本

原料成本指直接销售给顾客的各种酒、咖啡、茶、果汁和各种食品的原料成本。

2. 人工成本

人工成本指参与酒水经营的管理人员、技术人员和服务人员的工资和其他支出。包括酒吧或餐厅经理、调酒师、服务人员及辅助人员的工资、餐费、奖金和其他支出。

3. 经营费用

经营费用指酒水经营中，除原料成本、人工成本以外的其他费用和支出。包括营业税、房屋租金、设施与设备折旧费、燃料和能源费、餐具、用具、酒具和低值耗品费、采购费，绿化费、清洁费、广告费、交际和公关费。

4. 固定成本

固定成本是指在一定经营范围内，不随销售量增减而变化的成本。不论酒水销售量高、低或几乎没有，这种成本都必须按计划支出。例如，设备折旧费、大修费、管理人员和技术人员的工资等。固定成本并不是绝对不变的，当酒水经营数量和经营水平超出企业现有经营能力时，企业需购置新设备，招聘新管理人员和技术人员，这时固定成本会增加。正因为固定成本在一定的经营范围内保持不变，当酒水销售量增加时，单位酒水所负担的固定成本相对减少。

5. 变动成本

变动成本指随销售量成正比例变化的成本，例如原料成本、临时职工和实习生工资，能源与燃料费、餐具和洗涤费等。这类成本总量随酒水销售量增加而增加。但变动成本总额增加时，单位酒水变动成本不变。例如，某酒吧营业收入增加时，它的原料总成本会相应增加，而每一杯酒水的原料成本没有任何变化。

6. 半变动成本

许多有经验的管理人员认为能源费和职工工资属于半变动成本。这些成本尽管随酒水销售量变化而变化，但这些变化不一定与产品销售量成正比例。如果加强管理和提高工作效率可以节省能源费，降低人工成本。因此半变动成本指随着销售量变化而部分变化的那些成本。

7. 可控成本

可控成本指酒水经营管理人员在短期内可以改变或控制的变动成本，可控成本包括原料成本、燃料和能源成本、临时职工工资和费用、广告与公关费等。管理人员可通过调整酒水配方改变酒水成本，通过加强管理降低经营费用。

8. 不可控制成本

不可控制成本指企业管理人员在短期内无法改变的固定成本。如房租、固定资产折旧费、大修费、贷款利息及管理人员工资等。因此，不可控制成本的有效管理在于，必须加强酒水经营，不断开发新产品，增加营业收入，减少固定成本在单位产品中的比例。

9. 标准成本

标准成本指一定时期内及正常经营情况下所应达到的目标成本，也是衡量和控制企业实际成本的一种预计成本。标准成本的制定是根据过去几年经营成本的记录，预测当年原料成本、人工成本和经营费用的变化，制定出有竞争力的各项成本。

二、酒水成本核算

1. 原料成本核算

原料成本指餐厅和酒吧销售给顾客的酒或饮料的原料成本。鸡尾酒成本不仅包括它的基酒（主要使用的酒），还包括所有辅助原料成本。

2. 零杯酒成本核算

在酒水经营企业，烈性酒和利口酒以零杯方式出售，每杯烈性酒和利口酒的容量常为1盎司。因此计算每一杯酒的成本，需要先计算出每瓶酒可以销售多少杯酒，然后每瓶酒的成本除以销售的杯数就可以得到每杯酒的成本。

例1：某品牌金酒每瓶成本180元，容量是32盎司。企业规定在零杯销售时，每瓶酒的流失量为1盎司内，零售每杯金酒的容量是1盎司。计算每杯金酒的成本。

$$每杯金酒成本 = \frac{每瓶酒成本}{（每瓶酒容量 - 每瓶酒标准流失量）/ 每杯酒容量}$$

$$= \frac{180}{（32-1）/1} = 5.806 元$$

3. 鸡尾酒的成本核算

计算鸡尾酒的成本不仅要计算它使用的基酒（主要使用的酒）成本，而且要加入辅助酒、辅助原料和装饰品的成本。

$$每杯鸡尾酒的成本 = \frac{每瓶烈性酒成本}{（每瓶酒容量 - 每瓶酒标准流失量）/ 每杯鸡尾酒标准容量} +$$

$$每份鸡尾酒配料成本 + 装饰品成本$$

例2：计算一杯哥连士的成本。

哥连士配方

原料名称	重量（数量）	成本
威士忌酒	1.5 盎司（约 45 毫升）	某品牌威士忌酒每瓶采购价格为 262 元，容量为 32 盎司，每瓶烈性酒标准流失量为 1 盎司
冷藏鲜柠檬汁 20 毫升、糖粉 10 克、冷藏的苏打水 90 毫升、冰块		1.7 元

$$1\ \text{杯哥连士} = \frac{262}{(32-1)/1.5} + 1.70 = 14.38 \approx 14.40\ \text{元}$$

4. 酒水原料成本率

酒水原料成本率指单位酒水产品的原料与它售价的比。鸡尾酒成本包括基酒、调味酒、果汁、冰块及装饰品的成本。

$$\text{酒水原料成本率} = \frac{\text{酒水成本}}{\text{酒水售价}} \times 100\%$$

例 3：某咖啡厅王朝干红葡萄酒的成本是 27 元，售价是 90 元。计算销售整瓶王朝干红葡萄酒的成本率。

$$\text{整瓶王朝干红葡萄酒的成本率} = \frac{27}{90} \times 100\% = 30\%$$

5. 酒水产品毛利率额

酒水产品毛利率额指酒水售价减去原料成本后的剩余部分。如 1 杯鸡尾酒的售价是 52 元，它的成本是 10.4 元，那么它的毛利率额为 41.6 元。毛利率不是纯利润，它是未减去经营中的人工成本、房屋租金、设备折旧费、能源费用等各项开支的剩余额。

产品毛利率额 = 酒水售价 − 酒水原料成本

例 4：某咖啡厅每杯红茶的售价是 10 元，每杯红茶的茶叶成本为 0.30 元，糖与鲜牛奶的成本是 1.00 元，计算每杯红茶的毛利额。

每杯红茶的毛利额 = 10 − (0.30 + 1.00) = 8.70 元

6. 酒水产品毛利率

水产品毛利率指产品毛利额与产品售价的比。

$$\text{酒水产品毛利率} = \frac{\text{酒水毛利额}}{\text{酒水售价}} \times 100\%$$

例 5：某五星级饭店的西餐厅，一瓶售价为 880 元的法国某品牌红葡萄酒，其成本是 160 元，计算这瓶葡萄酒的毛利率。

（1）计算出毛利额。葡萄酒的毛利额 = 880 – 160 = 640 元

（2）计算出毛利率。葡萄酒的毛利率 = $\dfrac{640}{880}$ = 0.73 = 73%

7. 企业每日成本核算

酒水经营企业应当每日对酒水进行清点和核算。首先对每日入库的酒水及其他原料进行统计，然后统计当日酒水销售情况及库存酒水数量，在根据各种统计的数据计算出当日酒水原料成本、成本率、毛利、毛利率额等，这样每天可以将本企业的实际成本与标准成本进行比较，以达到成本控制。

8. 工作效率计算与分析

酒水经营企业计算职工的工作率主要有两种分析方法：年职工平均创毛利额和人工成本占毛利总额百分比。年职工平均创毛利额愈高，工作效率愈高；人工成本占毛利额百分比愈低，说明工作效率愈高。

$$年职工平均创毛利额 = \dfrac{销售额 - 原料成本}{职工人数}$$

例 6：某酒吧有职工 15 名，某年销售额为 200 万元，原料成本额为 59 万元，分析酒吧当年职工工作效益。

$$该酒吧人工成本占毛利额百分比 = \dfrac{2.2 \times 12}{200 - 59} = 0.187 = 18.7\%$$

注 2.2

9. 其他经营费用分析

其他经营费用分析指酒水经营中，除食品成本和人工成本外的成本。包括设备折旧费、能源费、餐具与酒具、用具及广告费、清洁费等。

$$其他经营费用 = \dfrac{其他经营费}{营业收入}$$

三、酒水成本管理

（一）酒水成本管理

1. 酒水采购管理的目的

酒水采购管理的目的在于保证酒水产品生产所需的各种主、配料的适当存货，保证各种主配料的质量符合要求，保证按合理的价格进货，以最终保证供应。

2. 酒水采购人员的职责

企业的性质和规模往往决定了应由谁来负责酒水的采购工作。不供应食品的

小型酒吧，通常是由经理负责材料的采购工作。在大型饭店里，则专门设置采购部，全面负责采购工作。为了便于控制，酒水采购人员不可同时从事调酒和销售工作。

3. 酒水采购管理的内容

（1）品种

目标顾客不同，所供应的酒水也不同。如：接待普通消费者的酒吧，主要采购国产啤酒、中档烈酒和果酒；接待中上等经济收入的酒吧，则应采购进口啤酒、高档烈酒和果酒；豪华饭店、酒吧则应采购最高级的进口酒水。

酒水采购品种的确定，必须通过市场调研仔细地分析客源市场和顾客的喜好，以避免浪费。

（2）供应商

在选择酒水供应商时应考虑以下因素：

供应商的地理位置、财务稳定性、信用状况、业务人员的业务技术能力、交货周期、价格的合理程度等。

（3）数量

一般而言，酒水的储存时间较长，因此可以适当批量采购。很多酒吧的酒水采购都使用"永续盘存表"制度。

永续盘存表一般都注明各种酒水的标准存货量、最高存货量和最低存货量。

标准存货量是指最理想的酒水储存量，一般为一定时期正常使用量 1.5 倍左右。

最高存货量是指现有存货量可增加的最高限度，即：

$$最高存货量 = 每天用量 \times 30 \text{天} + 安全储备量$$

$$安全储备量 = 每天用量 \times 采购天数$$

最低存货量实际上是订货点，即：

$$最低存货量 = 订货点 = 每天用量 \times 采购天数 + 安全储备量$$

（4）质量

根据使用情况，酒水可分为指定牌号（Calling Brands）和能用牌号（Pouring Brands）两类。只有在客人具体说明需要哪种牌号的酒水时，才供应指定牌号；客人未说明需要哪一种牌号时，则供应能用牌号。饭店、酒吧的通常做法是：先从各类酒中选择一种价格较低或价格适中的牌子，作为通用牌号，其他各种牌号的烈酒则作为指定牌号。由于各饭店、酒吧的顾客和价格结构不同，因此选用的通用牌号也不同。

（5）制定酒水采购订单

负责存货和储藏室工作的酒水管理员在月初填写酒水请购单（如表 8-6 所示）。请购单一式两联：第一联送采购员，第二联由酒水管理员保存。要求采购员在订货之前请管理人员审批并签名。采购员应在订购单（如表 8-7 所示）及采购明细单（如表 8-8 所示）上记录订货情况，一式四联；第一联送酒水供应单位；第二联送酒水管理员；第三联送验收员，以便验收货物；第四联则由采购员自己保存。

并不是所有企业都采用这样具体的采购手续，然而，每个企业都应保存书面订单，以便到货时核对。书面订单可防止订货牌号、数量、报价、交货日期等方面的误解和争论。

表 8-6　请购单

数量	项目	单位容积	供货单位	单价	小计

申请人：　　　　　　　　　　　　　审批人：

表 8-7　酒水订购单

订货单位：　　　　　　　　　　　　付款条件：
供应商：
订货日期：
送货日期：

数量	容量	项目	单价	小计

订货人：

本表一式四联：第一联送供应商；第二联送酒水库管员；第三联送验收员；第四联由采购保存。

表 8-8　酒水采购明细单

酒水名称：
用途：
一般概述：
详细内容：产地＿＿＿＿＿＿　类型＿＿＿＿＿＿ 　　　　　等级＿＿＿＿＿＿　包装＿＿＿＿＿＿ 　　　　　规格＿＿＿＿＿＿　容量＿＿＿＿＿＿ 　　　　　品种＿＿＿＿＿＿　商标＿＿＿＿＿＿
特殊要求：

（二）酒水验收管理

1. 验收员

酒水验收中，常会出现数量、品种、质量、价格上的出入，为了防止这类情况发生，杜绝采购人员的营私舞弊，管理者应另派人员进行验收控制。

2. 验收管理的内容

（1）核对到货数量是否与订单、发货票上数量相一致。

（2）核对发货票上的价格是否与订购单上的价格相一致。

（3）检查酒水质量。验收员应从酒水的度数、保质期、颜色、有无沉淀、有无破瓶、瓶口拆封、瓶盖松动等方面来检查酒水的质量是否符合要求。

（4）如没有发货票，则应填写"无购货发票收货单"。

（5）验收之后，验收员应在每张发票上盖验收章，并签名。

（6）验收员应根据发货票填写验收日报表（如表 8-9 所示），然后送财务部，以便在进货日记账中入账和付款。

表 8-9　酒水验收日报表

供货单位	项目	每箱瓶数	箱数	每瓶容量	每箱成本	每瓶成本	小计
分类							
果酒		烈酒		淡色啤酒		啤酒	甜酒

酒水管理员：
验收员：

验收员不必每天填写酒水验收日报表，所有进货成本信息可直接填入酒水验收汇总表，然后在某一控制期（1周、10天、1个月）期末，再计算总成本。

（三）酒水储存管理

由于酒水在储存的过程中极易被空气与细菌侵入，导致变质，所以购进的酒水应存放在酒窖中妥善储存，防止损耗。

1.酒窖

酒窖是储存酒品的地方，酒窖的设计和安排应讲究科学性。

（1）有足够的储存空间和活动空间

（2）通风良好

通风换气的目的在于保持酒窖中较好的空气，酒精挥发过多而空气不流畅，会使易燃气体聚积，这是很危险的。

（3）保持干燥环境

酒窖相对干燥的环境，可以防止软木塞的霉变和腐烂，防止酒瓶商标的脱落；但是过分干燥会引起酒塞干裂，造成酒液过量挥发、腐败。

（4）隔绝自然采光和照明

自然光线，尤其是直射日光容易引起酒变的发生。自然光线还可能使酒氧化过程加快，造成酒味寡淡、酒液混浊、变色等现象。酒窖最好采取电灯照明，其强度应适当控制。

（5）防震动和干扰

震动干扰容易造成酒品的早熟，有许多娇贵的酒品受震动（如运输震动）后，要"休息"两个星期，方可恢复原来的风味。

（6）有恒温条件

酒品对温度的要求是苛刻的。各种酒的最佳储藏温度如下：

葡萄酒：$10℃~14℃$之间，最高不超过$24℃$；

啤酒：$5℃~10℃$之间；

利口酒：$5℃~10℃$；

起泡葡萄酒：$10℃~14℃$。

烈酒对温度的要求相对较低，但也不可储藏在温度大起大落的环境中，否则酒品的色、香、味将会受到干扰。

2.酒品的堆放

（1）凡软木塞瓶子，要横置堆放。横放的酒瓶，酒液浸润软木塞，起着隔绝空气的作用，这种堆放方式主要适用于葡萄酒。

（2）香槟酒主要采用倒置法堆放。因香槟酒的酿制方法与众不同。在酿制过程中，除在大酒槽内发酵3至4星期外，不定期要装进瓶内，进行为期3个月左右的第二次发酵（碳酸气在此过程中产生）。其瓶塞也是特别的，倒置可使因继续发酵而成的沉淀物附在瓶塞上，发酵完成后只换瓶塞而不必过滤。市场出售的香槟酒，通常已在酒厂存放 3~5 年了，为防止其再次沉淀，倒置是最佳放法。

（3）蒸馏酒一般使用竖立存放。

另外，同类饮料应存放在一起，以便于取酒。储藏室的门上可贴上一张平面布置图，以便有关人员找到所需要的瓶酒。为了保证能在某一地方找到同一种饮料，还应规定各种饮料的代号，并将代号打印到存料卡上（如表 8–10 所示）。存料卡一般贴在搁料架上。

表 8–10　存料卡

项目：						存货代号：	
日期	收入	发出	结余	日期	收入	发出	结余

使用存料卡，可便于酒水管理员了解现有存货数量。如果酒水管理员能在收入或发出各种饮料的时候仔细地记录瓶数，便能从存料上了解各种饮料的现有存货数量。此外，酒水管理员还能及时发现缺少的瓶数，尽早报告，以便引起管理人员的重视。

3. 酒水存货管理

酒水存货记录称作"永续盘存表"（如表 8–11 所示），此表一般由酒水成本会计保管，而不能由酒水管理员或酒吧服务员保管。酒水成本会计在每次进货或发料时做好记录，反映存货增减情况。它是酒水存货控制体系中一个不可缺少的成分。

表 8–11　永续盘存表

代号： 品名：	每瓶容量： 单位成本：		标准存货：
日期	收入	发出	结余
2 月 1 日			
2 月 5 日			
2 月 6 日			
2 月 9 日			
2 月 13 日			

　　存货中的每种酒水都应有一张永续盘存表。如果使用代号，永续盘存表应按代号数字顺序排列。收入单位数根据验收日报表或附在验收日报表上的发货票填写，发出单位数则根据领料表填写。

　　每月月末，酒水成本会计在酒水管理员的协助下，实地盘点存货。将实际盘存结果与永续盘存表中的记录进行比较，如有差异，要查明差异的原因，以便及时采取适当的措施。

（四）酒水发放管理

1. 酒水发放程序

（1）下班之前，酒吧服务员将空瓶放在酒吧台上面。

（2）酒吧服务员填写酒水领料单（如表8-12所示），在第一栏填入酒水名称，在第二栏记入空瓶数，在第三栏记入每瓶酒的容量。

（3）酒吧经理根据酒水单核对空瓶和牌号。如果两项都相符，应在"审批人"一行签名，表示同意领料。

表 8-12　酒水领料单

班次：　　　　　　　　　　　日期：				
酒吧名称：　　　　　　　　　　酒吧服务员：				
1	2	3	4	5
品名	瓶数	容量（瓶）	单价（元）	小计
总瓶数：　　　　　　　　　审批人：				
总成本：　　　　　　　　　发料人：				
领料人：				

　　（4）酒吧服务员将空瓶和领料单送到储藏室（酒窖），酒水管理员根据空瓶核对领料单上的数据，并逐瓶替换发放，然后在"发料人"一行上签字，同时服务员在"领料人"一行上签名。

　　（5）为防止员工用退回的空瓶再次领酒水，酒水管理员应按规定处理空瓶。

　　（6）酒水管理员在第四栏填入各种酒水的单价，并求出单价和发出瓶数的乘积，填入第五栏。然后再在"总瓶数"与"总成本"两行中分别填入各种酒水发出瓶数之和和各种酒水小计之和。

2. 酒瓶标记

酒水发放之前，酒瓶上应做好标记，酒瓶标记是一种背面有胶粘剂的标签或不易擦去的油墨戳记。标记上有不易仿制的标志、代号或符号，这样可以防止酒吧员工将自己的酒带入酒吧出售，然后自留现金收入。

3.酒吧标准存货

为了便于了解酒吧每天应领用多少酒水，每个酒吧应备有一份标准存货表（Par Stock）。假设某种牌号的白兰地酒的标准存货为10瓶，那么，酒吧在开业前就应有10瓶这种牌子的白兰地酒。规定酒吧酒水标准存货数量，可保证酒吧各种酒水存货数量固定不变，便于控制供应量。

酒吧酒水标准存货与储藏室（酒窖）标准存货不同。前者应列明各种酒水的精确数量和每瓶酒水的容量。不同类型酒吧的标准存货数量相差很大，但无论哪种酒吧，都应根据使用量来确定标准存货数量，并随顾客需求量的变化，改变标准存货数量。顾客饮酒习惯的变化、季节的变化，或每一天发生的特殊事件，都会引起需求量的变化。酒吧标准库存数量既要保证满足需求，又不能存货过多。

宴会酒吧应备有足够的酒水，以便满足整个宴会的需要。一般来说，储藏室发给特殊用途酒吧的酒水数量高于需求用量。宴会结束后，再将剩余酒水退回储藏室。为防差错，在领（发）料工作中，常使用宴会领料单（如表8–13所示）。

表8–13　宴会酒吧领料单

宴会主办单位： 宴会地点：				日期： 酒吧招待员：			
酒名	数量	最初发料	增发数量	退回数量	耗用数量	单位成本	总成本
申请人： 发料人：				领料人： 回收人：			

宴会领料单常由宴会经理填写。宴会经理将领料单交给酒水管理员之后，由酒水管理员在宴会酒吧布置好的时候将酒水发给酒吧服务员。宴会结束后，应核对所有整瓶饮料、剩余部分饮料的瓶子和空瓶，并计算实际使用量，计入饮料成本。未用完的饮料应退回储藏室。有的酒吧主要销售瓶酒。这些酒吧采用其他控制程序，但应保存一定数量销路最广的酒水，这样，酒吧服务员就不必在顾客每次点酒之后去酒窖领酒。

（五）酒水生产管理

酒水生产的标准化管理包括：用量、载杯、酒谱、酒牌、操作程序和成本的标准化管理等内容。

1. 用量的标准化

要搞好酒水生产控制，管理人员应首先确定各种鸡尾酒或混合饮料中基酒的用量标准。酒水用量控制包括确定酒水用量和提供量酒工具两个方面。

（1）确定基酒用量

调制鸡尾酒和大部分混合饮料，须使用一种或几种烈酒及其他辅料。烈酒的成本高，酒吧必须根据国际、国内的标准配方和自己的实际情况对用量加以规定。

（2）提供量酒工具

酒吧必须提供如量杯、配酒器和饮料自动配售系统的工具以使调酒员能精确地测量酒水用量。

2. 载杯的标准化

载杯种类繁多，大小、规格、式样不尽相同，具体选用哪几种类型的酒杯和使用多少种酒杯，管理人员必须根据目前的或预期的宾客喜好及国际通用和标准酒谱的要求进行选定。

3. 酒谱标准化

标准酒谱是调制鸡尾酒、混合饮料的标准配方，它不仅是饮料质量的基础，而且是成本控制的重要工具和制定饮料销售价格的主要依据。在标准酒谱（如表8-14 所示）中必须列明调制鸡尾酒或混合饮料所需的烈酒（或称基酒）和其他配料的具体数量，说明调制方法，规定所有载杯的种类和型号。

一般来说，酒吧中烈酒的销售方式分为三种：整瓶销售、零瓶销售、调制鸡尾酒或混合饮料销售。

为了准确地计算烈酒的成本，酒吧一般都先行核算出该烈酒每一盎司的成本，例如：White Label 威士忌的单价为 184.5 元 / 瓶，容量为 32OZ，那么每盎司（1 盎司 = 0.028 公斤，下同）成本为：

$$每盎司成本 = \frac{184.5\ 元}{32OZ} = 5.8\ 元$$

但在实际营业中，还应考虑酒液的自然溢损，普遍的做法是：每标准瓶酒扣除 1OZ。因此，本例中 White Label 威士忌的每盎司成本为 6 元。

至于酒吧中各种饮料的定价方法，在实践中各有不同，但一般都是利用成本加成法。不同类型的酒类有不同的加成额：

鸡尾酒加成额最高（因为它需要调制、装饰）；

烈酒加成额次之；

葡萄酒加成额第三；

啤酒加成额最低。

表 8-14　标准酒谱示例

品名：Blue Hawaii 酒谱 No.001			
原料	用量（OZ）	单价 /（元 /OZ）	成本 / 元
甜柠檬汁	2	0.8	1.6
菠萝汁	1	0.6	0.6
淡质朗姆酒	1	4.7	4.7
蓝色薄荷甜酒	1/2	2	1
成本			7.9
售价			44.5
成本率			17.8%
调制方法	150 克冰块置于调酒杯内，量入基酒、配料用搅拌法搅拌 15~20 秒钟，滤入 5OZ 郁金香酒杯中，饰以菠萝片		
照片			

4. 酒牌标准化

使用标准酒牌是控制存货和向客人提供质量稳定的饮料的最好方法之一。假如客人指定某一牌号的威士忌配制鸡尾酒，而酒吧却使用了低质量或其他牌号的酒来代替，将使客人感到不满。目前市场有许许多多的酒水生产商和经销商，他们都想进入酒吧销售渠道，这就要求管理层在采购时做出正确的选择。

5. 操作程序的标准化

标准操作程序是管理酒吧的一种手段，实施标准操作程序可以保证酒吧中服务与产品质量的一致性。这就要求我们制定标准程序，并对员工进行有效的培训。

6. 酒水成本的标准化

确定标准配方和每杯标准容量之后，就可以计算任何一杯酒水的标准成本了。

（1）纯酒的标准成本

方法之一：

先求出：每瓶酒实际所斟杯数 $= \dfrac{瓶酒容量}{每杯纯酒标准容量} =$ 允许溢出量

再求出：每杯纯酒的成本 $= \dfrac{瓶酒成本（购进价）}{杯数}$

酒吧服务员不可能将酒瓶中的每一滴酒倒尽；在营业过程中，酒水总会发生一些蒸发；服务员在服务过程中也会造成一些浪费，所以，应规定每瓶酒可允许的溢出量。

例1：某酒吧规定每杯通用牌号白兰地酒的标准容量为1.5盎司，每瓶白兰地酒的容量为750毫升，购进价假定为90元人民币，求每杯白兰地酒的成本（750毫升＝25.4盎司，每瓶酒允许溢出量为0.3杯）。

计算如下：一瓶酒所斟杯数 $= \dfrac{25.4 \text{盎司}}{1.5 \text{盎司（杯）}} - 0.3 \text{杯} \approx 16.6 \text{杯}$

每杯成本 $= \dfrac{90 \text{元}}{16.6 \text{杯}} \approx 5.42 \text{元/杯}$

方法之二：

先求出：每盎司成本 $= \dfrac{\text{瓶酒成本（购进价）}}{\text{瓶酒盎司数} - \text{允许溢出量（盎司数）}}$

再求出：每杯纯酒标准成本 ＝ 每盎司成本 × 每杯纯酒标准用量

例2：某酒吧购进通用牌号金酒，进价假定为60元，容量为1升（相当于33.8盎司），允许溢出量为1盎司（每杯标准用量为1.5盎司），求每杯标准成本。

计算如下：每盎司成本 $= \dfrac{60 \text{元}}{33.8 \text{盎司} - 1 \text{盎司}} \approx 1.83 \text{元/盎司}$

每杯标准成本 ＝ 1.83元/盎司 × 1.5盎司 ≈2.75元

在确定每杯纯酒的标准成本之后，应填写标准成本记录表（如表8-15所示）。酒水购价变化之后，应重新计算每杯标准成本。这样，酒吧管理者就能够始终了解每杯纯酒最新的标准成本数额。

表8-15　标准成本记录表

瓶酒代号	酒名	每瓶容量		每瓶成本	每盎司成本	每杯容量	每杯成本
		毫升	盎司				

（2）混合饮料的标准成本

混合饮料通常需要使用几种成分的酒水，因此，每杯混合饮料的成本一般高于纯酒。只有了解每杯混合饮料的标准成本，酒吧管理者才能确定售价。

混合饮料的标准成本是标准配方中每一种成分的标准成本之和，现以马提尼为例说明。

①马提尼的标准配方

2盎司金酒，0.5盎司干味美思，1颗水橄榄。

②确定金酒的成本

一瓶金酒的容量：33.8 盎司

金酒实际用量：33.8 盎司 –1 盎司（溢出量）= 32.8 盎司

一瓶金酒的成本（进价）：60 元

每盎司金酒的成本：60 元 ÷32.8 盎司 ≈1.83 元 / 盎司

配方上金酒的成本：1.83 元 / 盎司 ×2 盎司 = 3.66 元

③确定味美思的成本

一瓶味美思的容量：25.4 盎司

实际用量：25.4 盎司 –0.45 盎司 = 24.95 盎司

每瓶味美思的成本：24 元

每盎司味美思的成本：24 元 ÷24.95 盎司 ≈0.96 元 / 盎司

配方上味美思的成本：0.96 元 / 盎司 ×0.5 盎司 = 0.48 元

④确定橄榄的成本

每罐橄榄的容量：80 个

每罐橄榄的成本：15 元

每个橄榄的成本：15 元 ÷80 个 ≈0.19 元 / 个

⑤马提尼的总成本

总成本 = 3.66 元 + 0.48 元 + 0.19 元 = 4.33 元

依次类推，酒吧经理可以计算出自己酒吧所供应混合酒的标准成本，并汇成混合酒的标准配方和成本计算表，以便管理人员随时查阅。

7. 酒水售价的标准化

确定并列出每杯标准容量饮料的标准成本之后，管理人员还要列出各种饮料的每杯售价，饮料会计师应保存一份完整的价目表。

饮料价目表的形式多种多样，最简单、最好的方法是在混合酒的标准配方细目和成本计算、售价记录的基础上，再增加"每杯售价"一栏即可（如表 8–16 所示）。

每个酒吧都必须制定每杯饮料的标准售价，以便服务员正确报价。当然，售价不是一成不变的，它要随着饮料成本的改变、顾客需求的变化等因素而相应调整。确定每杯饮料标准售价的最重要原因是保证酒吧所卖出的每杯饮料的成本率都和计划成本率一致。某种饮料按标准配方调整，假定每杯成本为 4.33 元，售价为 21.65 元，其成本率为 20%。每出售一杯饮料，酒吧营业收入应增加 21.65 元，饮料成本增加 4.33 元，毛利增加 17.32 元。这样，酒吧管理人员就能够在计划工作中确定每增一杯饮料对酒吧毛利额的影响。

顾客有时也会从酒吧购买整瓶酒。整瓶酒的售价通常低于一瓶酒按杯出售时的售价。因此，管理人员最好单独记录瓶酒的销售额和成本。

许多酒吧供应的饮料品种繁多，管理人员应该给酒吧服务员一份价目表以便他们正确地向顾客报价。

表8-16 供酒吧服务员使用的饮料价目表

酒名	每杯容量	成本		售价		成本率	
		每杯	每瓶	每杯	每瓶	每杯	每瓶

酒吧管理者在制定价格的同时还须考虑价格对销量的影响，因为它是成功地制定价格的难以捉摸的秘密。如果提高现有饮料的价格，成本不变，那么每销售一份饮品，毛利便随之增加。销量对价格的变化是很敏感的。正常情况下，价格上升，每份饮品的毛利上升，但是销量就会减少。

对酒吧而言，需求不仅受价格影响，而且与酒的质量、服务水平、装饰环境等因素关系密切，要考虑顾客选择酒吧时可以接受的最低价格是多少，多高的价格会失掉顾客。很多酒吧是在需求对价格变化很敏感的竞争环境中经营的，这就需要酒吧管理者了解竞争形势，做出需求与价格的预测，并随时调整。

第六节 酒水销售管理

酒水的销售应当以顾客的需要为出发点，尽可能满足顾客的需要，使经营者获得最大的利润。

一、市场调查

市场调查是酒吧经常进行的一项工作。随着旅游业的发展和市场的变化，竞争也越来越激烈，市场调查就变得必不可少了。

市场调查首先要选择调查对象。对象要选择同类的酒吧或者邻近有竞争能力的酒吧。比如同星级饭店中的酒吧，附近有名气的酒吧等。

其次要注意调查方式。调查时一般以客人的身份去别的酒吧比较合适，可以边欣赏环境边获取所需资料。绝对不能像有些社会调查员那样拿着表格边询问边填写。

此外还要选好调查内容。可从几方面着手，主要是酒水饮品价格、装修格调、服务质量、顾客人数、营业时间和特别推销品种。市场调查完毕后须写一份调查报告，将所调查对象的各方面与自己的酒吧做比较，找出差距，不断改进，这样才能达到市场调查的目的。

二、制订销售计划和策略

酒吧的销售计划一般是调酒员配合酒吧经理做出来的。销售计划有长计划，有短计划，无论长计划还是短计划，都要同整个餐饮部，甚至整个饭店的推销计划相衔接。如果在某一个时期，饭店的餐饮部推出一项主题活动，例如法国食品节，酒吧就要考虑如何适应这项活动，除了要提供法国食品的各类配餐酒之外，在酒吧的装饰布置方面，在鸡尾酒的出品方面，在推出品种或价格方面，都应当明显表现出法国的气氛。又如每当宴会部接到订单，酒吧就马上要根据客人的资料做出各方面的准备，尽可能在极有限的时间里推销尽可能多的酒水。长计划的制订通常要和营业额挂钩，根据气候、客源状况、节假日，还要根据饭店的总体活动，制订出酒吧的推销计划。

三、酒水销售的渠道

销售渠道，就是为了加速产品到达最终购买者手里的流通过程所采取的一切活动。

（1）根据市场调查及分析的结果，制订出酒吧的长、短期推销计划，然后确定为完成这些计划所采取的一切行动。例如有关单位和团体的联系沟通，宣传广告等。

（2）与餐饮部、宴会部联合推销。通常酒吧要取得较高的营业额，是有赖于餐饮部和宴会部的大型宴会，所以酒吧需预先编制各种酒会的销售方案、品种、形式、价格。配合餐饮部和宴会部的推销，组合成配套产品，互相促进。

（3）平时酒吧里的宣传资料、酒牌等也要经常配合饭店的活动和餐饮部的活动，甚至社会的活动，使客人无论在哪个角落都感觉到酒吧是一个有效率的整体。

（4）酒吧不但要推销酒吧的产品，而且要推销酒吧以外的饭店的其他产品，因为调酒师有机会同客人有较长的时间，进行无拘束的谈话。假如酒吧里具有饭店各餐厅的餐牌和饭店各种设施的宣传资料，可及时提供给每个客人，既为饭店增加销售，也给客人提供极好的印象。

四、酒水销售的技巧

在营业的时间、价格、品种、分量及服务等方面都体现着销售的技巧。

从营业时间来看，酒吧营业较兴旺是在晚上，许多酒吧为了提高酒吧的利用率，设置"快乐时光"的营业时间，在空闲的时间里（例如在下午 4 点钟到 6 点钟）半价出售酒水。由于酒水毛利高，半价也可以收到 40%~60% 的毛利率，还可以提高酒吧的吸引力，影响客人的情绪，使他们认为酒吧是为客人着想的。

从价格制定来看，按照一般的原理，利用消费者的心理因素，总认为一位数比两位数小，两位数比三位数小，尾数定价又可以使消费者感到销售者是经过严格核算，慎重定出的价格。根据美国消费者行为专家克鲁尔等人的调查，价格在6.99 美元以下的菜肴，其价格尾数常为9，而价格在 7 美元至 10.99 美元之间的菜肴，价格尾数以 5 为最常见。消费者常把某一价格范围看成是一个价格，如把从 0.86 美元至 1.39 美元看成是 1 美元，把 1.40 至 1.79 美元看成是 1.5 美元，那么定价时就要注意尽可能利用这种心理，使销售额得以提高。

从品种来看，酒吧通常有自己的几个名牌鸡尾酒，除此以外其他酒应当齐全，还应当不断推出自己的特色酒。

从分量来看，调制鸡尾酒的原材料分量一定要足，因为分量差异会使整杯酒的味道完全不同，但是当客人指定某一种酒的分量要多时，可以满足客人的要求。

五、酒水销售控制

酒水的销售控制是很多酒吧管理的薄弱环节。一方面管理人员缺乏应有的专业知识；另一方面，酒水销售成本相对较低，利润较高，少量的流失或管理的疏漏并没有引起管理者足够的重视。因此，加强酒水销售的管理，首先要求管理者更新观念，牢固树立成本控制的意识。其次，不断钻研业务，了解酒水销售过程和特点，有针对性地采取相应的措施，从而达到酒水销售管理和控制的目的。

酒吧经营中常见的酒水销售形式有三种，即零杯销售、整瓶销售和配制销售。这三种销售形式各有特点，管理和控制的方式也各不相同。

（一）零杯酒水的销售管理

零杯销售是酒吧经营中常见的一种销售形式，销售量较大，它主要用于一些烈性酒，如：白兰地、威士忌等。葡萄酒偶尔也会有零杯销售。销售时机一般在餐前或餐后。尤其是餐后，客人用完餐，喝杯白兰地或餐后甜酒，一方面消磨时间，相聚闲聊；另一方面饮酒帮助消化。零杯销售的控制首先必须计算每瓶酒的销售份额，然后统计出每一段时期内的销售总数，采用还原控制法进行酒水成本的控制。由于各种酒吧采用的标准计量不同，各种酒的容量不同，在计算酒水销售份额时首先必须计算酒水销售标准的计量。目前，酒吧常用的计量有每份 30毫升、45 毫升和 60 毫升 3 种。标准计量确定后，才可以计算出每瓶酒的销售份额。

零杯销售关键在于日常控制。日常控制一般通过酒吧酒水盘存表（如表 8–17所示）来完成，每个班次的当班调酒员必须按表中的要求对照酒水的实际盘存情况认真填写。

酒水盘存表的填写方法是，调酒员每天上班时按照表中品名逐项核对，填写存货基数，营业结束前统计当班销售情况，填写销售数，再检查有无内部调拨，若有则填上相应的数字。最后，用公式计算实际盘存数填入表中，并将此数与酒吧存货数进行核对，以确保账物相符。酒水领货按惯例一般每天一次，此项可根据实际情况列入相应的班次，管理人员必须经常检查盘点表中的数量是否与实际储存量相符，如有出入应及时检查、纠正，堵塞漏洞，减少损失。

表 8–17　酒吧酒水盘存表

酒吧：_____　　　　　　　　日期：_____

编号	品名	早班						晚班						备注
		基数	领进	调进	调出	售出	实际盘存	基数	领进	调进	调出	售出	实际盘存	

（二）整瓶酒水的销售管理

整瓶销售是指酒水以瓶为单位对外销售。这种销售形式在一些营业状况比较好的酒吧较为常见，而在普通档次的酒吧则较少见。一些酒吧为了鼓励客人消费，通常采用低于零杯销售 10%~20% 的价格对外销售整瓶的酒水，从而达到提高经济效益的目的。但是，由于差价的关系，往往也会诱使素质不高的调酒员和服务员相互勾结，把零杯销售的酒水收入以整瓶酒的售价入账，从而中饱私囊。为了防止此类作弊行为的发生，整瓶销售可以通过整瓶酒水销售日报表（如表 8–18 所示）来进行严格的控制，即将每天整瓶销售的酒水品种和数量填入日报表中，由经理签字保存。

表 8–18　整瓶酒水销售日报表

酒吧：_____　　班次：_____　　　日期：_____

编号	品种	规格	数量	售价	成本	备注

调酒员：_____　　　　　　　　经理：_____

另外，酒水销售过程中，国产名酒和葡萄酒的销售量较大，而且以整瓶销售居多。对这种酒水销售的控制也可以使用整瓶酒水销售日报表来进行，或者直接使用酒水盘存表进行控制。

（三）混合酒水的销售管理

混合销售又称配制销售或调制销售。主要指混合饮料和鸡尾酒的销售。鸡尾酒和混合饮料在酒水销售中占的比例较大，涉及的酒水品种较多，因此，销售控制的难度也较大。

混合酒水销售的控制比较复杂，有效的手段是建立标准配方。标准配方的内容一般包括酒名、各种调酒配料及用量、成本、载杯和装饰物等。建立标准配方的目的是使每一种混合饮料都有统一的质量，同时确定各调配材料标准用量，以加强成本核算。标准配方是成本控制的基础，不但可以有效地避免浪费，而且还可以有效地指导调酒员进行酒水的调制操作。酒吧的管理人员则可以依据鸡尾酒的配方采用还原控制法实施酒水的控制。其方法是根据鸡尾酒的配方计算出每一种酒品在某段时期的使用数量，然后再按标准计量还原成整瓶数，计算方法是：

$$酒水的消耗量 = 配方中该酒水用量 \times 实际销售量$$

以干马提尼酒为例，其配方是金酒 2 盎司，干味美思 0.5 盎司。假设某一时期共销售干马提尼 150 份，那么，根据本公式可算出金酒的实际用量为：

$$2 盎司 \times 150 份 = 300 盎司$$

每瓶金酒的标准份额为 25 盎司 / 瓶，那么就需要 12 瓶。

因此，混合销售完全可以将调制的酒水分解还原成各种酒水的整瓶用量来核算成本。

在日常管理中，为了准确计算每种酒水的销售数量，混合销售可以采用鸡尾酒销售日报表（如表 8-19 所示）进行控制。每天将销售的鸡尾酒或混合饮料登记在报表中，并将使用的各类酒品数量按照还原法记录在酒吧酒水盘点表上，管理人员将两表中酒品的用量相核对，并与实际储存数进行比较，核查是否有差错。

表 8-19　鸡尾酒销售日报表

酒吧：_____　　　　班次：_____　　　　日期：_____

品种	数量	单价	金额	备注

调酒员：_____　　　　　　　　经理：_____

　　总之，只要管理者认真对待，做好员工的思想工作，建立完善的操作规程和标准，酒水的销售控制是可以做好的。

知识巩固

1. 酒吧设施、设备的使用与保养。

2. 酒吧用具的消毒。

3. 酒吧工作安排。

4. 酒吧服务程序和服务标准。

5. 酒水成本控制。

6. 酒水销售管理。

能力拓展

酒吧设计

　　为鼓励大学生自主创业，某创业基金支助了在校大学生王某 10 万创业资金，王某在学校学的是酒店管理专业，他想利用自己的专业知识，开一家校园酒吧，可又不知道如何设计。

　　根据以上案例，作如下思考：

1. 请替王同学进行客源分析。

2. 请利用所学的知识，为王同学设计一个酒吧筹建方案。

第九章

中国酒文化

本章导读

　　酒是人类生活中的主要饮料之一。中国制酒历史源远流长，品种繁多，名酒荟萃，享誉中外。黄酒是世界上最古老的酒类之一，在三千多年前，商周时代，中国人独创酒曲复式发酵法，开始大量酿制黄酒。酒渗透于整个中华五千年的文明史中，从文学艺术创作、文化娱乐到饮食烹饪、养生保健等各方面在中国人生活中都占有重要的位置。

　　学习目标

1. 了解酒的起源与发展。
2. 了解酒的效用。
3. 了解中国古代酒器。
4. 掌握酒的礼仪风俗。

第一节　酒的起源及发展

　　酒是一种历史悠久的饮料，与人民的生活十分密切。欢庆佳节、婚丧嫁娶、宴请宾客时都少不了酒。它有消除疲劳、刺激食欲、加快血液循环、促进人体新陈代谢的作用，适量饮酒有利于身体健康。在酒会、宴会、聚会等场合，酒能活跃气氛，增进友谊。酒还是烹调中的上等作料，它不仅可以除腥，还可增加菜肴的美味。

　　中国是酒的王国，古往今来，多少文人骚客把酒临风，神驰八极，借酒抒怀，写下了数以万计的诗词歌赋，给后世留下了丰富多彩、千姿百态的酒文化。

一、酒的起源与传说

　　有关酒的起源，至今尚是一个谜。关于这个问题，存在着各种各样的说法。

　　在我国的酿酒历史上，谷物酿酒一直处于优势地位，果酒所占的份额较少，所以酿酒的起源问题主要都是探讨谷物酿酒的起源。古人虽缺乏科学的知识和考证方法，但具有天才的想象能力，他们把酒的发明归功于神明，并世代相传着动人的传说。

传说夏禹时期的臣属仪狄发明了酿酒，公元前 2 世纪的史书《吕氏春秋》曾记载"仪狄作酒醪"（一种糯米经过发酵加工而成的"醪糟"），汉代刘向《战国策》中说："昔者，帝（禹）女令仪狄作酒而美，进之禹，禹饮而甘之，曰：'后必有饮酒而亡国者。'遂疏仪狄而绝旨酒（即美酒）。"

又有传说夏朝的杜康是酿酒的始祖。东汉《说文解字》记载"杜康作秫酒"（高粱酒），"有饭不尽，委之空桑，郁结成味，久蓄气芳，本出于此，不由奇方"。意思说杜康将没有吃完的剩饭，放置在桑园树洞，剩饭在洞中自然发酵后，便有奇香的酒气传出，这就是酒的做法，并没有什么奇异的方法。

二、考古史上的证明

我国酿酒的历史十分悠久，几次重大的考古发现和出土文物可资佐证。

（一）河北磁山文化时期（距今 7355—7235 年）

考古证明当时有发达的农业经济。遗址中发现粮食堆积约 100 立方米，还有一些形状类似于后世酒器的陶器，所以考古学家认为，在磁山文化时期谷物酿酒的可能性很大。

（二）浙江河姆渡新石器文化时期（距今 7000—5300 年）

陶器和农作物的遗存表明，此时已完全具备了酿酒的物质条件。

（三）河南陕西一带仰韶文化时期（距今 7000—5000 年）

从陕西眉县仰韶文化遗址中出土了一组陶器，计有五只小杯，四只高脚杯和一只陶葫芦，经专家鉴定确认为酒具。这表明当时人们已掌握了酿酒技艺。

（四）山东大汶口文化时期（距今约 6300—4500 年）

1979 年，考古工作者在山东莒县陵阴河大汶口文化墓葬中发掘到大量的酒器。如用于煮熟粮食等物料的大陶鼎、酿造发酵所用的大陶樽、滤酒所用的缸、贮酒的陶瓮以及滤酒图案，另外还出土了造型完美的高脚、三脚、平脚酒器，不仅具有较高的艺术造诣，精巧的做工，而且和现代酒具一样，在表现酒品的色、香、味等风格特性诸方面，有异曲同工之妙。

（五）四川三星堆古蜀文化遗址（公元前 4800—公元前 2900 年）

遗址中出土了大量的陶器和青铜酒器，有杯觚、壶等。这表明古蜀人与中原地区的先民一样，也很早就掌握了较高超的酿酒技艺。

另外，从河南龙山文化遗址（距今 4900—4000 年）中，考古工作者发现了更多的酒器、酒具，证明在这个时期，酿酒技术已较为成熟。

从考古发掘和专家的论证中，我们可以肯定地说，在距今 6000 多年前，新石器时代（甚至更早），我国就出现了酒的酿造。而传说中造酒的中华酒始祖

"仪狄"或"杜康",则可能是在前人的基础上进一步改进了酿酒的工艺,进一步提高了酒的醇度,使之更加甘美,从而使原始的酿酒逐步演变成了人类有意识、有目的的酿造活动。总而言之,酿酒技术是人类在生产活动中的发明创造,是劳动人民聪明才智的结晶。

三、酒的发展

中国是世界上酿酒历史最古老,酒业生产最发达的国家之一。千百年来,中国酿酒业历经沧桑,形成今天兴旺发达之势。中国酒无论在数量、质量、品种、酿制技术等各方面都已进入世界先进大国行列。

(一)古代酒业

在距今五六千年的龙山文化出土文物中发现的酿酒饮酒的多种器具表明,那时的中国,酒的酿制已完全进入人工制作时期。在几千年漫长的历史过程中,中国传统的酿酒业逐渐发展,大致分为以下几个阶段。

第一阶段:公元前 7000 至公元前 2000 年,即由新石器时代的仰韶文化早期到夏朝初年。这个阶段是我国传统酒的启蒙期,用发酵的谷物来泡制水酒是当时酿酒的主要形式。因为这个时期为原始社会晚期,先民们无不把酒看作是一种含有极大魔力的饮料。

第二阶段:从公元前 2000 年的夏王朝到公元前 200 年的秦王朝,历时 1800年,这一阶段为我国传统酒的成长期。在这个时期,由于有了火,出现了五谷六畜,加之曲蘖的发明,使我国成为世界上最早用曲酿酒的国家。醴酒鬯等品种的产出,仪狄、杜康等酿酒大师的涌现,为中国传统酒的发展奠定了坚实的基础。这些都使得酿酒业得到很大发展,另外由于官府的重视,设置了专门酿酒的机构,由官府控制。酒成为帝王诸侯的享乐品。"肉林酒池"成为奴隶主生活的写照。这个阶段,酒虽有所兴,但并未大兴。饮用范围主要还局限于社会的上层,但即使是上层,对酒也往往存有戒心。因为商、周时期皆有以酒色乱政、亡国、灭室者;秦汉之交又有设"鸿门宴"搞阴谋者,因此,酒被引入政治斗争,被正直的政治家视为"邪恶",使酒业的发展受到一定的影响。

第三阶段:由公元前 200 年的秦王朝到公元 1000 年的北宋,历时 1200 年,是我国传统酒的成熟期。在这一阶段,《齐民要术》《酒诰》等科技著作问世,新丰酒、兰陵美酒等名优酒开始涌现;黄酒、果酒、药酒及葡萄酒等酒品也有了发展;李白、杜甫、白居易、杜牧、苏东坡等酒文化名人辈出。各方面的因素,促使中国传统酒的发展进入灿烂的黄金时代。酒之大兴,是始自东汉末年至魏晋南北朝时期,这主要是由于当时长达两个多世纪的战乱纷争,统治阶级内部产生了不少失意者,文人墨客,崇尚空谈,不问政事,借酒浇愁,狂饮无度,使酒业大兴,到了魏晋,酒业得到了更大发展,饮酒不但盛行于上层,而且普及到民间的普遍人家。这一阶段的汉唐盛世及欧、亚、非陆上贸易的兴起，使中西酒文化得以互相渗透，为中国白酒的发明及发展进一步奠定了基础。

第四阶段：由公元 1000 年的北宋到公元 1840 年的晚清时期，历时 840 年，是我国传统酒的提高时期，期间由于西域的蒸馏器传入我国，从而导致了举世闻名的中国白酒的发明，明代李时珍在《本草纲目》中说："烧酒非古法也，自元时起始创其法。"在属于这个时期的出土文物中，已普遍见到小型酒器，说明当时已迅速普及了酒度较高的蒸馏白酒，这 800 多年来，白酒、黄酒、果酒、葡萄酒、药酒五类酒竞相发展，绚丽多彩，其中白酒则成为人们普遍接受的饮料佳品。

（二）近现代酒业

第一阶段：在这一段时期，我国开始了现代化葡萄酒厂的建设。著名实业家、南洋华侨富商张弼士在山东烟台开办"张裕葡萄酒公司"。这是我国第一个现代化葡萄酒厂。该公司拥有葡萄园千余亩，引入栽培了欧美有名的葡萄 120 余种，并从国外引进了压榨机、蒸馏机、发酵机、白橡木贮酒桶等成套设备。先后酿出红葡萄酒、白葡萄酒、味美思、白兰地等 16 种酒。继张裕公司之后，全国其他一些地区如北京、天津、青岛、太原也相继建立了葡萄酒厂。但是，由于这一时期葡萄酒主要供洋商买办等少数人饮用，所以并没有多大发展。

另外，我国现代啤酒生产在这一时期也开始兴起，1900 年，俄国人最先在哈尔滨开办啤酒厂。1903 年，英国人和德国人在青岛联合开办英德啤酒公司。1912 年，英国人在上海建起啤酒厂，即现在的上海啤酒厂的前身。当时，这些啤酒厂生产的啤酒也只供应外国侨居和来华外国人，加之，当时中国人对于啤酒的饮用不习惯，而且制造啤酒用的酒花也完全依靠进口，价格昂贵，所以啤酒的产销量极其有限。

第二阶段：20 世纪后期，在新中国成立后，酒业生产得到迅速恢复和发展。无论在产量、品质、制作工艺、科学研究等方面都有了空前的增长和提高。

为了满足市场的需求，除了白酒和黄酒外，从 20 世纪 50 年代起，啤酒产量与日俱增，到 1988 年，成为仅次于美国、德国的世界第三啤酒产销大国。另外，葡萄酒的产量也得到大大提高，配制酒、药酒更是丰富多彩，千姿百态。

在酿酒原料方面，广泛开辟各种新途径，特别是改变了过去主要以粮食为原料酿造白酒的历史传统。目前，在白酒酿造中所利用的非粮食原料已达数百种。

在酿酒设备方面，变手工操作为机械操作，进入了半自动化和自动化生产时期，并在酿酒工艺、技术方面大胆地进行了改革和创新，吸引国外先进经验，培养专业的酿酒技术人员，设立了有关酿酒发酵的研究所，把研究成果运用到生产中，取得了显著的效果，对整个酿酒事业产生了很大的推动作用，使我国酒的产量不断增加，品质风味精益求精。高税利的酒类已成为国家财政收入的一个重要来源。根据市场的需求，近年国家调整酒类生产规划，提倡大力发展啤酒、葡萄酒、黄酒和果酒，扩大名牌优质白酒生产，逐步增加低度白酒比例的酿酒发展新方向。

第二节　酒器

饮酒离不开酒器。我国饮酒历史源远流长，随着酒的产生和发展，酒器也逐步由低级、简陋向高级、华美的方向发展。各种酒器的发展，凝聚了我国劳动人民的智慧。酒器的诞生和演变，也印证了中国酒文化的发展。

我国古代的酒器，不但品种繁多，而且日益完善和精美。古人对酒器非常重视，有"非酒器无以饮酒""饮酒之器大小有度"的讲究。

凡是用于贮酒、量酒、温酒和饮酒的各种器皿都可称为酒器或酒具。可按不同的划分标准分为若干类。按酒器制品的原料来划分，主要有：陶制品酒器、青铜制品酒器、木漆制品酒器、玉制品酒器、瓷制品酒器、金银制品酒器、玻璃制品酒器、塑料制品酒器等。还可以按酒器的用途来划分，可分为三类：盛酒酒器、温酒酒器、饮酒酒器。

一、盛酒酒器

卣，是酒器中重要的一类。其出土遗物很多，但多见商朝及西周中期。卣的名称定自宋朝。《重修宣和博古图》卷九《卣总说》说："卣之为器，中尊卣也。"郑獬《觚记注》说："卣者，中尊也，受五斗。"卣在初期形制上的共同特征是椭圆形，大腹细颈，上有盖，盖有钮，下有圈足，侧有提梁。后来，卣更受其他器形的影响，演化成各种形状，有体圆如柱的，有体如瓶的，有体方的，有作鸱鹗形四足的，有作鸟兽形的，有长颈的等。著名的品种较多，如西周早期的太保铜鸟卣，通高 23.5 厘米，通体作鸟形，首顶有后垂的角，颔下有两胡，提梁饰鳞纹，有铭文"太保铸"三字。

壶，在礼器中盛行于西周和春秋战国时期，用途极广，与尊、卣同为盛酒器。《重修宣和博古图》说："夫尊以壶为下，盖盛酒之器。"郑獬《觚记注》说："壶者，圜器也。受十斗，乃一时也。"壶的形制多变，在商朝时多圆腹，长颈，贯耳，有盖，也有椭圆而细颈的；西周后期贯耳的少，兽耳衔环或双耳兽形的多；春秋战国时期则多无盖，耳朵蹲兽或兽面衔环。秦汉以后，陶瓷酒壶，金银酒壶蔚为大观，其形状多有嘴，有把儿或提梁，体有圆形、方形等不一而足。其著名品种如现藏河南省博物馆的商朝陶壶，高 22 厘米，口颈 7.4 厘米，黑皮陶，打磨光亮，有盖，长颈，鼓腹，腹径最大处靠近底部，圈足，颈后腹部有弦纹数周，形制十分精美。

角，一种圆形的酒器，同时也是量器。《吕氏春秋·仲来》："正钧石，齐升角。"意思是要校正统一量器和衡器。注说："石、升、角、皆量器也。"依次序排列，角在升之后，显然比升要小，后世酒肆里卖酒用来从坛里舀酒的长柄提子就是角。《水浒传》里的梁山泊好汉到酒店里常喊酒家打几角酒，可见是宋元明时代已经如此。

二、饮酒酒器

饮酒的酒器主要有：觚、觯、觥、角、爵、杯、舟。不同身份的人使用不同的饮酒器，如《礼记·礼器》篇明文规定："宗庙之祭，尊者举觯，卑者举角。"

觥：一种平底、有把、口上刻有凹图形的大口酒器。《诗·周南·卷耳》有"我姑酌彼凹觥"的诗句，旧注说："觥大七升，以凹角为之。"但并不一定是角制的。考古发现有铜凹，容量确比通常酒杯为大，所以后人常泛称大酒杯曰觥。

觚：觚字古与"瓠"通，即是葫芦，古人常用葫芦壳当作瓢盛水浆，当然也可以盛酒，这种酒器的名称大概由此而来。觚是大口、底部缩入的酒器，它的容量，据《仪礼》郑玄注："爵，一升；觚，二升；觯（也是大口酒器），三升；角，四升。"但也有说是角可容得三升的。

爵：一种状似鸟雀或饰有鸟雀图形的敞口酒器，腹下有三脚。爵是一种酒器，同时也是一种礼器，君王常用它赐酒给臣下用。所以它和"爵禄""爵位"联系起来了。

第三节　酒的效用

一、酒可健身

酒的健身作用，有其医学依据，酒一出现便被用于医学。传统医学认为，"酒乃水谷之气，辛甘性热，入心肝二经，有活血化瘀，疏通经络，祛风散寒，消积冷健胃之功效。"《本草备要》记载："少饮则和血运气，壮神御寒，遣兴消愁，辞邪逐秽，暖内脏，行药势。"现代医学认为酒"少则益，多则弊"。总之，酒少饮能增加唾液、胃液的分泌，促进胃肠的消化与吸收，增进血液循环，使血管扩张、脑血流量增加，令人精神兴奋，食欲增加，还能强心提神，促进睡眠，消除疲劳。著名医学家李时珍特别看重米酒、老酒、白酒治病的功效。

根据中医的观点，酒对人的肌体及功能的调节有着十分重要的作用。

（1）酒能驱寒。

（2）酒可增进食欲。

（3）酒能安神镇静。

（4）酒可舒筋活血。

（5）酒能解毒。

（6）酒能防治瘟疫。

果酒、黄酒、啤酒等低度酒含有丰富的营养和各种氨基酸以及维生素，经常适量小酌无疑具有好处。如能坚持常饮少量原汁葡萄酒，既可强心补血、软化血管，又可治疗多种贫血症。因为葡萄酒除含糖类、醇类、酸类、蛋白质、矿物质、脂、氨基酸等人体所需物质外，还含有维生素 C、维生素 B_6、维生素 D 等这些促进人体发育、防止疾病发生的各种维生素。为此，有些医生建议：低血压患者每日可坚持喝 15 毫升葡萄酒，作为一种良好的辅助性治疗。啤酒，因其含有二氧化碳而具有消暑解热之功效，是夏季一种理想的清凉营养饮料。它不仅能解渴、助消化、健脾胃、振食欲，而且对某些疾病，如高血压、贫血病等，均有一定的医疗效果。药酒，分补性酒和药性酒，前者对人体起滋补作用，能促进身体健康，它属于饮料酒；后者则是以防治疾病为主的药酒。生理学家曾测定，人们在适量饮酒之后，体内的胰液素比饮酒前有明显增加，这种由人的胰脏分泌出的消化性激素，对人的健康是极为有利的。随着年龄的增长，特别是当人生步入中老年之后，人体的各种功能开始衰退，适当饮酒有益于身体健康。总之，适量饮酒，可以驱寒，增进食欲，安神镇静，舒筋活血，防疫杀菌，既有补养效益，又具有医疗保健作用。

二、酒是人际交往的润滑剂，友好的使者

在人们的日常生活中，酒不仅是被作为一种单纯的饮料来看待的，而是人际关系的"润滑剂"和个人性格的"壮胆剂"，它起到调节人际关系，培养和淡泊人们的性格的作用。中国有句俗话说："无酒不成席。"酒在我们的社会生活中无所不在；从古到今，中国人一向重视友谊，友人相逢，无论是久别重逢，还是应邀而逢，都要把酒叙情，喝个痛快。现在人们在饮酒方面还编了许多酒令和酒歌："酒逢知己千杯少，能喝多少喝多少，能喝多不喝少，一点不喝也不好。""一杯酒，开心扇。""五杯酒，亲情胜过长江水……"

三、酒中怡情

（一）酒令

饮酒行令，是中国人在饮酒时助兴的一种特有方式，是中国人的独创。它既是一种烘托、融洽饮酒气氛的娱乐活动，又是斗智斗巧、提高宴饮品位的文化艺术。酒令的内容涉及诗歌、谜语、对联、投壶、舞蹈、下棋、游戏、猜拳、成语、典故、人名、书名、花名、药名等方面的文化知识，大致可以分为雅令、通令、筹令三类。

1. 雅令

雅令的行令方法是：先推一人为令官，或出诗句，或出对子，其他人按首令之意续令，所续必在内容与形式上相符，不然则被罚饮酒。行雅令时，必须引经据典，分韵联吟，当席构思，即席应对，就要求行酒令者既要有文采和才华，又要有敏捷和机智，所以它是酒令中最能展示饮者才思的项目。在形式上，雅令有作诗、联句、道名、拆字、改字等多种，因此又可以称为文字令。

2. 通令

通令的行令方法主要为掷骰、抽签、划拳、猜数等。通令运用范围广，一般人均可参与，很容易造成酒宴中热闹的气氛，因此较为流行。但有时通令谑拳奋臂，叫号喧争，有失风度，显得粗俗、单调、嘈杂。其最常见的行酒令方式主要有猜拳、击鼓传花。

一是猜拳。即用五个手指做成不同的姿势代表某个数，出拳时两个人同时报一个十以内的数字，以报数字与两个手指数相加和相等者为胜。输者就得喝酒。如果两个人说的数字相同，则不计胜负，重新再来一次。

二是击鼓传花。在酒宴上宾客依次坐定位置，由一人击鼓，击鼓的地方与传花的地方是分开的，以示公正。开始击鼓时，花束就开始依次传递，鼓声一落，花束落在谁的手中，谁就得罚酒。因此，花束的传递很快，每个人都唯恐花束留在自己的手中。击鼓的人也得有技巧，有时紧，有时慢，造成一种捉摸不定的气氛，更加剧了场上的紧张气氛，一旦鼓声停止，大家都会不约而同地将目光投向接花者，此时大家一哄而笑，紧张的气氛一消而散。如果花束正好在两个人手中，则两人通过猜拳或其他方式决定胜负。

3. 筹令

所谓筹令，是把酒令写在酒筹之上，抽到酒筹的人依照筹上酒令的规定饮酒。筹令运用较为便利，但是制作要费许多工夫，要做好筹签，刻写上令辞和酒约。筹签多少不等，有十几签的，也有几十签的，这里列举几套比较宏大的筹令，由此可见其内涵丰富之一斑。

名士美人令。在 36 枝酒筹上，写上美人西施、神女、卓文君、隋情娱、洛神、桃叶、桃根、绿珠、纤桃、柳枝、宠姐、薛涛、紫云、樊素、小蛮、秦若兰、贾爱卿、小鬓、朝云、琴操等 20 枝美人筹，再写名士范蠡、宋玉、司马相如、司马迁、曹植、王献之、石崇、韩文公（韩愈）、李白、元稹、杜牧、白居易、陶谷、韩琦、范仲淹、苏轼等 16 枝名士筹。然后分别装在美人筹筒和名士筹筒中，由女士和男士分抽酒筹，抽到范蠡者与抽到西施者交杯，而后猜拳，以此类推：宋玉与神女，司马相如和卓文君，司马迁与隋情娱，曹植与洛神等交杯，猜拳。

觥筹交错令。制筹 48 枚，凹凸其首，凸者涂红色，凹者涂绿色，各 24 枚。

红筹上写清酒席间某人饮酒：酌首座一杯，酌年长一杯，酌年少一杯，酌肥者一杯，酌瘦者一杯，酌身短一杯，酌身长一杯，酌先到一杯，酌后到一杯，酌后到二杯，酌后到三杯，酌左一杯，酌左第二两杯，酌左第三三杯，酌右一杯，酌右第二两杯，酌右第三三杯，酌对座一杯，酌量大三杯，酌主人一杯，酌学子一杯，自酌一杯。绿筹上分写饮酒的方式：左分饮，右分饮，对座代饮，对座分饮，后到代饮，后到分饮，量大代饮，量大分饮，多子者代饮，多妾者分饮，兄弟代饮（年世姻盟乡谊皆可），兄弟分饮，酌者代饮（自酌另抽），酌者分饮，饮全，饮半，饮一杯，饮两杯，饮少许，缓饮，免饮。酒令官举筒向客，抽酒筹的人先抽红筹，红盖上若写着"自酌一杯"，则本人再抽一枝绿筹，而绿筹上若写"饮两杯"，抽筹者就得饮两杯酒；若绿筹上写着"免饮"，抽筹者即可不饮酒。如果抽酒筹的人抽到的红筹写"酌肥一杯"，则酒席上最胖的人须抽绿筹，绿筹上若写"右分饮"，则与身边右边的人分饮一杯酒；绿筹上若写"对座代饮"，则对座的人饮一杯。其他的则以此类推。

（二）文人与酒

人们的喜、怒、哀、乐、悲、欢、离、合等种种情感，往往都可能借酒来抒发和寄托。

我国历史上的文人，大都与酒结下了不解之缘。古今不少诗人、画家、书法家，都因酒兴致勃发，才思横溢，下笔有神，酒酣墨畅，他们不是咏酒写酒，就是爱酒嗜酒，特别是嗜酒的文人，大都被赋予与酒有关的雅号。比如"酒圣""酒仙""酒狂""酒雄""酒鬼""醉翁"等，他们留下的脍炙人口的诗词歌赋，生动有趣的传说故事给人留下了许多美好的回忆。

三国时期的政治家、军事家兼诗人曹操在《短歌行》中写道："对酒当歌，人生几何？譬如朝露，去日苦多。慨当以慷，忧思难忘。何以解忧？唯有杜康。"这首诗生动再现了曹操"老骥伏枥，志在千里"的豪迈气概和建功立业的雄心壮志，也可以说是文人"借酒消愁"的代表作。

晋代有名的"竹林七贤"，不问政治，在竹林中游宴，饮美酒、谈老庄、作文赋诗。阮籍是"竹林七贤"之一，他与六位竹林名士一起美酒清谈，演绎了一个个酒林趣事。阮籍饮酒狂放不羁，但最令世人称道的还是他以酒避祸，开创了醉酒掩盖政治意图的先河，司马昭想为其子司马炎向阮籍之女求婚，阮籍既不想与司马氏结亲也不愿得罪司马氏，只得以酒避祸，一连沉醉60多天不醒，最后靠着醉酒摆脱了这个困境。

东晋的田园诗人陶渊明写道："酒中有深味。"他的诗中有酒，他的酒中有诗，他的诗篇，与他的饮酒生活，同样有名气，为后世所称颂，他虽然官运不佳，只做过几天彭泽令，便赋"归去来兮"，但当官和饮酒的关系却是那么密切，少时衙门有公田，可供酿酒，他下令全部种粳米作为酒料，连吃饭大事都忘记了。还是他夫人力争，才分出一半公田种稻，弃官后没有了俸禄，于是喝酒就成了问题。然而回到四壁萧然的家，最初使他感到欣喜和满足的竟是"携幼入室，有酒盈樽"。但以后的日子如何可就不管了！

　　唐朝诗人白居易一向以诗、酒、琴为三友。他自名"醉尹"，常常以酒会友，引酒入诗，"绿蚁新醅酒，红泥小火炉。晚来天欲雪，能饮一杯无？""春江花朝秋月夜，往往取酒还独倾。"这都是他嗜酒的佐证。他一生不仅以狂饮著称，而且也以善酿出名。他为官时，分出相当一部分精力研究酒的酿造。酒的好坏，重要的因素之一是看水质如何。但配方不同，也可使"浊水"酿出优质的酒。白居易就是这样，他上任一年多自惭毫无政绩，却为能酿出美酒而沾沾自喜。在酿造的过程中，他不是发号施令，而是亲自参加实践。

　　诗仙李白，是唐代首屈一指的大诗人，自称"酒仙"。李白诗风雄奇豪放，想象丰富，富有浓厚的浪漫主义色彩，对后世影响很大。李白一生嗜酒，与酒结下了不解之缘。据统计李白传世诗文的1050首，说到饮酒的有170首。在他写的那些热烈奔放、流光溢彩的著名诗篇中，十之七八不离"酒"。他欣喜惬意时不忘酒："人生得意须尽欢，莫使金樽空对月。""将进酒，杯莫停！""烹羊宰牛且为乐，会须一饮三百杯。""钟鼓馔玉不足贵，但愿长醉不复醒。"怀念亲友，与亲友分离时，酒又成了必不可少的寄情物："抽刀断水水更流，举杯消愁愁更愁。"生活中遇到忧愁，伤感，在彷徨之时，又要借酒排遣与抒情："金樽清酒斗十千，玉盘珍羞直万钱，停杯投箸不能食，拔剑四顾心茫然。""醒时同交欢，醉后各分散。"在谈到功名利禄时："且乐生前一杯酒，何须身后千载名。"即使是在怀古的诗作中也没有离开酒："姑苏台上乌栖时，吴王宫里醉西施。"真可谓诗酒不分家。当时杜甫在《饮中八仙歌》中极度传神地描绘了李白："李白斗酒诗百篇，长安市上酒家眠。天子呼来不上船，自称臣是酒中仙。"后人称李白为"诗仙""酒仙"。为了怀念这位伟大的诗人，古时的很多酒店里，都挂着"太白遗风""太白世家"的招牌，此风曾一度流传到近代。

　　"白日放歌须纵酒"是唐代"诗圣"同时也是"酒圣"杜甫的佳句。据统计，在他现存的1400多首诗中，文字涉及酒的有300多首，占总量的21%，和李白一样，杜甫一生也是酒不离口。杜甫在同李白交往中，二人在一起有景共赏，有酒同醉，有情共抒，亲如兄弟，"醉眠秋共被，携手日同行"就是他们友谊的最生动写照。同样，在诗人壮游天下的时候，在他游历京城的时候，在他寓居成都的时候，在他辗转于长江三峡与湘江之上的时候，都始终以酒为伴。晚年的杜甫，靠朋友的接济为生，还是拼命地痛饮，以至于喝了太多酒，衰弱之躯难以承受，在凄凉的一个晚上病逝于湘江的一条破船上。

　　北宋著名的文豪苏轼，爱饮嗜酒，他在《虞美人》中写道："持杯月下花前醉，休问荣枯事。此欢能有几人知，对酒逢花不饮，待何时？"从他的"明月几时有，把酒问青天"也能感受到苏东坡饮酒的风度和潇洒的神态。苏轼一生与酒结下不解之缘，到了晚年，嗜酒如命。他爱酒、饮酒、造酒、赞酒。在他的作品中仿佛都飘散着酒的芳香。如"明月几时有，把酒问青天""酒酣胸胆尚开张"，等等。大家都说，是美酒点燃了苏轼文学创作灵感的火花。苏门四学士之一黄庭坚曾说，苏轼饮酒不多就烂醉如泥，可醒来："落笔如风雨，虽谑弄皆有意味，真神仙中人。"著名的诗句"欲把西湖比西子，淡妆浓抹总相宜"就是东坡在西湖湖心亭饮酒时，半醉半醒的乘兴之作。

在他的《和陶渊明（饮酒）》诗中写道："俯仰各有态，得酒诗自成。"这就是说外部世界的各种事物和人的内心世界的各种思绪，千姿百态，千奇百怪，处处都有诗，一经喝酒，这些诗就像涌泉一样喷发而出，这是酒作为文学创作的催化剂的最好写照。

北宋著名散文家欧阳修是妇孺皆知的醉翁（自号），他那篇著名的《醉翁亭记》从头到尾一直"也"下去，贯穿一股酒气。山乐水乐，皆因为有酒。"醉翁之意不在酒，在于山水之间也。山水之乐，得之心而寓之酒也"。无酒不成文，无酒不成乐，无乐地乐。

南宋著名女诗人李清照的佳作《如梦令·昨夜雨疏风骤》《醉花阴·薄雾浓云愁永昼》《声声慢·寻寻觅觅》堪称酒后佳作。

"昨夜雨疏风骤，浓睡不消残酒。试问卷帘人，却道'海棠依旧'。知否，知否，应是绿肥红瘦。"

"薄雾浓云愁永昼……东篱把酒黄昏后，有暗香盈袖。莫道不销魂，帘卷西风，人比黄花瘦。"

"寻寻觅觅，冷冷清清，凄凄惨惨戚戚。乍暖还寒时候，最难将息。三杯两盏淡酒，怎敌他，晚来风急！雁过也，正伤心，却是旧时相识。"

这些都生动地表现了作者喜、愁、悲不同心态下的饮酒感受。

唐代诗人王维的《渭城曲》："渭城朝雨浥轻尘，客舍青青柳色新。劝君更尽一杯酒，西出阳关无故人。"可谓情景交融，情深意切，当时就谱曲传唱，至今仍受人们的喜爱。

书法家王羲之曾在兰亭聚会文友 40 余人，"流觞曲水，列坐其次。虽无丝竹管弦之盛，一觞一咏""畅叙幽情"，书文作记，至今脍炙人口。

清代画派"扬州八怪"中的郑板桥、黄慎等都极爱酒酣时乘兴作画，据说常有"神来之笔"。这一时期，《醉翁图》《穿云沽酒图》一类的绘画创作也大都属于此。

明清两朝产生了许多著名的小说家。他们在小说中都有很多关于酒事活动的生动描写，比如施耐庵著的《水浒传》中的"景阳冈武松醉酒打猛虎""宋江浔阳楼酒醉题反诗"，罗贯中在《三国演义》中写道"关云长停盏施英勇，酒尚温时斩华雄",曹操与刘备"青梅煮酒论英雄",曹雪芹在《红楼梦》中描写"史太君两宴大观园,金鸳鸯三宣牙牌令"等。

现代文学巨匠鲁迅笔下的"咸亨酒店",在今天还吸引了许多慕名前来参观的中外游客。他们喝绍兴老酒,吃茴香豆、豆腐干,兴趣无穷,整个酒店洋溢着中国酒文化的浓郁风味。

第四节　酒的礼仪风俗

酒自问世不久,就迅速地融入了社会生活的各个领域,并以其独特的功能与政治、军事、经济、文化、生活、姻缘结下了难解之缘,形成了独特的礼仪风俗。古人云:"无酒不成礼,无酒不成欢,无酒不成宴,无酒不成敬意。"特别是祭祀天地、祖宗,非酒不行。现在的国宴、便宴、家宴、聚会也离不开这琼浆玉液。

一、我国古代之酒俗礼仪

我国古时酒的用途有很多,主要体现在祭祀、餐宴、庆功犒赏、会盟结社、寿庆婚事时以酒为礼,还可用于治病、解毒、杀菌等。

(一)奠祭天地、神明、祖先的礼仪

以酒作为祭祀之物,周朝时期已有详细的记载。祭祀天地社稷,宗庙祖先,主要的祭祀之中包括腊祭、伏祭、社祭和祭礼、祭水,在祭礼活动中,酒是必备用品,祭祀必用酒,以示诚意。用于祭祀的酒和人们饮用的酒多不相同。祭礼酒称为"五齐":一是液齐,二是醴齐,三是番齐,四是醍齐,五是池齐。五齐之酒在祭祀时摆放的方法也各不相同:元酒在室,醴酤在户,浆醍在堂,澄酒在下。祭祀中祭酒的酒器一般专用,且有等级之分。祭祀时度用的樽数(数量)因大祭、中祭、小祭而不同。用的祭礼之酒,一般是朝奠夕撤,泼酒于地上。

(二)古代饮酒风俗

我国自古以来就有很多饮酒的风俗,他们有的来源于原始社会末期,有的来自于奴隶社会,有的来自于封建社会。其中,既有文明礼仪之风俗,也有伤风败俗之渣滓,并随着社会发展而变化。

1. 配酒的风俗

配酒之风俗始于殷商,盛行于春秋战国,狂饮于魏晋。

2. 饮酒歃盟的风俗

春秋战国时期,各大小诸侯为了达到争雄夺霸的目的,用会晤饮酒、歃盟的形式,采取推让或强行的行动,争当盟主,攫取霸权。这种形式在春秋战国的500多年中,多达百余次,有文献记载的就有39次之多。

3. 饮酒舞剑之风俗

饮酒舞剑之风的兴起，多出于政治目的。比如"鸿门宴"中项庄舞剑，意在沛公之举。这种风俗因战乱所致，酒宴实际上是一个暗藏杀机的杀场！后来，太平盛世的时候，饮酒舞剑的实质也发生了变化，不再充满杀机，而是为引起酒兴而设置的一项活动。

4. 饮饯行酒风俗

饮饯行酒始于古代。燕太子丹为荆轲刺秦王举行的饯行，悲壮感人。到后来，发展到亲朋好友之间的饯行相送。

5. 婚姻酒宴风俗

这风俗古已有之，汉代盛行于民间。汉昭帝当政时，曾倡导此风。诏曰"夫婚姻之礼，人伦主大者也，酒食之会所以礼乐也……"

6. 猜拳行令，击鼓结花风俗

此风在唐朝开始盛行，并转之后世。"古人饮酒击博，其箭的牙为之，长五雨，箭头刻鹤，形谓之六鹤齐飞……"

二、我国各民族的饮酒风俗和礼仪

中国人爱喝白酒，并且一向以能喝白酒为荣，喝白酒几乎成了阳刚之美的标志。近半个世纪以来，我国人民的饮酒风尚已经逐渐地发生了变化，白酒虽然是必备之酒，但其他的诸如黄酒、啤酒、葡萄酒、果露酒也已渐渐走上了餐桌。据统计，20 世纪 30 年代，我国白酒的消耗量占各类酒总销售量的 80%，黄酒、啤酒、葡萄酒约占 20%，到 20 世纪 80 年代，白酒的消费量已下降为 50%~60%，黄酒、啤酒、葡萄酒等已上升为 40%~50%。现在人们的饮酒爱好进一步朝低度、营养型方向发展。

（一）饮酒之道

1. 酒礼

中国历来是礼仪之邦，十分重视和讲究礼仪，加上地域广大，民族众多，在数千年之间，便形成了内容丰富的饮酒礼仪与习俗，其中最重要的有两点：

一是未饮先酹酒。酹，指酒洒于地。在敬神、祭祖先山川时，必须仪态恭肃，手擎酒杯，默念祷词，先将杯中酒分倾三点后将余酒洒成半圆形，在地上酹成三点一长钩的"心"字，表示心献之礼。这一习俗也使用于平常饮酒，苏轼词"一樽还酹江月"，说明他独饮时也在饮前酹酒。许多少数民族亦是如此，如蒙古族人"凡饮酒先酹之，以祭天地"（孟珙《蒙鞑备录》），苗族饮酒前通常有座中长者用手指蘸酒，向天地弹酒，然后才就座欢饮。

二是饮中应干杯。即端杯敬酒，讲究"先干为敬"，受敬者也要以同样方式回报，否则罚酒。这一习俗由来已久，早在东汉，王符的《潜夫论》就记载了

"引满传空"六礼，需要把杯中酒喝干，并亮底让同座检查。明代冯时化的《酒史》，记载了苏州宴客"杯中余沥，有一滴则罚一杯"。如实在酒量不济，要婉言声明，并稍饮表示敬意。

2. 酒德

酒德，指饮酒的道德规范和酒后应有的风度。合度者有德，失态者无德，恶趣者更无德。酒德二字，最早见于《尚书》和《诗经》，其含义是说饮酒者要有德行，不能像商纣王那样，"颠覆厥德，荒湛于酒"。儒家并不反对饮酒，认为用酒祭祀敬神，养老奉宾都是德行，是值得提倡的，但反对狂饮烂醉。中国酒德的主要内容包括三个方面。

一是量力而饮。即饮酒不在多少，贵在适量。要正确估计自己的饮酒能力，不做力不从心之饮。过量饮酒或嗜酒成癖，都将导致严重后果。《饮膳正要》指出："少饮为佳，多饮伤神损寿，易人本性，其毒盛也。醉饮过度，丧生之源。"

二是节制有度。即饮酒要注意自我克制，有十分酒量的最好只喝到六七分，至多不超过八分，这样才能做到饮酒而不乱。《三国志》裴松之注《管辂别传》，说到管辂自励与励人的话："酒不可极，才不可尽，吾欲持酒以礼，持才以愚，何患之有也？"就是力戒贪杯与逞才。明朝莫云卿在《酗酒戒》中言：与友人饮，以"唇齿之沉酒然以甘，肠胃间觉欣然以悦"，超过此限，则立即"覆觚止酒"，即将杯倒扣，以示绝不再饮。

三是饮酒不能强劝。清代阮葵生，《茶余客话》引陈几亭言："君子饮酒，率真量情；文士儒雅，概有斯致。夫唯市井仆役，以逼为恭敬，以虐为慷慨，以大醉为欢乐，士人而效斯习，必无礼无义不读书者。"这里刻画了酒林中一些近乎虐待狂的欢饮者，他们胡搅蛮缠，必置客人于醉地而后快，常常是把沉溺当豪爽，把邪恶当有趣。其实，人的酒量各异，强人饮酒不仅败坏了饮酒的乐趣，而且还容易出事甚至丧命。因此，作为主人在款待客人时，既要热情又要诚恳；既要热闹又要理智，不能强人所难，执意劝饮。

（二）主要民族的酒俗和礼仪

我国汉民族饮酒之风格和礼仪，源远流长，时至今日，仍保留了许多古人的饮酒风俗，并不断发展。现在人们把很多日常的社会活动，生活行为都贯之以酒。如遇红白喜事，请客吃饭，叫"请酒"，应邀做客吃饭的叫"吃酒"。参加别人的喜事活动叫"喝喜酒"。酒已成为一种生活活动的代名词。现在随处可见到的有：订婚酒、结婚酒、百日酒、生日酒、谢师酒、团圆酒、饯行酒、接风酒、出丧酒、端阳酒、中秋酒、重阳酒、除夕酒以及多种节日酒，宴会酒等。而敬酒、祝酒、行酒令已成为各种礼仪、交际活动中必不可少的礼节。事事不备酒，礼多不成礼，常言道："有酒无菜，不算怠慢，有菜无酒，拔腿就走。"由此可见酒在人们生活中的地位。

在各类酒席筵宴上，也有许多"规矩"，宴客入席时要按照宾主依次序就座，主宾坐于主人的右侧；席时的主人一般都是致祝酒词，向来客说些表示友谊和祝愿及感谢的话。席间斟酒过去以斟八分不溢为客，而现在人们斟酒一般都斟满。"酒满敬人"，喻意"满心满意"。碰杯也很讲究，客人对主人，晚辈对长辈，或同辈之间，前者把自己的杯子举得低一点，碰杯时比对方的杯矮一截为敬。

汉族过去还讲究"饭后不喝酒"，据说饭后饮酒"有久（酒）后为已（饭）上"之嫌，礼为大忌。现在的人们也不再有所避讳，但已习惯于先酒后饭，所以，在宴饮中，主人即使不饮酒，也不能先于客人而吃饭，否则就失陪失礼了。

（三）少数民族的礼仪

我国少数民族的饮酒习俗各有千秋，蒙古族逢年过节必不可少的一种礼仪叫敬"德吉"。"德吉"汉语译为"酒的第一盅"。当客人入座后，主人捧着有酥油的银碗和酒壶从长者或贵宾开始敬"德吉"。接受敬意的人，双手接过银碗，用右手无名指轻轻蘸一下酥油，向天弹去，重复三次。其余客人依次轮流做过一种礼节后，主人便斟酒敬客人，接受敬酒的每一客人，酒必须喝干，以示对主人的尊敬。蒙古族同胞很好客，喜欢给客人敬酒，一般一次敬三杯，客人至少要喝两杯，客人若不喝，便对其唱敬酒歌："金杯里美酒芳香流溢，献给远方来的客人……"唱到客人将酒喝下为止。

藏族同胞的盛大节日是藏历年，新年来临，每家都要酿造青稞酒，酒度不高，藏族人民好客，敬酒一敬三杯，前两杯客人根据自己的酒量可以喝完，也可剩一些，不能一点不喝，而第三杯，则要一饮而尽以表示对主人的尊重。西藏人民除年节饮酒相庆外，还过望果节。这是古老的预祝农业丰收的传统节日。这一天，家家户户开怀畅饮，骑马、射箭、唱戏、歌舞。藏族同胞喝酒劝酒时都要唱唱歌，比如祝酒歌："闪亮的酒杯高举起……但愿朋友身体健康，祝愿朋友吉祥如意！"酒酣兴浓时还会跳起舞来。

壮族人好酒，席间敬酒方式有"半杯（交杯）""交臂"和"转转酒"。主客双方相互敬酒，客人饮主杯中的酒，主人饮自己所执酒杯中的酒，称为"交臂酒"。主客围桌而坐，相互之间同时敬酒，各人饮其身边亲友杯中之酒，称为"转转酒"。民间饮酒一般用大碗盛酒，主客用调羹舀酒对敬（用"串杯"方式或"交臂"方式），也有将鸡鸭胆汁、猪牛胆汁溶于酒中饮用，以清火明目。

彝族同胞极喜饮酒，彝族有一谚语："汉人贵茶，彝人贵酒。"《南通志》《邱北县志》等汉文方志亦有"嗜酒酣斗""族类相聚，浮白大块，虽醉死而无悔也"的记载。逢年过节，亲朋好友相聚或是宴请，酒是必不可少的，"无酒不成宴，有酒便是一宴。"故有"饮酒不用菜"的习惯。彝族古老习俗中，酒是人们表示礼节、遵守信义、联络感情不可缺少的饮料。待客，以酒为上品。彝族走亲串友，赶集路遇，无论街边路旁，将查尔瓦一垫，或坐或蹲，围成圆圈，便饮起酒来。首饮者，将瓶盖起开，对着瓶口，仰天咕嘟大饮一口，把酒瓶放在胸前，用手背揩干嘴角，然后将酒瓶传到旁边的酒友。依次传下去，转来转去，不知转多少圈，直到饮酒者一醉方休。饮酒时边饮边讲自己开心的事，无菜佐酒，这就叫饮"寡酒"或"转转酒"。最能体现彝族豪放的民族风格的是喝碗碗酒，吃坨坨肉。彝族人多数居住在高寒山区，不仅酒量大而且喜欢度数高的烈性酒。无论逢年过节，红白喜事，多数饮者相聚，便用大土碗盛酒。下酒菜是拳头大的坨坨肉，喝到尽兴时，一口一碗，吃到尽兴时，大嚼大咽，此乃坨坨肉、碗碗酒。

羌族男女老幼都喜欢饮咂酒，咂酒是用青稞、小麦煮熟后，拌以酒曲放入坛内，以草覆盖，久储而成。羌族人饮咂酒很讲究。先要举行仪式致开坛词，仪式必须在神台下或火塘的上方举行，主持人必须是巫师或长者。致辞时，主持人一边将竹管插入坛内，一边蘸三滴酒向天空，向天地神灵致敬，然后按身份每人用竹管吸一口咂酒，此所谓吃"排子酒"。排子酒吃毕，就开始轮流敬酒。饮咂酒时，酒坛打开，注入开水，再插上几根长竹管，大家轮流咂吸。边饮边添开水，直至味淡而止。最后连坛中的酒渣也全部吃掉，这就叫"连渣带水，一醉二饱"。饮咂酒时，还要伴以歌舞。祝酒歌为："清凉的咂酒也，依呀勒嗦勒，依呀依呀勒嗦勒，请坐请坐请呀坐也，喝不完再也喝不完的咂酒也……"如今还依然盛行，并受到很多游客的喜欢。

苗族的酒礼酒俗更是丰富多彩，如"拦路酒"，凡遇客人进寨村民便在门前大路上开始设置拦路酒，道数多少不等，少则三五道，多至 12 道，最后一道设在寨门口，对客人唱拦路歌，让客人喝拦路酒，喝完才能进入寨门。"交杯酒"也是苗族地区的一种饮酒风俗和方式，喝法有三种：一种是双方将自己手中的酒喂到对方嘴中。二是宾主手腕交叉，同时各喝各人手中的酒。第三种是互换酒杯酒碗而饮，表示肝胆相照，以心换心的真诚友谊。"牛角酒"也是苗族地区一种表示尊敬的待客酒。苗家自古就以牛当宝贝，把牛作为朋友，当耕牛死后，苗家人感到格外痛心，为了纪念，便锯下牛角，制成酒杯，悬挂屋中，逢年过节，或遇喜庆，或来贵客，人们便用牛角酒杯饮酒、敬酒，表示对客人的尊敬、爱戴。

我国各族人民恋爱婚姻生活中的酒食风俗更为精彩，特别是在一些少数民族地区，甚至从初恋到定亲、结婚都有相应的酒食礼俗。比如在彝族青年男女的婚恋社交活动中就有一种"吃山酒"的风俗：在赶街、放牧、串亲等外出的路上，不管相识不相识，只要遇上了中意的人，都可以夺去对方的东西，如帽子或随身所带其他轻便物品。若是被夺方不中意，便不去追回，主动抢夺者就将物件送还；如果被夺方中意，就追打而来，至僻静处商定约会地点；然后再由男方买糖、女方买酒，相邀各自的伙伴，到山里围火对唱，饮酒叙情，便算搭上了"鹊桥"。

傣族青年男女定亲仪式就是"吃小酒"，即将双方亲友请到女家酒席招待，男女双方喝酒为誓，表示正式定立婚约。客人散席后，再专为准新郎新娘设置一桌酒席，由他俩各请三名好友相陪，酒席上的菜点按要求做三道，即第一道菜必须是热的，表示双方爱情的热忱；第二道菜必须放足盐，表明双方爱情永不淡漠；第三道菜必须是甜的，象征双方爱情将越来越甜蜜。席间，男方要给女方敬酒，不会喝酒的姑娘说什么也要品上一小口，领受小伙子的一片深情。"吃小酒"即由此得名。"小酒"一吃，双方关系便"明朗化"，此后便可以公开来往、互相帮助，只等过门就是正式夫妻了。

结婚是人生大喜事，当然更是少不了香醇美酒。我国各族人民都有婚礼举办酒席，宴请亲友宾客的习俗。特别是新郎新娘喝"交杯酒"的习俗更是由来已久，普遍流行。

云南中南部一带彝族婚礼中的"交杯酒"别具一格。新娘来到男家门前，由新郎陪伴一同进门后，新郎新娘争先恐后地"抢床头坐"，据说是谁先到床头坐下谁更聪明。坐定后，开始饮交杯酒。两人举杯，同时喝酒入口，然后相对喷酒，谁先喷给对方谁为胜。

苗族同胞在举行婚礼时，男女双方要各请一名歌郎，在女方家里一边饮酒一边唱歌。

畲族同胞举行婚礼的"传花酒"习俗非常有趣：每当洞房花烛之夜，男家请来亲属8人（俗称"八仙"）喝酒，演唱"佳期酒传花"。先是选一年长者为佳期头，再选两少年为子弟宫。各人分别命名为柚花、松花、梅花、茶花、莲花、萍花、烛花等。各花皆有绰号。开始后，8人依次呼叫花卉绰号，若被叫者忘其绰号而不接应，则罚酒一杯。如此反复轮转，一直唱到8人即将大醉、新郎道声"感谢六亲传花作陪"时，8人才同时干杯而止。

第五节　中华酒楼

作为一种消费品，酒在中国古代以至现在，都是重要的商品。卖酒和为顾客提供饮用器具、场所及各种服务的店肆，古往今来有各种名称，如酒肆、酒舍、酒垆、酒家、酒楼、酒馆、酒店等。这种卖酒兼提供饮食服务的店肆的出现，在中国，是与商品交换发展、城郭、市场的建立有关的，至于其在历史上的发展变迁也与社会经济的发展和人们的经济生活变化有很大的关系。

酒是全人类的饮料。不过，与古希腊等西方民族最早以葡萄为原料酿酒不同，中国人最早是以谷物为原料酿酒的。中国谷物酒的酿造大约在新石器时代晚期已经出现，至商代，由于发现了曲分离技术，不仅使酒的质量有所提高，也使酒的酿造得到进一步的普及。甲骨卜辞中有许多用酒来祭祀的记载，从古史中可知当时上层贵族饮酒的风气已经很盛，很多人甚至认为这是造成商王朝灭亡的主要原因（据《尚书·微子》）。传为战国人写的《冠子·世兵》说："伊尹酒保，太公屠牛。"《广雅》解释这句话时说："保，使也，言为人佣力，保任而之。""伊尹酒保"的意思是说伊尹曾经在卖酒的人家或店肆中做过奴隶或雇工。伊尹原是有莘氏女的陪嫁奴隶，商人用为"小臣"，后来成为商初的执政大臣。按照这一说法，似乎夏末商初就已经有了卖酒的店肆了。虽然这则材料因晚出不一定可信，但是，商代末期的一些小墓中，觚爵等象征性的陶制酒器已成为不可或缺的随葬品，说明饮酒在当时的下层贵族甚至平民中也很普遍。而商人已经建立固定的城邑，有了一定的商品交换，这时候有酒在市肆中买卖应该说是可能的。周人崛起于渭水平原，以农耕立国。《周礼·天官·冢宰》谈到周王朝"设官分职"，已有专门的机构和官员管理王室的酿酒事务："酒正，中士四人，下士八人，府二人，吏八人，胥八人，徒八十人。酒人奄十人，女酒三十人，奚三百人。"投入如此多的人力，说明当时王室酿酒的规模之大，再加上贵族的家酿，可以想见，当时全国的酒产量一定相当可观。而由于王都镐京、东都洛邑以及数十个封国都邑的营建，包括"酒肆"在内的"市肆"已经普遍出现，更为酒作为商品的交换提供了条件。《周礼·天官·内宰》说："凡建国，佐后立市，设其次，置其叙，正其肆，陈其货贿。"所谓"建国"，就是筑城。周人筑城后即划出一块地方设"市"（市场），"市"里设"次"和"叙"（市场管理官员处理事务的处所），"肆"，则指陈列出卖货物的场地或店铺（亦包括制造商品的作坊）。城邑市场里"肆"，按惯例以所出卖的物品相划分，所以卖酒的区域、场所、店肆自然被称为"酒肆"。

西周至春秋战国，乃至到唐代，手工业者都是在市场上列"肆"而居、以"肆"经营的，故《论语·子张》说："百工居肆，以成其事。"《淮南子·真训》说："贾便其肆，农乐其业。"但是卖酒的店肆作为一种饮食服务业，实际上不断突破"市肆"的限制，以至逐渐遍布城乡。不过，"酒肆"作为卖酒店肆的称呼却被沿袭下来。如题为晋代张华作《博物志》云："刘元石于山中酒肆沽酒。"山中自然没有"市肆"，故这里的"酒肆"实指的是山中的酒店。再如孟元老《东京梦华录》序云："新声巧笑于柳陌花衢，按管调弦于茶坊酒肆。"这里的"酒肆"则指的是北宋汴京城里的酒馆酒楼。诗文中写到卖酒兼提供各种服务的酒店也常用"酒肆"一词。

古代"市""肆"相通。《后汉书·五行志》注引《古今注》："（永和）六年十二月，锥阳酒市失火，烧肆，杀人。"所以古代也用"酒市"来称酒店。如北周庾《周大将军司马裔神道碑》："王成之藏李，为佣酒市。"唐代沈彬《结客少年场行》诗："片心惆怅清平世，酒市无人问布衣。"唐代姚合《赠刘义》诗："何处相期宿，咸阳酒市春。"元代张可久《醉太平·登卧龙山》曲："半天红雨残云在，几家渔网夕晒，孤村酒市野花开。"

西周时，王室酿酒，贵族一般也有条件酿酒，但平民则主要到市场上买酒。

西周初，鉴于商朝统治者沉溺于饮酒而亡，曾经由周公旦以王命发布《酒诰》。其中规定王公诸侯不准非礼饮酒，对民众则规定不准群饮："群饮，汝勿佚。尽执拘以归于周，予其杀！"意思说，民众群饮，不能轻易放过，统统抓送到京城处以死刑。民众聚饮的酒，当购自酒肆，也很有可能当时民众聚饮的地方就在市场上的酒肆。《诗经·小雅》的作者主要是西周的大小贵族，其中很流行的一首宴亲友的诗《伐木》篇写道："有酒湑我，无酒酤我。"意思说，有酒就把酒过滤了斟上来，没有酒就去买来。从诗意看，似乎西周时酒随时都可以买到，人们也习惯于到市场上的酒肆买酒了。

随着商业的发展和其他流动人口的增加，战国时饮食服务业发展得很快。司马迁《史记·刺客列传》谈到以刺秦王闻名的荆轲："嗜酒，日与狗屠及高渐离饮于燕市。酒酣以往，高渐离击筑，荆轲和而歌于市中，相乐也。"战国末年，像燕国都市的酒店，为客人提供酒具，客人已经不仅可以在买酒后当场饮用，而且可以流连作歌于其中，基本上和后世的酒馆没有什么差别了。

由于春秋经济的发展，经战国到秦，不仅都市里有酒肆、酒店，连一般的乡镇也有酒店了。汉高祖刘邦本是丰沛的一个乡村无赖，《史记·高祖本纪》就记载他常到王媪、武负开的酒店去赊酒，有时还当场喝醉，睡倒不起。汉兴以后，工商业发展很快，酒店业遂成为一个重要的行业。

汉末建安年间，曹操为励精图治曾下过禁酒令，当时的名士孔融为此写了一篇《与曹相论酒禁书》与之论辩，刘备建立蜀汉之初，也曾下令禁酒，不许私酿，则被简雍劝止。所以汉末三国时可以说基本没有酒禁，自然不能禁止酒店酿酒卖酒。吴大帝孙权的叔父孙济，就经常以蕴袍偿付酒店的酒债（《江表传》）。到魏晋时，由于种种原因，从吃药到饮酒在当时的士大夫中形成风气。特别是入晋以后，饮酒几乎成为当时名士的标志，其中突出的代表自然是"竹林七贤"。据说阮籍曾因步兵署中有酒而愿作步兵校尉，还曾在家中大醉 60 余天，以逃避司马氏的提亲。刘伶则在出游时车中载酒，走到哪儿喝到哪儿。但如果以为阮籍、嵇康等饮酒除了在家里，就是饮于郊野林泉，就不尽然了，其实他们也会到酒店饮酒。《晋书》阮籍本传中就提到其"邻家少妇有美色，当垆沽酒，籍尝诣饮，醉便卧其侧。籍即不自嫌，其夫察之，亦不疑也"。

因为魏晋时不禁私酿，所以当时的私家酒店不少，各家所酿之酒其味必然不同。晋代的清谈名士阮修，家境贫寒，40 岁还没有娶亲，以至大将军王敦为他发起捐钱娶亲之事。可是他虽穷却嗜酒，酒钱常常储备不乏。据说，他往往步行出游，将百钱挂于杖头，走到哪个酒店，便取下杖头钱买酒独酌。后世因称酒钱为"杖头钱"。（《世说新语·任诞》）

东晋到刘宋初的文学家陶潜（即陶渊明）好饮，晋末为彭泽令，分配给他公田，就全叫种上秫谷，以供酿酒，还曾亲取头上的葛巾漉酒。家酿不够，陶潜也到酒店买酒。《宋书》本传记颜延之曾送给他二万钱，"潜悉送酒家，稍就取酒"。大概陶渊明主要是将酒买到家里喝，而送钱给他买酒的颜延之则喜欢到酒店饮酒。《南史》颜延之本传记其逸事云："文帝尝召延之传诏，频不见，常日到酒肆裸袒挽歌，了不应对。"颜延之在刘宋时官至国子祭酒，地位很高，像他这样的人还经常跑到酒店去光着膀子饮酒高歌，大概是因为当时的酒店是可以尽情尽性不拘礼法的所在吧！喜欢到酒店喝酒的士大夫在东晋六朝还不少。《南史·谢几卿传》："尝预乐游苑宴，不得醉而还，因诣道别酒萨，停车寨慢与车前二挡对饮，观者如堵。"参加朝宴犹不足，又跑到酒店去与驾车的牲口对饮，这位谢大夫确是一位可人。还有一位东晋的会稽玉司马道子："于府北园内为酒庐，列肆使姬人酤蕾酒肴，如梅饭者，数游其中，身自买易，因醉，寓寝动连日夜。"（《宋书·五行志》）这位亲王为了追求酒店饮酒的情趣氛围，竟然叫人假设酒店以求醉，行为固然荒唐，亦可见当时酒店的吸引力。

南朝的经济比北朝发达，但是由于北朝没有实行榷酤，民间可以自由酿酒，所以当时北朝市场上酒的买卖也很活跃。特别是其中有几个地方所酿之酒闻名遐迩，成为远销他方的畅销商品。名气最大的则是洛阳刘白堕所酿的"鹤筋酒"。

北魏时的这位刘白堕可是当时的酿酒专家，有自己的名牌产品，也有自己私人的酿酒作坊。这种私人的酿酒作坊的发展，形成了与官置酒坊的对立。隋统一全国以后，还曾一度罢官酒坊："开皇二年正月，帝入新宫……先是，尚依周末之弊，官置酒坊收利，盐池盐井，皆禁百姓采用。至是罢酒坊，通盐池盐井与百姓共之，远近大悦。"（《隋书·食货志》）这无疑促进了私人酒坊、酒店的发展。酒坊，本指酿酒的作坊，因其也兼卖酒，故人们也用之来称酒店。如唐代姚合《听僧云端讲经》诗："远近持斋来谛听，酒坊渔市尽无人。"元代张昱《塞上谣》诗："玉貌当垆坐酒坊，黄金饮器索人尝。"唐初无酒禁，加上政治稳定，经济发展，酿酒业及相关行业都得到较大发展，大小酒肆、酒店遍布城乡。乾元元年（758年）以后，虽然由于缺粮或遇灾荒，有几次在局部地区禁酒，甚至"建中三年，复禁酤"，不许民间私人开酒店卖酒，但却官司"置肆酿酒，制收值三千"，"以佐军费"。所以在唐代，无论是否有酒禁，人们都可以在一般的城乡随时找到酒店。唐制30里设一驿，全国陆驿1291个，水驿1330个，水陆相兼之驿86个，沿途随处都有酒店等服务设施。"东至宋汀，西至岐州，夹路列店肆待客，酒馔丰溢，南诸荆襄，北至太原范阳，西至蜀川、凉府，皆有店肆，以供商旅。"特别是"京都王者师，特免其榷"（《旧唐书·食货志》），长安、东都洛阳及其附近的酒肆、酒店得到特别的发展。据《开元遗事》记载："自昭应县（今陕西临漳）至都门，官道左右村店之门，当大路市酒，量酒多少饮之，亦有施者，与行人解乏，故路人号为歇马杯。"

唐代长安虽有东西两大市，但酒店早已突破两市，发展到里巷郊外。从春江门到曲江一带游兴之地，沿途酒家密集，所以杜甫诗中说："朝回日日典春衣，每日江头尽醉归。"（《曲江二首》）城厢内外热闹的地带则盖起豪华酒楼。当时长安的酒楼，楼高百尺，酒旗高扬，丝竹之音清亮。这种带楼座的"酒楼"的出现相对于酒店的历史来说，是比较晚的事，至少在唐以前的文献中没有明确的记载。酒楼因酒店之房舍建筑而得名，也意味着酒店规模的扩大、服务项目的增多与饮食供应品位的提高，无疑是与城市的繁荣、饮食服务业的发展有直接的关系。所以后来人们将规模较小、条件比较简陋的酒店称为"酒馆""酒铺"，而将档次高些、带楼座并有各种相应服务的酒店称之为"酒楼"。

宋王朝重视对酒务的管理，为此制定了一系列的制度政策，其中有继承前代的，也有自行制定的。在宋代，除了有些地方，如两广路以及夔州路、福建路等地区实行"许民般酤"，即将坊场酒税摊入民间，随二税征收，允许民间自酿自卖外，酒的榷酤制度主要是"官榷飞酒曲由官府即都曲院制造，从曲值上获取利润；而酒户则购买官曲酿酒沽卖，从卖酒中获得利润"。都酒务，是作为京以外各州、军的官办卖酒机构，县谓之"酒务"。都酒务和酒务都有造酒的作坊，又直接卖酒。所以宋人或径称酒店为"酒务"。

官榷之外还有"买扑"制度，即酒税承包制度。如果某人"买扑"到某一地区的酒税以后，就可以独占这一地区的酒利，于是其他小酒店就成为其附庸，只能到他那里买酒贩卖。宋仁宗天圣五年（1027 年）给三司的一道诏书说："自矾楼酒店如有情愿买扑出办课利，令在京脚店小户内拨三千户每日于本店取酒沽卖。"（《宋会要辑稿·食货》二十之三）可知当时京城内"买扑"的情况。

南宋除继承了北宋官榷、买扑制度外，还创立了"赡军酒库"。到绍兴十年（1140 年），户部所辖的赡军酒库已有 10 多处，这年十月又改为点检赡军酒库。赡军酒库虽然是由户部主办的，但主要由军队掌握：行在临安府由殿前司经营，镇江府、建康府、扬州以及兴元府，由所在驻军掌握。至绍兴二十一年（1151 年），光殿前司诸军就有 66 处酒坊，"脚店"无数。除此之外，各地豪绅以及达官贵人或酿私酒，或私设酒坊，与国家争利。如绍兴时殿前司都指挥使杨存中就在湖州、秀州、临安等地开设了 9 家私人酒坊。

有宋一代，国家将酒的生产买卖作为重要的财政来源加以鼓励，另一方面酿酒技术也有了较大进步，都在一定程度上促进了酒的生产、销售和饮食服务业的发展。这种发展在大中城市，特别是北宋的都城汴京（今河南开封）和南宋的"行在"临安（今浙江杭州）表现得十分明显。南宋孟元老《东京梦华录》、灌园耐得翁《都城纪盛》、吴自牧《梦粱录》、周密《武林纪事》等书对此有十分详细的记载。

横跨欧亚的蒙古大帝国的建立，对中国历史的发展虽然有相当意义，但是其负面和消极的作用、影响也是很大的。至少，在经济发展方面，蒙古人包括在其前面的女真人的入侵，打断了古代中国经济的进程，从两宋到明代中期一个漫长时期内，中国经济呈现出来的马鞍形，证明了这一点。不过，元朝对酿酒基本上听任私人制造，而榷以"酒课"。另外，元朝城市商业发达，都城大都（今北京）和杭州、扬州等城市都可以称得上是当时世界上最繁华的商业城市。所以中国南北方原来已经发达的酒店、酒楼等饮食服务业并没有受到多大的冲击。据记载，元朝时，"京师列肆百数，日酿有多至三百石者，月已耗谷万石，百肆计之，不可胜数"（《牧庵集》卷十五）。顺帝至元时的塞相马扎尔台在通州开酒坊糟房，日产酒万石（《庚申外史衍》），可以想见当时首都及各地酒店、酒楼卖酒数量之巨。

明朝建国之初，朱元璋曾下令禁酒，后又改变主张，自云"以海内太平，思与民同乐"，于是"乃命工部作十楼于江东诸门外，令民设酒肆其间，以接四方宾旅"（《皇明大政记》）。这 10 座楼分别取名为鹤鸣、醉仙、讴歌、鼓腹、来宾等，但他觉得 10 楼还不够，于是又命工部增造五楼，洪武二十七年（1394 年）八月新楼建成，他还"诏赐文武百官，命宴于醉仙楼"。由于明王朝政策的允许，南京、北京和各地的酒店、酒楼随着战后经济恢复发展而恢复和发展。特别是明中叶以后，社会经济生活发生了较大的变化。商业，尤其是贩运性商业的发展，促进了城市的发展：大中城市数量增加，不少乡村也因商业的繁荣变成繁华的小市镇，从而引起消费生活的更新、人情风尚的改观。当时，"世欲以纵欲为尚，人情以放荡为快"（《松窗梦语》）。中晚明追求奢华享乐成为普遍的社会风气，从官绅商贾，到读书士子、厮隶走卒，几乎无不被这种社会风气所濡染。当时不仅经济发达的南方城镇到处是歌楼酒馆，就是北方的小县城，社会风气也发生了巨大变化。如明万历修《博平县志》所记："由嘉靖中叶以抵于今，流风愈趋愈下，惯习骄奢，互尚荒快，以欢宴放饮为豁达，以珍味艳色为盛礼……酒庐茶肆，异调新声，泊泊浸淫，靡焉勿振。"

清末民初，北京繁华区域，如东四、西单、鼓楼前有许多大的饭庄，一般叫某某堂（天津则叫某某成，如义和成、福聚成），如庆和堂（在地安门大街）、会贤堂（什刹海北岸）、聚贤堂（报子街路北）、福寿堂（金鱼胡同）、天福堂（前门外肉市大街），等等。这些饭庄有着共同的特点，一般都有宽阔的庭院，幽静的房间，陈设着高档家具，悬挂着名人字画。使用的餐具成桌成套，贵重精致，极其考究。这类饭庄可以同时开出几十桌华宴，也有单间雅座，接待零星客人便酌。甚至各饭庄内还搭有戏台，可以在大摆宴席的同时唱大戏，演曲艺。这些大饭庄在京城餐饮业中的地位，大概较之两宋汴京、临安的豪华酒楼有过之而无不及。

比饭庄规模小一些的饮食店当时叫饭馆，其名则不拘一格，如致美斋、宴宾斋、广和居、福兴居、龙源楼、泰丰楼、裕兴园、如松馆、便宜坊。这类饭馆讲口味胜于讲排场，酒当然同样不可少。其雅座之内也悬挂匾联书画，如福兴居有一个小院子，有一匾云"醉乡深处"，后改"寻常行处"，取杜甫"酒债寻常行有"诗意；又有一匾是"太白酒楼"，有集唐诗一联云："劝君更进一杯酒，与尔同销万古愁。"同以往酒店、酒楼没有什么差别。至于当时一些风味饭馆，也同时卖酒。

饮食消费问题，不管是消费的形式，还是消费的水平和差别，都不仅可以反映出一个社会的物质文明程度，也可以反映出一定社会的社会关系状况以至暴露社会的种种痼疾。对历史我们应该有这样的认识，对现在我们仍然需要有这样的认识。现代以来，随着物质生产水平的提高，社会结构和人们生活方式的变化，饮食服务业得到了很大的发展。但这种发展在有些方面不一定是十分合理的，似乎只有认识到存在的问题并努力去解决这些问题，才能促进我们这个社会饮食文化，包括酒文化的健康发展。

知识巩固

1. 酒的效用。

2. 酒的礼仪风俗。

3. 中华酒楼的发展演变。

能力拓展

酒之最

人类最先学会酿造的酒：果酒和乳酒。

我国最早的麦芽酿成的酒精饮料：醴。

我国最富有民族特色的酒：黄酒和白酒。

我国最早的啤酒厂建于 1900 年（哈尔滨）。

我国最早的酒精厂建于 1900 年（哈尔滨）。

我国第一个全机械化黄酒厂：无锡黄酒厂。

记载酒的最早文字：商代甲骨文。

最早的药酒生产工艺记载：西汉马王堆出土的帛书《养生方》。

葡萄酒的最早记载：司马迁的《史记·大宛列传》。

麦芽制造方法的记载：北魏贾思勰的《齐民要术》。

现存最古老的酒：1980 年在河南商代后期（距今约 3000 年）古墓出土的酒，现存故宫博物院。

目前产量最大的饮料酒：啤酒。

传说中的酿酒鼻祖：杜康、仪狄。

最早提出酿酒始于农耕的人：汉代的刘安。

最早提出酒是天然发酵产物的人：晋代的江统《酒诰》。

现已出土的最早成套酿酒器具：山东大汶口文化时期。

现已出土的最早的反映酿酒全过程的图像：山东诸城凉台出土的《庖厨图》画像石。

已发现的最早的蒸馏器：东汉时期的青铜蒸馏器。

最早的酿酒规章：周代，见《礼记·月令》。

古代学术水平最高的黄酒酿造专著：北宋朱肱的《北山酒经》。

最早记载加热杀菌技术：北宋《北山酒经》。

古代记载酒名最多的书：宋代张能臣的《酒名记》。

古代最著名的酒百科全书：宋代窦苹的《酒谱》。

最早的禁酒令：周代的《酒诰》。

最早实行酒的专卖：汉武帝天汉三年（公元前98年）。

酒价的最早记载：汉代始元六年（公元前81年），官卖酒，每升四钱。

最早的卖酒广告记载：战国末期韩非子《宋人酤酒》："宋人酤酒，悬帜甚高。"帜：酒旗。

根据以上材料，作如下思考：

1. 中国最富有民族特色的酒是什么？

2. 中国对世界酒的发展有什么贡献？

主要参考书目

1. 王晓晓编著.酒水知识与操作服务教程〔M〕.沈阳：辽宁科学技术出版社，2003.

2. 高富良主编.菜点酒水知识〔M〕.北京：高等教育出版社，2003.

3. 鲍伯·里宾斯基，凯西·里宾斯基著.专业酒水〔M〕.大连：大连理工大学出版社，2002.

4. 陈尧帝.新调酒手册〔M〕.广州：南方日报出版社，2002.

5. 国家旅游局人事劳动教育司编.调酒〔M〕.北京：高等教育出版社，1993.

6. 王文君编.酒水知识与酒吧经营管理〔M〕.北京：中国旅游出版社，2004.

7. 中国轻工业出版社编.初级茶艺〔M〕.北京：中国轻工业出版社，2006.

8. 王天佑编著.酒水经营与管理〔M〕.北京：旅游教育出版社，2004.

9. 聂明林，杨啸涛主编.饭店酒水知识与酒吧管理〔M〕.重庆：重庆大学出版社，1998.

10. 北京培研国际教育有限公司编.花式调酒〔M〕.北京：中国轻工业出版社，2006.

11. 郑春英编.茶艺概论〔M〕.北京：高等教育出版社，2001.

12. 柴齐彤著.实用茶艺〔M〕.北京：华龄出版社，2006.

13. 侯云章编.中华酒典〔M〕.哈尔滨：黑龙江人民出版社，1990.